国家科学技术学术著作出版基金资助出版

磷腈阻燃材料

唐安斌　李秀云　黄　杰　著

科学出版社

北　京

内 容 简 介

本书对磷腈化合物的种类、磷腈阻燃材料的研究现状和发展趋势进行了总结，并且对环三磷腈衍生物的制备机理、典型合成路线、各种衍生物的结构表征、衍生物在各种磷腈阻燃材料中的应用及其阻燃机理等进行了论述。

本书可为从事环三磷腈衍生物和阻燃高分子材料研究、生产及使用的相关研究单位和生产企业的科研人员和工程技术人员提供参考与帮助，也可以作为高等学校相关专业研究生和高年级本科生的参考资料。

图书在版编目（CIP）数据

磷腈阻燃材料／唐安斌，李秀云，黄杰著. —北京：科学出版社，
2022.10
ISBN 978-7-03-071022-2

Ⅰ.①磷⋯　Ⅱ.①唐⋯　②李⋯　③黄⋯　Ⅲ.①磷-防火材料 ②腈-防火材料　Ⅳ.①TB34

中国版本图书馆 CIP 数据核字（2021）第 260798 号

责任编辑：张海娜　宁　倩／责任校对：任苗苗
责任印制：吴兆东／封面设计：蓝正设计

科 学 出 版 社 出版
北京东黄城根北街 16 号
邮政编码：100717
http://www.sciencep.com

北京捷迅佳彩印刷有限公司 印刷

科学出版社发行　各地新华书店经销
*

2022 年 10 月第 一 版　开本：720×1000　B5
2022 年 10 月第一次印刷　印张：19 1/4
字数：388 000

定价：158.00 元
（如有印装质量问题，我社负责调换）

序

  高聚物的阻燃技术目前正朝着本质阻燃、无卤化、低迁移、低发烟和低毒性等方向发展。对磷腈衍生物特别是磷腈阻燃材料的深入研究主要集中在近 20 年。环三磷腈衍生物磷氮元素含量高、反应活性强、分子可设计性强、衍生物种类繁多，通过聚合或添加环三磷腈衍生物得到的磷腈型高分子材料具有稳定性高、阻燃性能优良以及耐候性、耐高低温性好等优点，已成为无卤阻燃材料研究的热点。

  《磷腈阻燃材料》作者唐安斌研究员自 2005 年开始从事磷腈阻燃材料的研究工作，其团队开展了大量的基础和应用方面的研究，承担了多项国家 863 计划项目、国家科技支撑计划项目和省级重大科研项目，解决了大量企业的科研难题，获得了省部级科技成果奖励 3 项、发明专利 20 余项，发表论文 20 余篇，已在国内建设了首套磷腈阻燃材料的工业化装置，多项科研成果获得了工业应用。这些均为该书的编撰积累了素材、提供了支撑。

  《磷腈阻燃材料》是国内第一部系统介绍磷腈阻燃材料的专著。该书以磷腈化合物结构和性能为主线，详细介绍了各类环三磷腈衍生物的合成、表征、特性及应用，涵盖了近年来国内外在磷腈阻燃材料领域的研究成果和最新进展。该书内容丰富、结构完整、重点突出，是一部科学性与实用性兼备的专著，相信在磷腈衍生物和磷腈阻燃材料的开发、科研与教学等方面能提供有价值的帮助和参考。

  谨此为序。

中国工程院院士

2022 年 6 月

前　　言

磷腈作为一类无机-有机杂化分子化合物，既包括含有超过 10000 个重复单元的大分子聚合物，也包括只有几个结构单元的低聚物或单一结构的化合物，它具有许多有机化合物不可比拟的优良特性，在军事工业、航空航天、石油化工、生物医学等领域获得广泛应用。其中，利用六氯环三磷腈(HCCTP)与各种亲核试剂反应得到的环三磷腈衍生物，可与聚合物如环氧树脂、聚烯烃、聚酯等进行共混或者共聚阻燃改性，得到的材料称为磷腈阻燃材料。磷腈阻燃材料表现出优良的耐热性能、电学性能和阻燃性能，已成为无卤阻燃材料开发的主要热点之一。

本书重点介绍近十年来环三磷腈衍生物和磷腈阻燃材料的开发与应用情况。第 1 章为绪论，其余 8 章按照环三磷腈衍生物的类别分类介绍，包括烷氧基环三磷腈阻燃材料、苯氧基环三磷腈阻燃材料、含羟基/氨基环三磷腈阻燃材料、含双键环三磷腈阻燃材料、含环氧基环三磷腈阻燃材料、含羧基/酯基环三磷腈阻燃材料、其他磷腈阻燃材料、环三磷腈衍生物与其他阻燃剂的协效阻燃等内容。每章包括环三磷腈衍生物的制备机理、典型合成路线、各种衍生物的结构表征、应用及其阻燃机理等基本内容。

本书由国家绝缘材料工程技术研究中心唐安斌研究员、西南科技大学李秀云副教授、国家绝缘材料工程技术研究中心黄杰高级工程师组织撰写。中国工程物理研究院博士研究生王艳，四川东材科技集团股份有限公司喻永连，西南科技大学硕士研究生李艳楠、黄敏、林楠、李成武参与撰写工作。全书由唐安斌整理并统稿。李秀云、唐安斌撰写第 1、8 章，王艳、李秀云撰写第 2、3 章，喻永连、唐安斌撰写第 4 章，李艳楠、黄杰撰写第 5 章，黄敏、黄杰撰写第 6 章，林楠、黄杰撰写第 7 章，李秀云、李成武撰写第 9 章。

特别感谢汪旭光院士对本书提出了许多宝贵的修改意见，感谢四川省青年科技基金会对磷腈材料研究工作的资助，感谢四川东材科技集团股份有限公司对磷腈阻燃材料应用开发工作的支持，感谢研究团队已毕业研究生赵恩顺、李学超、汤俊杰、元东海、孔智明、廖德天、李毅、李小吉、张前锋、刑天豪、周芥锋、石慧等在磷腈阻燃材料方面的研究开发工作，感谢四川东材科技集团股份有限公司支肖琼工程师对本书校对方面所做的工作。

本书可为相关研究单位和生产企业的科研人员提供参考与帮助。由于作者的水平有限，书中难免有一些不足之处，恳请广大读者和同行批评指正。

作　者

2022 年 3 月

目　录

第1章 绪 论

磷腈化合物是一类含磷、氮元素的无机-有机杂化物。它的骨架由磷氮单双键交替排列而成,侧基由有机基团组成。特殊的结构赋予磷腈化合物优异的热学、光学和机械等物理特性,同时其还具有极为灵活的侧基可修饰性。通过亲核取代引入不同侧基的方法,人们获得了种类繁多、具有不同功能特性的磷腈衍生物,使其成为无机-有机化合物的重要分支[1]。

环三磷腈是磷腈的一种,其磷氮单双键交替排列,是结构类似于苯环的一类化合物[2]。环三磷腈衍生物是由六氯环三磷腈($N_3P_3Cl_6$,HCCTP)与各种亲核试剂反应得到的一类化合物,其具有优良的热稳定性和阻燃性,可用于聚合物材料的阻燃改性,且具备以下特点[3,4]:①不含卤族元素,满足无卤阻燃要求;②磷、氮元素含量高,磷-氮协效阻燃表现出高阻燃效率;③HCCTP 的磷氯键反应活性强,易于功能化改性,分子可设计性强,衍生物种类繁多。因而,环三磷腈衍生物被广泛应用于聚合物的阻燃领域。环三磷腈衍生物与聚合物共混或者共聚得到的性能优良的阻燃材料称为磷腈阻燃材料。

1.1 磷腈化合物的类别

磷腈化合物既包括含有超过 10000 个重复单元的大分子聚合物,也包括只有几个结构单元的低聚物[5]。可按其所含有的—P=N—重复单元的数量和结构分为三种类别。

1.1.1 线型磷腈聚合物

这类化合物以无机元素磷-氮(—P=N—)为骨架,每个磷原子上连有两个有机侧基[6],如图 1-1 所示。图 1-1 侧基 R 和 R′可以是烷基、芳基、烷氧基、芳氧基和脂环基,甚至可以是有机金属取代基[7-17]。

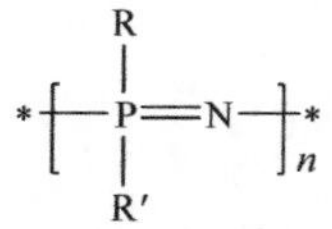

线型磷腈聚合物的主链上的磷原子被带有 C、S(Ⅳ)、S(Ⅵ)、金属原子等原子的基团取代,或者是—P=N—结构单元被有机链(space 1)或者无机链(space 2)取代,使其主链上含有杂原子,如图 1-2 所示[18-32]。杂原子或者其他结构单元的存在,使其性能有更大的可变性和适应性,能够在更

图 1-1 线型磷腈聚合物的结构

广的领域使用。

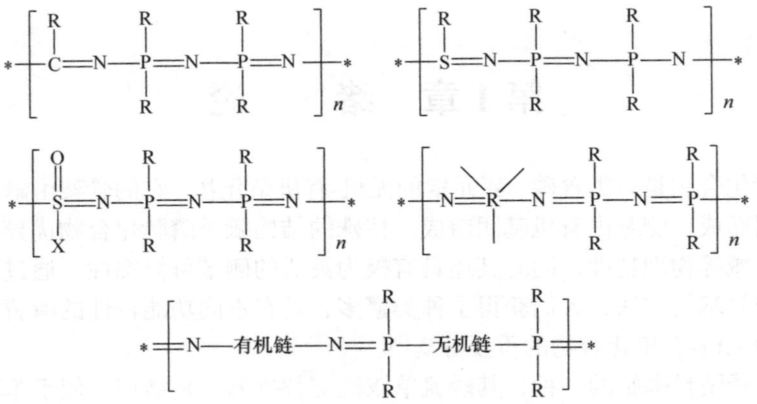

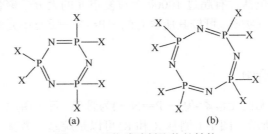

图 1-2　含杂原子的线型磷腈聚合物

线型磷腈聚合物具有优异的柔韧性，较高的热稳定性、阻燃性和氧指数，并且耐酸、耐氧化和耐腐蚀。因而，线型磷腈聚合物能在生物医学、光化学、抗蚀剂技术、有机金属化学、薄膜技术、液晶聚合物、非线性光学、光致变色、催化、复合材料、陶瓷材料、压电材料、耐摩擦材料、全息摄影术等方面得到广泛的应用[33-46]。

1.1.2　小分子磷腈低聚物

这类化合物骨架上只含有一个或者几个—P=N—基团，有的连接成环状[47] (图 1-3)，有的连接成线状[48,49](图 1-4)。图 1-3 和图 1-4 中的—X 可以是卤素，也可以是卤素被其他基团取代后的衍生物，可以是相同的基团，也可以是不同的基团。

(a)　　　　　　　　(b)

图 1-3　环状磷腈低聚物的结构

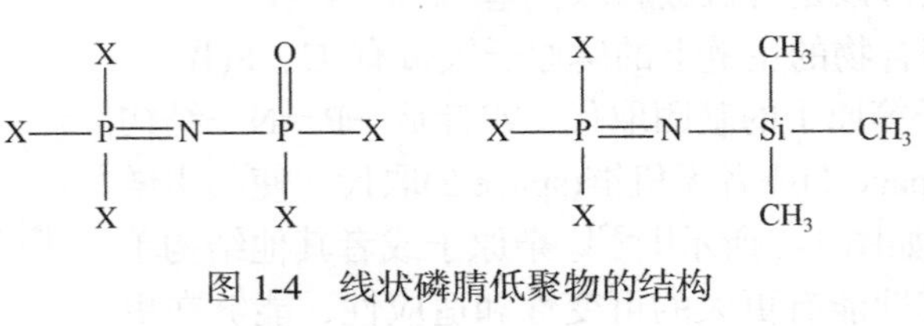

图 1-4　线状磷腈低聚物的结构

　　六氯环三磷腈[图 1-3(a)中—X 为—Cl]是最早合成的环状磷腈，也是生产聚磷腈和其他磷腈衍生物的主要原料[50]。六氯环三磷腈上面的氯原子被其他基团取代后的衍生物用途非常广泛，可用作杀虫剂、肥料、抗肿瘤药物、相转移催化剂、自由基聚合引发剂、光稳定剂、抗氧化剂、阻燃剂等。六氯环三磷腈也可以通过聚合反应合成功能更为广泛的有机-无机高分子材料[51]。环四磷腈[图 1-3(b)]不是很稳定，很少有实际应用。线状磷腈低聚物(图 1-4)也可用于合成交联的磷腈聚合物。

1.1.3　环状磷腈聚合物

　　环三磷腈低聚物可以通过环外基团连接在一起而制成线型环三磷腈聚合物[52](图 1-5)和交联网状的环三磷腈聚合物[53,54](图 1-6)。线状磷腈低聚物也可以与其他试剂共同作用发生聚合反应而生成交联型磷腈聚合物[55](图 1-7)。

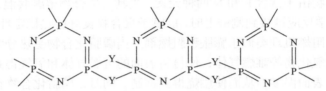

图 1-5　线型环三磷腈聚合物的结构

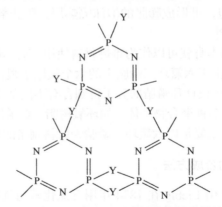

图 1-6　交联网状的环三磷腈聚合物的结构

　　这些聚合物都含有环状结构，与线型磷腈聚合物在性质上有很大的不同。线型环三磷腈聚合物由于含有大量的 P、N 元素，早期曾被作为阻燃剂使用，但在其他性能如力学性能方面的缺陷使它并没有在商业上被大量使用[56]。交联使聚合物性能得到大幅度提升，交联网状的环三磷腈聚合物和交联型磷腈聚合物可用于催化材料、耐高温橡胶、阻燃材料、高分子电解质、光导高分子材料、非线型光学材料、生物医用高分子材料、高分子液晶、分离膜及医药等多种用途[56,57]。

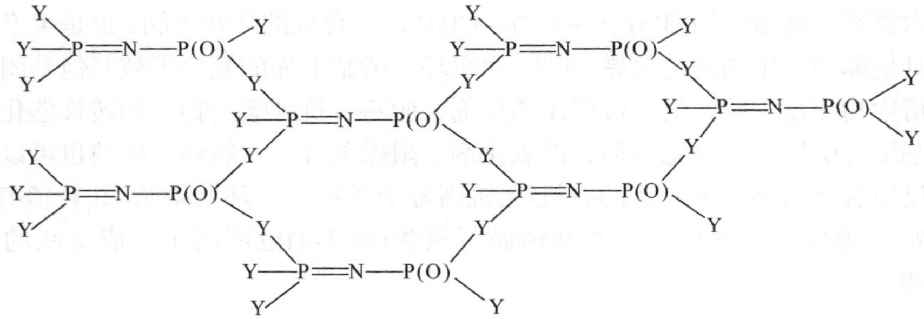

图 1-7　交联型磷腈聚合物的结构

1.2　磷腈阻燃材料的研究现状

　　磷腈化合物由于富含 P 和 N 两种元素，当其与聚合物熔融共混，或与其他单体共聚，或化学反应键接到侧链上时，能赋予聚合物良好的热稳定性和阻燃性能。磷腈化合物的阻燃机理类似于膨胀型阻燃剂。当磷腈化合物受热分解时，可产生 NH_3、N_2 和氮氧化物等难燃气体，使材料表面的可燃气体和氧气得到稀释，同时可以降低材料表面温度，从而使燃烧得到抑制。同时，磷腈化合物在高温下与被阻燃材料一起生成磷酸和偏磷酸等强脱水剂，使被阻燃材料脱水炭化，炭化层在难燃气体的作用下发泡，可形成膨胀的泡沫隔热层，阻止氧气和热量的传递，使阻燃效果进一步提高[58]。

　　聚合型磷腈化合物本身就可以作为难燃材料使用。环三磷腈化合物多以六氯环三磷腈为起始反应物，由于六氯环三磷腈上的六个氯原子很容易被不同的官能团取代，因此可通过多种途径设计环磷腈的分子得到含有不同基团且性能各异的环三磷腈衍生物，从而适用于多种聚合物基体，如环氧树脂、聚烯烃、聚酯等[59]。本书所讨论的磷腈阻燃材料，主要是以六氯环三磷腈为原料制备的环三磷腈阻燃材料。

1.2.1　六氯环三磷腈的合成方法

　　六氯环三磷腈最早由 Liebig 在 1834 年用五氯化磷与气态氨合成[47]。1895 年，H.N.Stokes 首次报道了用五氯化磷和氯化铵两种无机小分子反应生成氯化磷腈的方法，并成功分离出三聚体(即六氯环三磷腈)到七聚体等多种磷腈环状氯化物，如图 1-8 所示[60]。1924 年，Schenck 和 Romer 在前人的基础上改进了合成方法，该方法一直沿用至今。

$$3PCl_5 + 3NH_4Cl \xrightarrow[\text{催化剂}]{\text{回流}} (NPCl_2)_3 + 12HCl$$

图 1-8　六氯环三磷腈的合成

目前六氯环三磷腈的传统合成方法主要有以下四种[61,62]：①用 PCl_5 和 NH_4Cl 作为原料直接反应；②用 PCl_5 和 NH_4Cl 在催化剂作用下进行反应；③用 PCl_3 和 Cl_2 替代 PCl_5，或者用 NH_3 和 HCl 替代 NH_4Cl 进行反应；④用有机胺替代 NH_4Cl 和 PCl_5 反应。但这些传统的合成方法都存在一些弊端：有的合成产率很低，副产物较多，提纯困难；有的反应时间长，操作工艺较复杂，实用价值不高。

1.2.2　六氯环三磷腈的性质

六氯环三磷腈为白色晶体，分子量为 347.66，熔点(m.p.)为 112～114℃，沸点(b.p.)为 256℃[63]，易升华，可溶于大多数有机溶剂，如甲苯、四氢呋喃、丙酮等。磷原子上连接有两个活泼的氯原子，氯原子可以被亲核试剂部分或者全部取代，生成各种环磷腈衍生物，进而可以通过分子设计制备出各种磷腈功能材料，是一种非常重要的精细化工中间体[64-66]。

1. 亲核取代反应

六氯环三磷腈的亲核取代反应如图 1-9(a)所示，比较典型的单取代反应有以下几种[67]：与苯酚钠反应如图 1-9(b)所示，与异丙醇钠反应如图 1-9(c)所示，与邻苯二胺反应如图 1-9(d)所示。

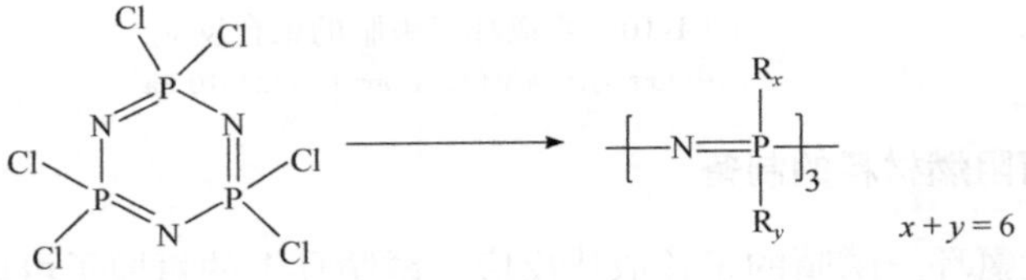

(a)

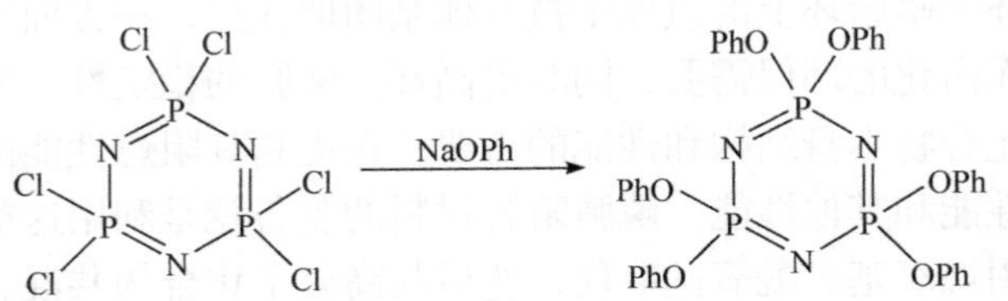

(b)

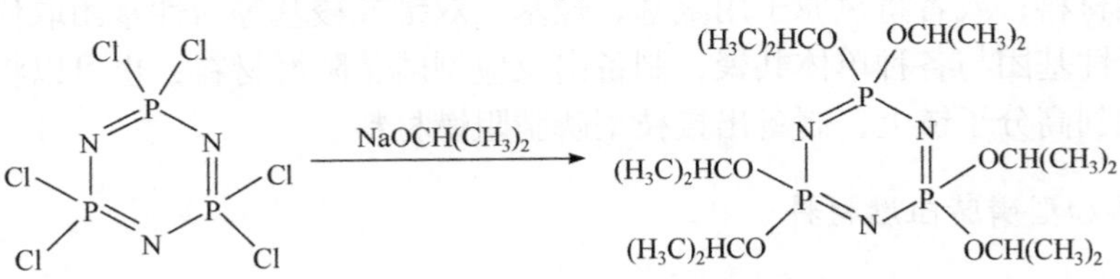

(c)

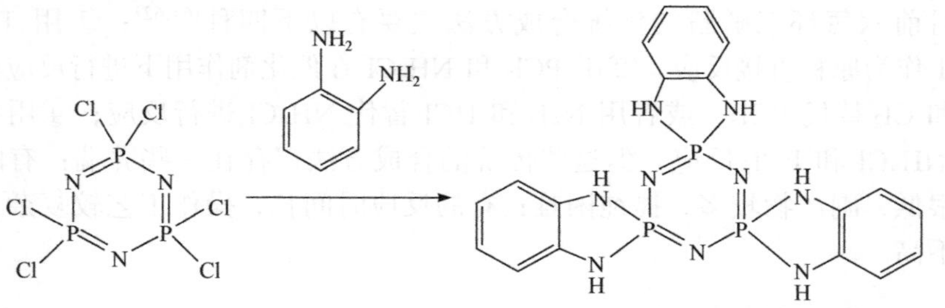

(d)

图 1-9　六氯环三磷腈的亲核取代反应

2. 聚合反应

六氯环三磷腈可以在真空聚合管中发生高温聚合生成聚二氯磷腈[68],聚二氯磷腈又可通过亲核取代反应生成具有不同取代基的磷腈,如图 1-10 所示。这也是制备线型磷腈聚合物的方法之一。

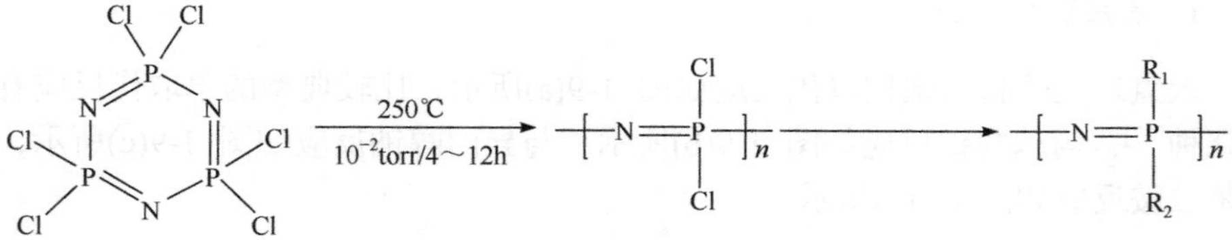

图 1-10　六氯环三磷腈的聚合反应

图中 torr 为压强单位,1torr=1.33322×10²Pa

1.2.3　磷腈阻燃材料的制备

根据六氯环三磷腈的亲核取代反应,磷腈环上的氯原子可以被其他原子或基团取代。六氯环三磷腈环上的氯原子被其他基团取代后,一方面可以除去卤素,满足阻燃材料无卤化的环保需要,同时提高环三磷腈的稳定性;另一方面可以满足各种高分子化合物本身结构和性能的需要,在提高其阻燃性能的同时,保持甚至提高其力学性能和其他性能。磷腈阻燃材料的制备就是利用这类反应,将环上的氯原子分别用烷氧基、酰氧基取代,然后与高分子化合物共混,制备出添加型磷腈阻燃材料;或者将氯原子用氨基、羟基、双键或羧基等活性基团取代,再利用这些活性基团与各种单体共聚,制备出反应型磷腈阻燃材料;也可以将制备的单体接枝到高分子链上,制备出接枝型磷腈阻燃材料。

1. 添加型磷腈阻燃材料

添加型磷腈阻燃材料主要是六氯环三磷腈与各种酚钠或者醇钠通过亲核取代反应得到的环三磷腈衍生物,如图 1-9(b)和(c)所示。从图 1-9(b)和(c)可以看出,用烷氧基或者酚氧基取代磷腈环上的氯原子后，由于烷氧基和酚氧基没有与单体或高分子化合物上基团反应的活性基团，这样的环三磷腈衍生物只能与高分子化合物共混，从而得到添加型磷腈阻燃材料。此类烷氧基和酚氧基衍生物很多，若根据高分子化合物本身的化学和结构特征选择合适的烷氧基或酚氧基，能提高环三磷腈衍生物与高分子化合物的相容性。在达到阻燃性能的同时，不会使力学性能降低得太多。例如，唐安斌等[69]将合成得到的六苯氧基环三磷腈(HPCTP，图 1-11)用于阻燃改性层压板，当 HPCTP 的添加量达 10%时，层压板阻燃等级可达 V-0 级，且力学性能与电学性能表现优异。

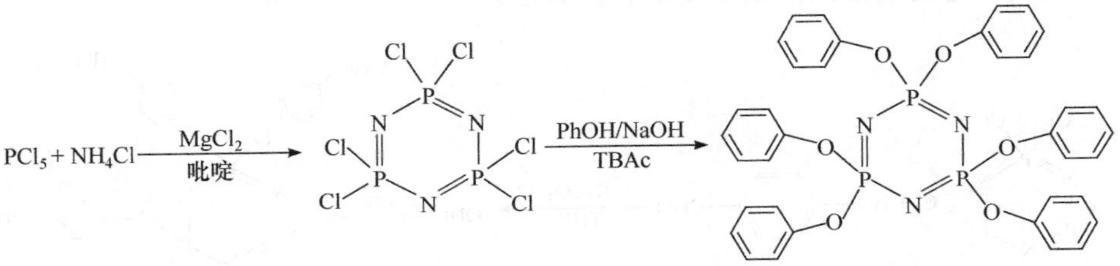

图 1-11 HPCTP 的合成路线

再如，时虎等[70]合成得到了六异丙氧基环三磷腈(HICTP，图 1-12)，其对低密度聚乙烯(LDPE)的阻燃效果良好，当其添加量为 7.0%(全书无特殊说明均指质量分数)时，LDPE 的极限氧指数(LOI)由 17%提升至 21%，平均热释放速率由 226kW/m^2 降至 219kW/m^2，平均烟比消光面积由 675m^2/kg 提升至 972m^2/kg。此外，HICTP 与氢氧化镁复配阻燃 LDPE 可取得更好的阻燃效果。

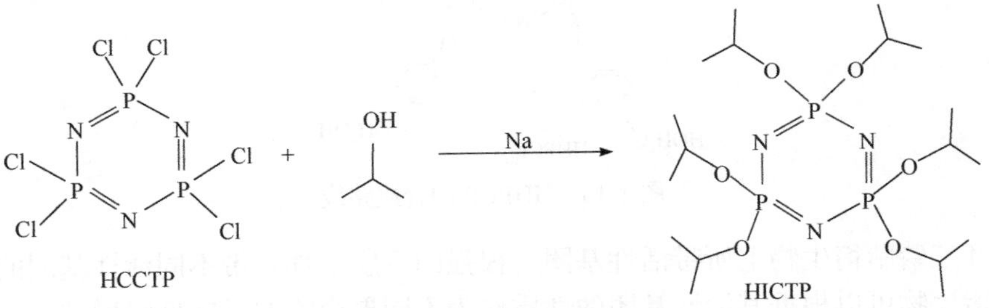

图 1-12 HICTP 的合成路线

添加型磷腈阻燃剂的应用较为简单，因此其在多种材料中均有应用，如环氧树脂、涂料、聚烯烃和聚酯等。其中，芳氧基环三磷腈低聚物阻燃材料具有优异的热稳定性和显著的残炭生成量。添加型环三磷腈阻燃剂分子量大，与材料的相容性不如反应型优异，在增加阻燃剂质量添加量的同时对材料的力学性能影响较大。因此，目前研究的热点还是集中于反应型磷腈阻燃材料。

2. 反应型磷腈阻燃材料

反应型磷腈阻燃材料是在带有羟基、氨基、羧基、双键、环氧基等活性基团的环三磷腈衍生物的基础上制备的。

带活性基团的环三磷腈衍生物一般是利用双官能团化合物(一端是羟基,另一端是其他活性基团)与六氯环三磷腈进行亲核取代反应制得的。例如,Xu 等[71,72]将对羟基苯甲醛与六氯环三磷腈反应后,再用 NaBH$_4$ 还原得到带羟甲基的环三磷腈衍生物六(4-羟甲基苯氧基)环三磷腈(HHPCP,图 1-13)。这种方法合成路线短,产率较高,是目前使用的最主要的合成方法。

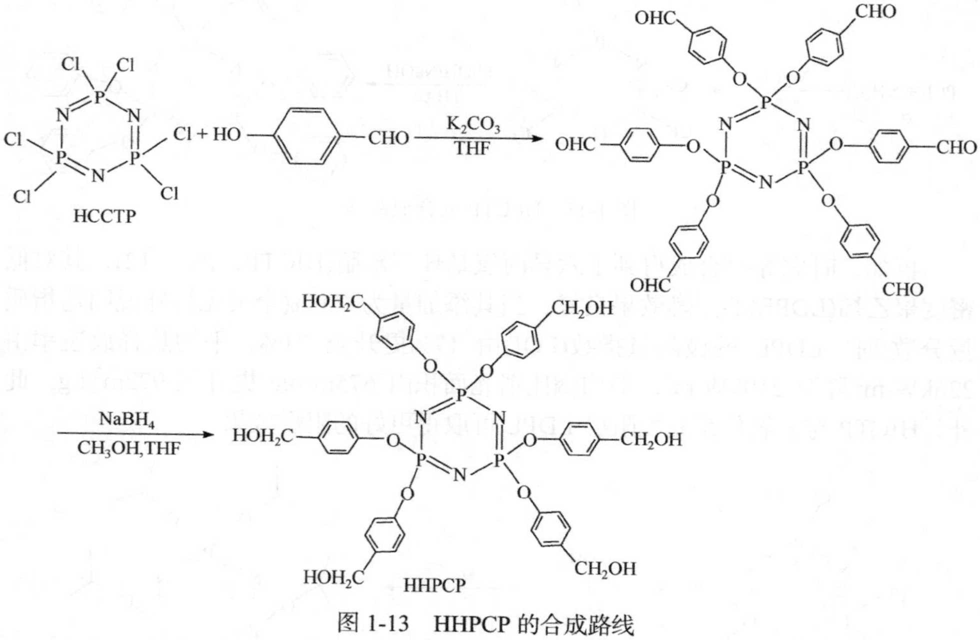

图 1-13 HHPCP 的合成路线

环三磷腈衍生物上所带活性基团有很强的反应活性。带不同活性基团的环三磷腈衍生物可以根据其活性基团的性质作为不同聚合物的反应型阻燃剂。例如,羟基可以与羧基、环氧基等基团发生反应,带羟基的衍生物能作为聚氨酯和环氧树脂的阻燃改性剂[73,74];双键可以加成,因此带双键的衍生物可以作为热塑性高分子化合物的阻燃改性剂[75,76];氨基与纸纤维素分子中的羟基能形成氢键,因而其制得的阻燃纸可能具有一定的耐水性和较好的强度[77]。具有不同活泼基团的反应型阻燃剂在阻燃应用中,均呈现优异的阻燃性能。环三磷腈衍生物含有的活泼基团的增加,能有效增加阻燃材料的交联度,提高阻燃材料的热降解温度。同时,含有芳环结构的反应型环三磷腈衍生物相较于其脂肪烃基取代衍生物增加了材料中碳的来源，增加衍生物结构中芳环的含量，能在一定范围内提升磷腈阻燃材料的残炭生成量。因此，全取代且富含芳环结构的反应型衍生物具有较优异的阻燃性能[78]。

1.3 磷腈阻燃材料的发展趋势

六氯环三磷腈作为制备环三磷腈衍生物和磷腈阻燃材料的原料，其传统合成方法存在反应时间较长、合成产率低等缺点。研究人员针对反应原料的选择、催化剂的选择和分离提纯等工艺条件展开了优化探索，并取得了较好的成果，为磷腈阻燃材料产业的发展提供了上游原料的技术保障。

现阶段环三磷腈阻燃剂的制备成本仍然普遍较高，合成工艺较为复杂，其进入工业化生产和应用还需时日，因此，开发低成本环三磷腈阻燃剂和优化合成工艺成为环三磷腈阻燃剂产业亟待解决的问题。

为提高阻燃性能，具有多官能团的网状结构环三磷腈衍生物和磷腈有机-无机纳米复合磷腈阻燃材料已成为新的研究方向。

添加型环三磷腈衍生物应开发大分子结构，能与树脂基体具有较好的相容性而不易迁移析出。

环三磷腈衍生物在改善复合材料阻燃性的同时，还会对复合材料的力学性能、电学性能和耐热性能产生一定的影响，这些影响既有正面的也有负面的，因此将来在设计开发环三磷腈衍生物时，还要注重该衍生物在磷腈阻燃材料耐热性、电学性能和力学性能方面的应用。

硅等新元素的引入，不仅提高了磷腈衍生物的阻燃效率，还绿色环保；但取代反应过程复杂，并且由于空间位阻等因素影响，可能会有部分氯原子不能完全被硅原子取代，因此，还需研究新的工艺路线，实现协同阻燃元素完全取代环三磷腈上的氯原子，从而得到更加环保高效的磷腈阻燃材料。

参 考 文 献

[1] 梁文俊, 赵培华, 毋登辉, 等. 磷腈类化合物的合成及应用研究进展[J]. 化工新型材料, 2014, (10): 209-212.

[2] Allcok H R. Polyphosphazenes: New polymers with inorganic backbone atoms[J]. Science, 1976, 193 (4259): 1214-1219.

[3] 欧育湘, 李建军. 阻燃剂: 性能、制造及应用[M]. 北京: 化学工业出版社, 2008.

[4] 高岩立, 刘霞, 冀克俭, 等. 无卤环三磷腈阻燃剂的开发与应用研究进展[J]. 工程塑料应用, 2013, 41(10): 113-117.

[5] Jaeger R D, Gleria M. Poly(organophosphazene)s and related compounds: Synthesis, properties and applications[J]. Progress in Polymerence, 1998, 23(2): 179-276.

[6] Allcock H R. Phosphorus-Nitrogen Compounds[M]. New York: Academic Press, 1972.

[7] Chandrasekhar V, Thomas K R J. Coordination and organometallic chemistry of cyclophosphazenes and polyphosphazenes[J]. Applied Organometallic Chemistry, 1993, 7(1): 1-31.

[8] Allcock H R, Cook W J, Mack D P. Phosphonitrilic compounds. XV. High molecular weight poly[bis(amino)phosphazenes] and mixed-substituent poly(aminophosphazenes)[J]. Inorganic Chemistry, 1972, 11(11): 2584-2590.

[9] Hu L, Zhang A, Liu K, et al. A facile method to prepare composite and porous polyphosphazene membranes and investigation of their properties[J]. RSC Advances, 2014, 4(67): 35769-35776.

[10] White J E, Singler R E, Leone S A. Synthesis of polyarylaminophosphazenes[J]. Journal of Polymer Science Polymer Chemistry Edition, 1975, 13(11): 2531-2543.

[11] Allcock H R, Kugel R L, Valan K J. Phosphonitrilic compounds. VI. High molecular weight poly(alkoxy-and aryloxyphosphazenes)[J]. Inorganic Chemistry, 1966, 5(10): 1709-1715.

[12] Allcock H R, Connolly M S, Sisko J T, et al. Effects of organic side group structures on the properties of poly(organophosphazenes)[J]. Macromolecules, 1988, 21: 323.

[13] Allen G, Lewis C J, Todd S M. Polyphosphazenes: Part 1 synthesis[J]. Polymer, 1970, 11(1): 31-43.

[14] Singler R E, Hagnauer G L, Schneider N S, et al. Synthesis and characterization of polyaryloxyphosphazenes[J]. Journal of Polymer Science Polymer Chemistry Edition, 1974, 12(2): 433-444.

[15] Quinn E J, Dieck R L. Flame and smoke properties of filled and unfilled poly(aryloxyphosphazene) homopolymers[J]. Fire and Flammability, 1976, 7(1): 5.

[16] Thompson J E, Reynard K A. Poly(aryloxyphosphazenes) and a flame retardant foam[J]. Journal of Applied Polymer Science, 1977, 21(9): 2575-2581.

[17] Robert H, Neilson R, Hani G M, et al. Poly(alkyl/arylphosphazenes)[J]. ACS Symposium Series, 1988, 22: 283-289.

[18] Ziembinski R, Honeyman C, Mourad O, et al. Rings, polymers, and new materials containing phosphorus and other main group main elements or transition metals[J]. Phosphorus Sulfur & Silicon & the Related Elements, 1993, 76(1-4): 219-222.

[19] Liang M, Manners I. Poly(thionylphosphazenes) with fluorine substituents at sulfur: A new class of inorganic fluoropolymers[J]. Macromolecular Rapid Communications, 1991, 12(11): 613-616.

[20] Ni Y, Stammer A, Liang M, et al. Synthesis, glass transition behavior, and solution characterization of poly[(aryloxy)thionylphosphazenes] with halogen substituents at sulfur[J]. Macromolecules, 1992, 25(26): 7119-7125.

[21] Ni Y, Rheingold A, Manners I. Sulfur(VI)-nitrogen-phosphorus macrocycles and polymers[J]. Phosphorus Sulfur & Silicon & the Related Elements, 1994, 93(1-4): 429-430.

[22] Manners I, Allcock H R, Renner G, et al. Poly(carbophosphazenes): A new class of inorganic-organic macromolecules[J]. Journal of the American Chemical Society, 1989, 111(14): 5478-5480.

[23] Allcock H R, Coley S M, Manners I, et al. Poly[(aryloxy)carbophosphazenes]: Synthesis, properties, and thermal transition behavior[J]. Macromolecules, 1991, 24(8): 2024-2028.

[24] Allcock H R, Coley S M, Manners I, et al. Reactivity and polymerization behavior of a

pentachlorocyclocarbophosphazene, N₃P₂CCl₅[J]. Inorganic Chemistry, 1993, 32(23): 5088-5094.

[25] Allcock H R, Dodge J A, Manners I. Poly(thiophosphazenes): New inorganic backbone polymers[J]. Macromolecules, 1993, 26(1): 11-16.

[26] Roesky H W, Liicke M R. Clusters and polymers of main group and transition elements[J]. Angewandte Chemie: International Edition, 1989, 28(4): 493.

[27] Herring D L. The Reactions of 1,4-bis(diphenylphosphino)benzene with phenyl azide and 1,4-diazidobenzene[J]. Journal of Organic Chemistry, 1961, 26(10): 3998-3999.

[28] Jaeger R, Lagowski J B, Manners I, et al. *Ab initio* studies on the structure, conformation, and chain flexibility of halogenated poly(thionylphosphazenes)[J]. Macromolecules, 1995, 28: 539-546.

[29] Horn H G. Polymere mit phosphor-stickstoff-bindungen1[J]. Macromolecular Chemistry & Physics, 1970, 138(1): 163-170.

[30] Hans G H, Wolfgang S. Polymeremit phosphor-stickstoff-bindungen, 2. Synthese und eigenschaften von oligomeren mit Si—N＝P— struktureinheiten[J]. Die Makromolekulare Chemie, 1974, 175(6): 1777-1788.

[31] Pomerantz M, Victor M W. Synthesis and characterization of a series of alternating copolymers (oligomers) containing organo-.lambda.5-phosphazene backbone moieties[J]. Macromolecules, 1989, 22(9): 3511-3514.

[32] Pomerantz M, Krishnan G, Victor M W, et al. Synthesis, characterization, and ionic conductivity of alternating copolymers containing organo-.lambda.5-phosphazenes with polyether side chains[J]. Chemistry of Materials, 1993, 5(5): 705-708.

[33] Xu T L, Zhang C L, Li P H, et al. Preparation of dual-functionalized graphene oxide for the improvement of the thermal stability and flame-retardant property of polysiloxane foam[J]. New Journal of Chemistry, 2018, 42(16): 13873-13883.

[34] Shalaby W. Biomedical Polymers[M]. Munich: Hanser Publishers, 1994.

[35] Bortolus P, Gleria M. Photochemistry and photophysics of poly(organophosphazenes) and related compounds: A review. Ⅲ. Applicative aspects[J]. Journal of Inorganic and Organometallic Polymers and Materials, 1994, 4: 205.

[36] Hiraoka H, Chiong K N. Aryloxy-Poly(phosphazenes) as negative or king, oxygen reactive ion etching resistant resist materials[J]. Journal of Vacuum Science & Technology B, 1987, 5(1): 386-388.

[37] Chandrasekhar V, Thomas K R J. Coordination and organometallic chemistry of cyclophosphazenes and polyphosphazenes[J]. Applied Organometallic Chemistry, 1993, 7(1): 1-31.

[38] Mccaffrey R R, Mcatee R E, Grey A E, et al. Synthesis, casting, and diffusion testing of poly[bis(trifluoroethoxy)phosphazene] membranes[J]. Journal of Membrane Science, 1986, 28(1): 47-67.

[39] Singler R E, Willingham R A, Lenz R W, et al. Liquid crystalline side-chain phosphazenes[J]. Macromolecules, 1987, 20(7): 1727-1728.

[40] Singler R E, Willingham R A, Noel C, et al. Side-chain liquid-crystalline-polyphosphazenes[J]. ACS Symposium Series, 1990, 435: 185.

[41] Allcock H R, Kim C. Photochromic polyphosphazenes with spiropyran units[J]. Macromolecules, 1991, 24(10): 2846-2851.

[42] Allcock H R, Lavin K D, Tollefson N M, et al. Phosphine-linked phosphazenes as carrier molecules for transition-metal complexes[J]. Organometallics, 1983, 2(2): 267-275.

[43] Kajiwara M, Hashimoto M, Saito H. Phosphonitrilic chloride: 21. Synthesis of chelating polymers with cyclophosphazene thiocarbamate and the properties of chelating polymers[J]. Polymer, 1973, 14(10): 488-490.

[44] Coltrain B K, Ferrar W T, Landry C J T, et al. Polyphosphazene molecular composites. 1. *In situ* polymerization of tetraethoxysilane[J]. Chemistry of Materials, 1992, 4(2): 358-364.

[45] Allcock H R, welker M F, Parvez M, et al. ChemInform abstract: synthesis and structure of borazinyl-substituted small-molecule and high polymeric phosphazenes: Ceramic precursors[J]. ChemInform, 1992, 4: 296307.

[46] 赵贵哲, 刘亚青. 环状氯化磷腈微胶囊化的原位聚合[J]. 吉林大学学报(工学版), 2005, 35(3): 319-322.

[47] Liebig J. Ueber die constitution des aethers und seiner verbindungen[J]. Annalen der Pharmacie, 1834, 11: 139.

[48] Helioui M, Jaeger R D, Puskaric E, et al. Nouvelle préparation de polychlorophosphazènes linéaires[J]. Macromolecular Chemistry & Physics, 1982, 183(5): 1137-1143.

[49] Honeyman C H, Manners I, Morrissey C T, et al. Ambient temperature synthesis of poly(dichlorophosphazene) with molecular weight control[J]. Journal of the American Chemical Society, 1995, 117(26): 7035-7036.

[50] 杨青, 朱宇君, 袁福龙, 等. 环聚磷腈化合物的研究进展[J]. 化学工程师, 2002, (4): 39.

[51] 张亨. 六氯环三磷腈的合成研究进展[J]. 中国氯碱, 2011, (9): 26-28, 39.

[52] Allcock H R. Phosphorus-Nitrogen Compounds, Cyclic, Linear and High Polymeric System[M]. New York: Academic Press, 1972.

[53] Allcock H R. Heteroatom Ring Systems and Polymers[M]. New York: Academic Press, 1967.

[54] Deng M, Kumbar S G, Wan Y, et al. Polyphosphazene polymers for tissue engineering: An analysis of material synthesis, characterization and applications[J]. Soft Matter, 2010, 6(14): 3119-3132.

[55] Kimura T, Kajiwara M. The synthesis of phosphinylphosphorimidic hydroxyethyl acrylate and the electrical properties of its polymer produced by ultra-violet-irradiation-induced polymerization[J]. Polymer, 1995, 36(4): 713-718.

[56] Allcock H R, Kugel R L. Phosphonitrilic compounds. VIII. Reaction of *o*-aminophenol with phosphazenes[J]. Journal of the American Chemical Society, 1969, 91(20): 5452-5456.

[57] Harris P J, Desorcie J L, Allcock H R. Formation of bicyclic phosphazenes via the reactions of methyl-and phenyl-magnesium chloride with hexachlorocyclotriphosphazene[J]. Journal of the Chemical Society Chemical Communications, 1981, 12(16): 852-853.

[58] 霍国洋, 王媛. 环三磷腈阻燃剂研究进展[J]. 塑料助剂, 2016, (1): 1-5, 37.

[59] 王伟, 钱立军, 陈雅君. 磷腈化合物阻燃高分子材料研究进展[J]. 中国科学(化学), 2016, 46(8): 723-731.

[60] 郑福安. 环状氯化磷腈的合成[J]. 吉林大学学报(理学版), 1992, (2): 119-120.

[61] 刘风华. 磷腈及其衍生物的合成与研究[D]. 青岛: 青岛大学, 2005.

[62] 张建生, 茶明正, 孔庆山. 聚磷腈的合成与应用研究进展[J]. 青岛大学学报(自然科学版), 2002, (4): 35-39.

[63] 陈茹玉, 李玉桂. 有机磷化学[M]. 北京: 高等教育出版社, 1987.

[64] 胡源, 胡进良. 含羟基环三磷腈衍生物的合成及其对聚氨酯的阻燃改性[J]. 火灾科学, 1996, 5(2): 12-16.

[65] Allen C, Hayes R, Myer C, et al. New organofunctional cyclophosphazene derivatives[J]. Phosphorus Sulfur & Silicon & the Related Elements, 1996, 109(1): 79-82.

[66] Bosscher G, Meetsma A, Vand G J C. Novel organo-substituted cyclophosphazenes via reaction of a monohydro cyclophosphazene and acetyl chloride[J]. Inorganic Chemistry, 1996, 35(23): 6646-6650.

[67] Jaeger R D, Gleria M. Poly(organophosphazene)s and related compounds: Synthesis, properties and applications[J]. Progress in Polymer Science, 1998, 23(2): 179-276.

[68] Allcock H R. Rational design and synthesis of new polymeric material[J]. Science, 1992, 255(5048): 1106-1112.

[69] 唐安斌, 黄杰, 邵亚婷, 等. 六苯氧基环三磷腈的合成及其在层压板中的阻燃应用[J]. 应用化学, 2010, 27(4): 404-408.

[70] 时虎, 胡源, 赵华伟. 磷腈阻燃剂的合成及在聚乙烯阻燃中的应用[J]. 消防技术与产品信息, 2001, (9): 25-28.

[71] Xu J, He Z, Wu W, et al. Study of thermal properties of flame retardant epoxy resin treated with hexakis[p-(hydroxymethyl)phenoxy]cyclotriphosphazene[J]. Journal of Thermal Analysis and Calorimetry, 2013, 114 (3): 1341.

[72] Li J, Pan F, Xu H, et al. The flame-retardancy and anti-dripping properties of novel poly(ethylene terephalate)/cyclotriphosphazene/silicone composites[J]. Polymer Degradation & Stability, 2014, 110: 268-277.

[73] Kumar D, Khullar M, Gupta A D. Synthesis and characterization of novel cyclotriphosphazene-containing poly(ether imide)s[J]. Polymer, 1993, 34(14): 3025-3029.

[74] Buckingham M R, Lindsay A J, Stevenson D E, et al. Synthesis and formulation of novel phosphorylated flame retardant curatives for thermoset resins[J]. Polymer Degradation & Stability, 1996, 54(2/3): 311-315.

[75] 元东海. 环保型阻燃丙烯酸酯压敏胶的制备与性能研究[J]. 中国胶黏剂, 2012, 21(4): 33-36.

[76] 元东海, 唐安斌, 黄杰, 等. 含烯丙基六苯氧基环三磷腈的合成及其在阻燃丙烯酸酯树脂中的应用[J]. 应用化学, 2012, 29(9): 1090-1092.

[77] 何为, 毕伟, 柯杨, 等. 用六氨基环三磷腈制备阻燃纸[J]. 造纸科学与技术, 2015, (4): 28-30.

[78] 游歌云, 程之泉, 彭浩, 等. 环三磷腈类阻燃剂的合成及应用研究进展[J]. 应用化学, 2014, 31(9): 993-1009.

第 2 章　烷氧基环三磷腈阻燃材料

2.1　引　言

传统的卤素阻燃剂具有阻燃效率高、添加量少、对材料力学性能影响小等优点，长期以来一直作为主要阻燃剂品种占据阻燃剂市场份额[1-3]。但是，卤素阻燃剂燃烧时会放出大量的有毒有害的物质，对环境造成污染的同时也给人体健康带来危害。因此，开发新的卤素阻燃剂替代品成了阻燃剂研究领域的热点研究方向[4,5]。

磷腈化合物是一类以磷、氮元素交替排列结构为基本骨架的化合物，独特的结构使其具有良好的热稳定性和阻燃性。磷腈包括环磷腈和聚磷腈，环磷腈以环三磷腈为主，聚磷腈一般是通过环磷腈在高温下开环聚合得到的。其中，环三磷腈是具有广泛应用前景的稳定单元，具有良好的阻燃耐热行为。六氯环三磷腈是应用最为广泛的底物，能直接用作织物阻燃剂并表现出良好的阻燃效果。但是，它易水解产生酸，致使织物脆损严重，因此在使用时需配备缚酸剂。此外，六氯环三磷腈作为一种卤素阻燃剂原料，其在燃烧过程中会释放出大量的有毒并具有腐蚀性的卤化氢气体和烟雾，这给救火和人员的疏散带来很大的困难，同时也对精密仪器和设备造成很大的损失。为此，开发燃烧时不产生卤化氢气体的低烟、无毒、无腐蚀的无卤阻燃材料引起人们的广泛重视。在六氯环三磷腈分子中，每个磷原子上连有两个活泼的氯原子，易与亲核试剂发生反应生成新的磷腈衍生物。根据磷原子上取代基的不同，主要分为带有烷氧基、芳氧基、羟基、苯胺基和不饱和双键等功能基团的环三磷腈衍生物。与传统阻燃剂相比，磷腈衍生物阻燃剂具有高效、低毒、低烟、添加量少、无熔滴等优点，因此其被应用于各种高分子材料中。作为未来市场上卤素阻燃剂的替代品之一，其研究应用前景十分广阔。

在六氯环三磷腈分子中，磷原子上连接着两个活泼的氯原子，并且具有磷、氮交替的结构，因此其具有以下两个特点。

(1) 由于磷-氮键存在 dπ-pπ 共轭稳定作用，化合物骨架稳定。

(2) 磷-氯键的存在可以使化合物通过取代反应改变其性能。磷原子上的氯原子化学反应活性高，易被亲核试剂取代。六氯环三磷腈的取代反应主要是有机亲核试剂进攻磷原子，取代磷原子上的氯原子，反应机理属于 $S_{N}2$ 取代反应。烷氧基环三磷腈衍生物的反应机理如图 2-1 所示。通过控制适当的反应条件，可得到不同取代数目的环三磷腈衍生物。

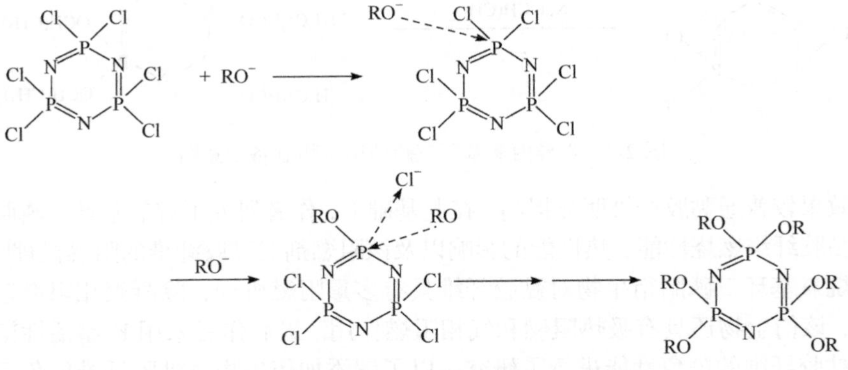

图 2-1　烷氧基环三磷腈衍生物反应机理示意图

通常使用傅里叶变换红外光谱(FTIR)和核磁共振(NMR)波谱、热重分析(TGA)等手段表征环三磷腈衍生物的结构。通过红外光谱能定性分析是否有目标产物生成，然后通过核磁共振波谱进一步确定产物结构。环三磷腈衍生物表征主要从环状等结构分析其特点。

2.2　烷氧基环三磷腈衍生物的制备及其在阻燃材料中的应用

2.2.1　直链型烷氧基环三磷腈衍生物

陈胜等[6]自制了丁烷氧基环三磷腈，即六异丙氧基环三磷腈，其合成路线见图 2-2。合成方法为首先将甲苯、脂肪醇用干燥剂干燥。将小块状 Na 投入加有一定量干燥甲苯的三口烧瓶中，快速搅拌的同时用电热套加热升温至 105℃，待 Na 粒熔化成小液珠分散在溶剂中，停止加热。继续搅拌，直至冷却过程中熔化的金属 Na 凝固成微小颗粒，停止搅拌。用石蜡油浴代替电热套，升温至 60~70℃，搅拌下缓慢滴加脂肪醇，滴加完毕后，继续反应 1~2h。将体系温度升至 90~95℃继续反应，直到 Na 完全反应，得到醇钠的甲苯溶液。体系降温至 60~70℃，将适量的六氯环三磷腈甲苯溶液缓慢滴加入反应器，然后在设定温度条件下反应一定时间。反应结束后，用适量蒸馏水洗涤反应中生成的氯化钠、未参与反应的醇和过量的醇钠，用分液漏斗分液，反复洗涤三次至洗涤水溶液呈中性。最后利用减压蒸馏法蒸出溶剂，得浅黄色液体产物。

采用共混改性方法将自制的烷氧基环三磷腈衍生物引入黏胶纤维中，制备了新型无卤、高效环保的耐久阻燃黏胶纤维。阻燃剂质量分数为 8.2%~10.0%时的黏胶纤维机械力学性能较好，LOI 大于 28%，45°倾斜燃烧法接火次数超过 3 次，

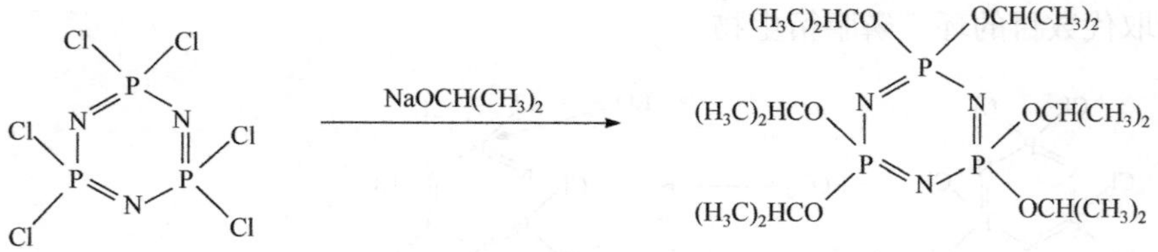

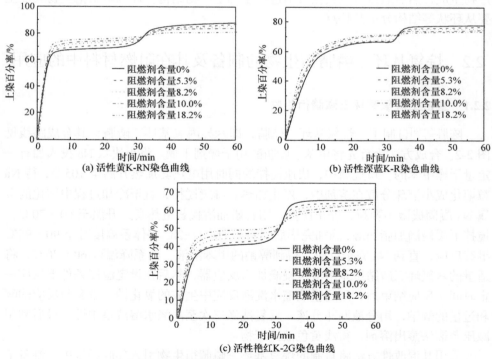

图 2-2　六异丙氧基环三磷腈衍生物制备示意图

阻燃效果较普通黏胶纤维明显提高。在此基础上，作者研究了烷氧基环三磷腈衍生物对黏胶纤维燃烧性能、热性能的影响以及该阻燃剂对黏胶纤维的阻燃机理[7]，认为该烷氧基环三磷腈衍生物对黏胶纤维具有多重阻燃机理，除凝聚相阻燃较为显著外，该衍生物还具有吸热阻燃和气相阻燃作用。最后作者采用 K 型活性染料对阻燃黏胶纤维的染色性能进行了研究，以了解添加衍生物对黏胶纤维染色后整理性能的影响[8]。结果表明，随着衍生物添加量的增加，阻燃黏胶纤维的吸附上染速率提高，上染百分率提高，固色速率下降，最终固色率下降(图 2-3)，但活性染料染色对纤维燃烧性能影响很小。

图 2-3　不同阻燃剂添加量下黏胶纤维的染色曲线

雷文婷等[9]以季戊四醇、六氯环三磷腈、乙醇等为原料，制备了季戊四醇功能化的环三磷腈衍生物(图 2-4)。制备方法为向三口烧瓶中加入 10.89g 季戊四醇、8.09g 三乙胺(缚酸剂)和 0.18g 四丁基溴化铵(相转移催化剂),并加入 100mL 四氢呋喃(THF)。加热回流 2h 后,称取 6.95g 六氯环三磷腈于 THF 中,待溶解完全后加入恒压滴液漏斗,回流条件下缓慢滴加入上述体系,4h 滴毕,继续反应一段时间得到白色液体。冷却至室温,用硫酸调节 pH 至 3～4。加入计量的乙醇,继续加热回流,得到乳白色液体。旋蒸除去体系中的乙醇,用蒸馏水洗涤沉淀物 3 次。用乙醇溶解水洗后的白色固体后过滤,重复 2 次,旋蒸除去溶剂,得到白色粉末,即季戊四醇部分取代的六氯环三磷腈衍生物,产率达 79.6%。

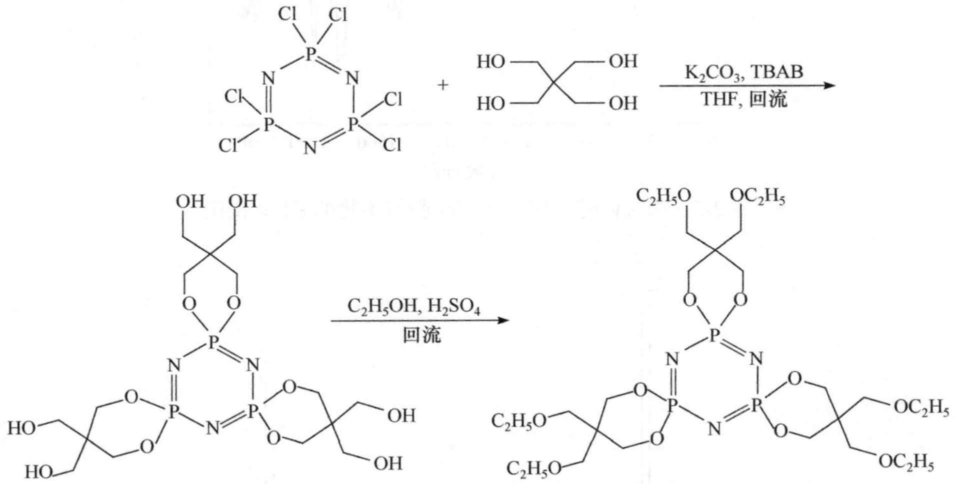

图 2-4　季戊四醇功能化环三磷腈衍生物合成路线

图 2-5 为季戊四醇功能化环三磷腈衍生物的 FTIR 结果。由于产物易吸水,$3500cm^{-1}$ 左右出现了水中 O—H 键的吸收峰,$1238.0cm^{-1}$、$1226.3cm^{-1}$ 是磷腈骨架 P—N 键的特征吸收峰,说明合成过程中磷腈中 P、N 六元环骨架未被破坏,而 P、N 六元环骨架是季戊四醇功能化环三磷腈衍生物具有阻燃性的主要原因。$1198.9cm^{-1}$、$1192.1cm^{-1}$ 处的姊妹峰是 C—O—C 键的伸缩振动吸收峰,$1026.2cm^{-1}$ 处的吸收峰为 P—O—C 的伸缩振动吸收峰,说明六氯环三磷腈和季戊四醇发生了取代反应。$530cm^{-1}$ 处的 P—Cl 键吸收峰表明环三磷腈只有部分 P—Cl 键被取代。以上证明得到的产物是季戊四醇部分取代的六氯环三磷腈衍生物。

以氘代氯仿为溶剂,得到的 ^{31}P NMR 谱如图 2-6 所示,化学位移 δ 在 3.5ppm^①附近的强峰为 P—O 键中的 P 峰,证明季戊四醇与环三磷腈发生了取代反应。而 δ 在 24ppm 附近的强峰,表明 P—Cl 键未被完全取代。因此可证明产物是季戊四醇部

_____

① 1ppm=10^{-6}。

分取代的六氯环三磷腈衍生物，与 FTIR 所得结论一致。季戊四醇分子结构的特殊性使得其与六氯环三磷腈反应时的空间张力较大，两者反应容易得到二取代的六氯环三磷腈衍生物，四取代衍生物的产率低于二取代。

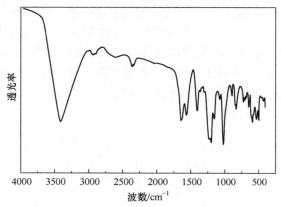

图 2-5　季戊四醇功能化环三磷腈衍生物的 FTIR 谱图

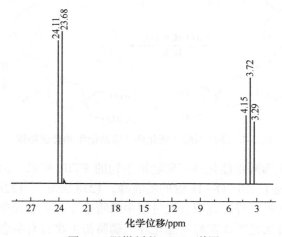

图 2-6　阻燃剂 ^{31}P NMR 谱图

　　该功能化的环三磷腈具有良好的水溶性与醇溶性，将其应用于棉织物阻燃整理，能取得良好的阻燃效果。然而该阻燃剂的附着力较差，使用硅丙乳液作为整理基材与阻燃剂共混，然后对棉布进行阻燃整理，可使阻燃棉织物的综合性能得到改善。

　　刘生鹏等[10]以六氯环三磷腈(HCCTP)、新戊二醇(NPG)和 Na 为原料，成功制备了一种新型环三磷腈衍生物三(2,2-二甲基-1,3-丙二氧基)环三磷腈(TDPCP)，其合成路线见图 2-7。利用 FTIR、^{1}H NMR、元素分析及 TGA 等技术表征样品结构，产物结构与 TDPCP 相一致。合成 TDPCP 的最佳条件为以 THF 为溶剂，n(HCCTP)：

n(NPG)=1∶4.5，70℃回流反应 24h，TDPCP 产率可达 85.5%。TDPCP 的初始分解温度为 243℃，800℃的残炭率为 14.6%，它是一种耐热性和稳定性较好的杂环化合物，可以作为氮磷阻燃剂添加到大部分高分子材料中。同时，TDPCP 是一种新型无卤多元环状氮磷阻燃剂，兼具氮源、碳源和酸源于一身，具有较好的热性能，耐水性能优异，毒性低，对皮肤无刺激作用，应用前景广泛。

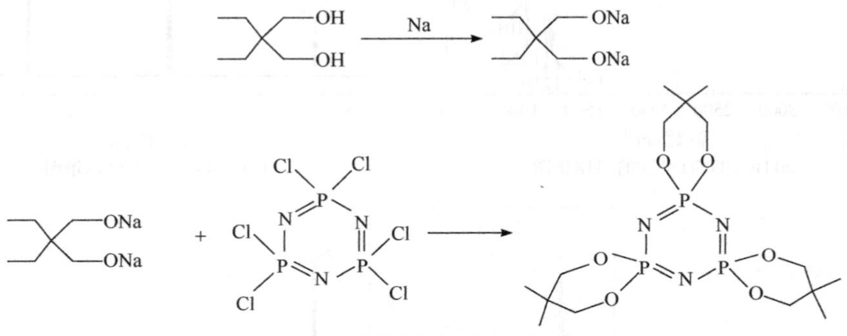

图 2-7　TDPCP 的合成示意图

HCCTP/TDPCP 的 FTIR 分析见图 2-8(a)。2967cm^{-1} 处为甲基的 C—H 伸缩振动吸收峰，1475cm^{-1} 和 1403cm^{-1} 处为甲基上的 C—H 弯曲振动吸收峰。1244cm^{-1} 和 1210cm^{-1} 处为 P—N 的伸缩振动吸收峰，1058cm^{-1} 和 1010cm^{-1} 为 P—O—C 伸缩振动峰，847cm^{-1} 为 P—N 伸缩振动峰。同时对比 HCCTP 的 FTIR 谱图，在 525cm^{-1} 处的 P—Cl 吸收峰完全消失，说明 HCCTP 上的 Cl 原子基本已经被羟基取代。FTIR 谱图中未见羟基峰，说明 NPG 上的—OH 均被取代。

TDPCP 的 ^{1}H NMR 谱图如图 2-8(b)所示。TDPCP 分子中有两种 H 原子，分别为甲基氢和亚甲基氢。其中δ=4.12ppm 处为 12H、—CH$_2$—，δ=1.10ppm 处为 18H、—CH$_3$，δ=7.27ppm 处为 CDCl$_3$ 上的氘原子峰。图 2-8(c)中两种质子的峰面积与质子数之比为 2.24∶1.51(约为 1.5∶1)，这两个峰均为单峰，说明氢核的化学位移符合 TDPCP 分子结构特征。

HCCTP/TDPCP 的 ^{31}P NMR 谱图如图 2-8(c)所示。TDPCP 的谱图中，在 δ=20.02ppm 处的 P 质子峰消失，在δ=8.23ppm 处出现一个单峰，为 TDPCP 中的磷质子峰，说明 3 个磷原子所处的化学环境相同，TDPCP 上所有的氯原子均被完全取代。

元素分析的结果(质量分数)为 C：40.52%，H：6.89%，N：9.75%，P：21.26%，十分接近各元素含量的理论值(C：40.84%，H：6.80%，N：9.53%，P：21.06%)，说明实际测量值与理论值基本相符。结合上述各种分析手段，分析结果表明合成的产物结构与 TDPCP 相一致，确认成功合成了 TDPCP。

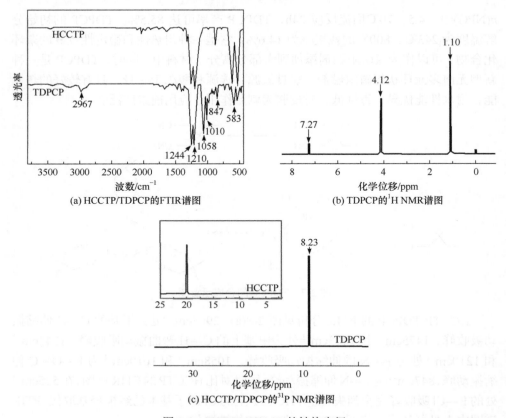

(a) HCCTP/TDPCP的FTIR谱图

(b) TDPCP的¹H NMR谱图

(c) HCCTP/TDPCP的³¹P NMR谱图

图 2-8　HCCTP/TDPCP 的结构表征

Ding 和 Shi[11]合成了带有非反应性基团的环磷腈衍生物六乙氧基环三磷腈 (HECP) (图 2-9)，并利用 FTIR、¹H NMR 和 ¹³C NMR 进行结构表征(表 2-1)。冰浴中，在装有 150mL THF 溶液的三口烧瓶中，加入 4.6g Na。完全溶解后，在 N₂ 保护下，滴加 9.2g 乙醇，连续搅拌，直至 Na 完全浓缩成钠盐，然后将 100mL 溶有 6.96g 六氯环三磷腈的 THF 溶液滴加到上述钠盐溶液中。在 N₂ 气氛下，60℃ 下搅拌 48h。提取出钠盐，并蒸馏除去溶剂，然后将其溶解于二氯甲烷中，用水

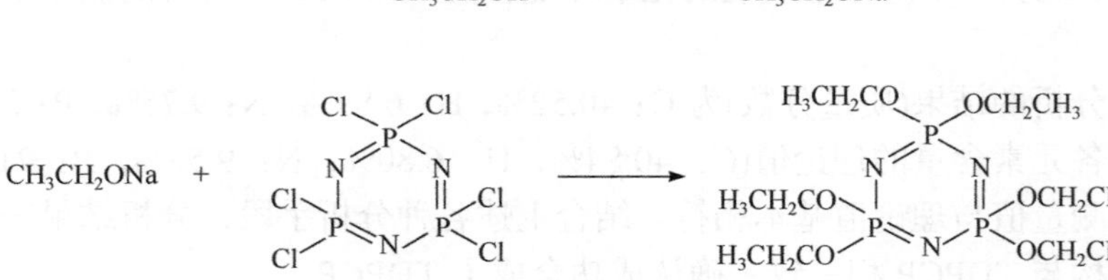

图 2-9　HECP 的合成路线图

洗涤,用硫酸镁干燥,最后蒸馏除去二氯甲烷,得到一种黏性黄色液体,即 HECP,产率为 67%。

表 2-1　HECP 的 FTIR 及 NMR 数据

FTIR 波数/cm^{-1}	^{1}H NMR 化学位移/ppm	^{13}C NMR 化学位移/ppm
2850～2980(C—H)	1.0(—CH$_3$)	9.9(—CH$_3$)
1240(P=N)	4.2(P—O—CH$_2$—)	69.2(—CH$_2$—)
1010～1030(P—O—C)		

　　表 2-1 中给出了 HECP 的 FTIR 谱和 NMR 谱中相关峰归属。对于 HECP 样品,FTIR 谱中 1010～1030cm^{-1} 和 1240cm^{-1} 处的吸收带表明存在 P—O—C(脂肪族)和 P=N 基团,在 ^{1}H NMR 谱中 1.0ppm 和 4.2ppm 的化学位移分别指定为—CH$_3$ 和 P—O—CH$_2$—基团。其在 ^{13}C NMR 谱中的化学位移分别为 9.9ppm 和 69.2ppm,分别归属于—CH$_3$ 和—CH$_2$—基团。测得两种产品中的氯含量不超过 0.1%,这意味着合成完全进行,产物中残留的氯仅作为痕量存在。

　　将此化合物用作阻燃剂与市售的可紫外光固化的环氧丙烯酸酯 EB600 混合。通过 TGA、原位 FTIR 和表观活化能计算来监测热行为与降解机理。与纯 EB600 样品相比,HECP 可以有效提高 EB600 共混物在升温时的热稳定性,由于 P—O—C 基团的破坏,共混物的初始分解温度降低。但 HECP 对 EB600 共混物的阻燃性能没有明显改善。

　　Lee[12]合成了一种阻燃化合物六甲氧基环三磷腈(HMTP),并将其作为阻燃添加剂用于碳酸酯类电解液(1mol/L LiPF$_6$,EC：DMC(碳酸乙酯：碳酸二甲酯)体积比为 1：1)的研究。结果显示,当阻燃剂添加量为 1.5%时,即可提高电池钝化层(SEI 膜)的分解温度,显著降低了电池自放热速率(图 2-10),改善了电池热稳定性

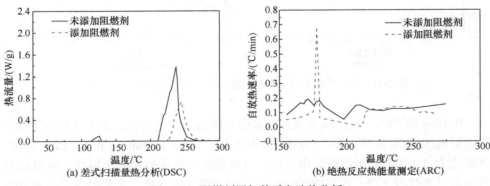

(a) 差式扫描量热分析(DSC)　　　　　(b) 绝热反应热能量测定(ARC)

图 2-10　阻燃剂添加前后电池热分析

和易燃性。与原始电解液相比，电池充放电比容量明显提高。

　　Ahn 等[13]分别以六甲氧基环三磷腈(HMTP)和六乙氧基环三磷腈(HECP)为电解液(1.1mol/L LiPF$_6$，EC∶EMC(碳酸甲乙酯)体积比为 4∶6)阻燃添加剂。发现HMTP、HECP 均可显著提高正极材料的析氧温度，改善电池热稳定性。与 HMTP相比，HECP 改善效果更显著，添加量为 1%时，正极材料的析氧温度提高了55.1℃(表 2-2)。此外，这些环三磷腈衍生物可以掺杂到电解液分解后在正极材料表面形成的保护层，降低了保护层的界面阻抗，从而提高了电池倍率性能和循环寿命。以磷腈化合物为共溶剂，可提高电解液的闪点，降低电解液饱和蒸气压。

表 2-2　　两种阻燃剂不同添加量下氧气释放的峰值温度和释热量

指标	添加量			
	0	1%	3%	5%
峰值温度/℃	274.8	276.6/329.9	338.3/323.8	321.5/329.7
释热量/(J/g)	35.8	49.9/45.0	44.9/30.7	73.4/42.5

　　Sazhin 等[14]分别以甲氧基乙醇/乙醇和异丙醇/乙醇为六氯环三磷腈的改性剂，制备了两种新型磷腈衍生物(SM$_4$ 和 SM$_5$)，并将其用于电解液(1.2mol/L LiPF$_6$，EC∶EMC 体积比为 2∶8)共溶剂的研究。结果显示，磷腈衍生物的增加导致电解液黏度增加从而降低了电导率，但可以提高电解液的闪点和电化学稳定性(图 2-11)。

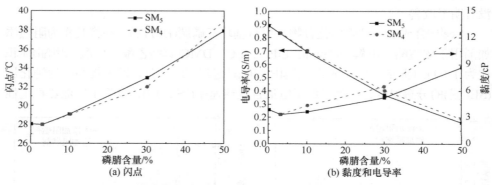

图 2-11　　磷腈共溶剂含量对电解液闪点、黏度及电导率的影响
1cP=10^{-3}Pa·s

　　Rollins 等[15]将三氟乙氧基和乙氧基引入磷腈基体上合成了 FM 系列衍生物。在电解液(1mol/L LiPF$_6$，EC∶DMC 体积比为 1∶1 和 1.2mol/L LiPF$_6$，EC∶DMC体积比为 1∶2)共溶剂的研究中发现，含磷腈的电解液黏度有所提高，并引起电解液电导率略有下降，电解液闪点提高，饱和蒸气压下降，显著提高了电解液的耐热性和电化学稳定性，其中 FM2 磷腈衍生物性能最佳(图 2-12)。以新型混合电

解液(1.2mol/L LiPF₆, EC∶EMC∶X 体积比为 16∶64∶20)为参考电解液,其中 X
为 FM 化合物,研究了 SEI 膜的电化学性能及其在非水体系电解液中的形成能力,
提出了一种对非水溶液电解液及 SEI 膜的高量化表征方法,对电解液性能的研究
具有重要意义。

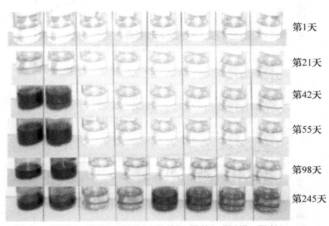

图 2-12　10%磷腈混合电解液热稳定性测试图

　　有机磷化合物在电解液中添加量低时,往往只起到有限的阻燃作用。Xia 等[16]
研究了一种高效的电解液(1mol/L LiPF₆, EC∶DMC 体积比为 3∶7),其阻燃添加
剂为五氟乙氧基环三磷腈(PFPN)。当 PFPN 添加含量为 5%(质量分数)时,高效阻
燃的有机氟与电化学稳定的环三磷腈结构的协同作用,可以使电解液完全不燃且
不影响电化学性能(图 2-13)。

　　结果表明,PFPN 与石墨负极和 LiCoO₂ 正极具有较好的相容性。同时,PFPN
还可改善 LiCoO₂ 正极材料的高压(4.5V)循环性能,在高压锂离子电池电解液中具有

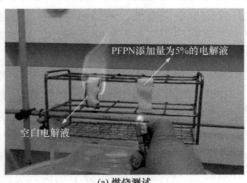

(a) 燃烧测试

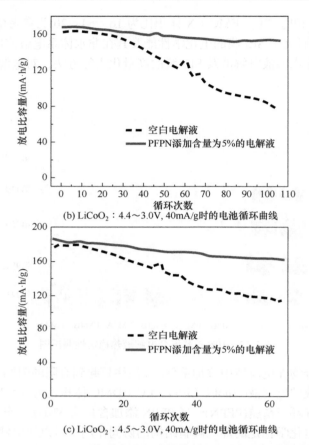

(b) LiCoO₂：4.4～3.0V，40mA/g时的电池循环曲线

(c) LiCoO₂：4.5～3.0V，40mA/g时的电池循环曲线

图 2-13　PFPN 添加前后电解液燃烧测试及电池循环曲线图

潜在的应用前景。PFPN 磷腈衍生物可以解决电解液的热稳定性差、易燃等影响电池安全性的问题以及可以提高电池的循环寿命、充放电电压等，具有较高的使用价值。然而从上述介绍也可以发现，磷腈衍生物在电解液方面的普及应用还存在一些问题，如作为共溶剂会引起电解液黏度增加，导致离子电导率下降，影响电池的低温性能和高倍率性能。因此，寻找适宜的磷腈衍生物对电解液的安全性研究具有重要意义。另外，磷腈衍生物的可塑性可拓展其在安全性正负极材料以及复合隔膜领域的应用。

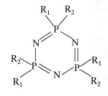

R₁=Cl　　R₂=OCH₂CF₂CF₂H

图 2-14　三取代(2,2,3,3-四氟丙氧烷基)三氯环三磷腈

李亮等[17]以六氯环三磷腈、四氟丙醇及金属钠为原料，四氢呋喃为溶剂，合成不含全氟辛烷磺基的新型含氟整理剂(分子结构式见图 2-14)，该整理剂在具有阻燃功能的同时还具有拒水性能，可将其应用在棉

织物的阻燃整理上。试验表明，在最佳工艺条件下，整理后织物的 LOI 大于 25%，残炭率约为 40%，具有良好的阻燃性能。接触角测试显示，棉织物具有较好的拒水性能，接触角达到了 141°。

Liu 和 Wang[18]将环磷腈与环氧树脂(EP)聚合得到含环氧基磷腈衍生物(记作 PN-EPC，结构式见图 2-15)，可提高双酚 A 二缩水甘油醚(DGEBA)的残炭率和热稳定性。

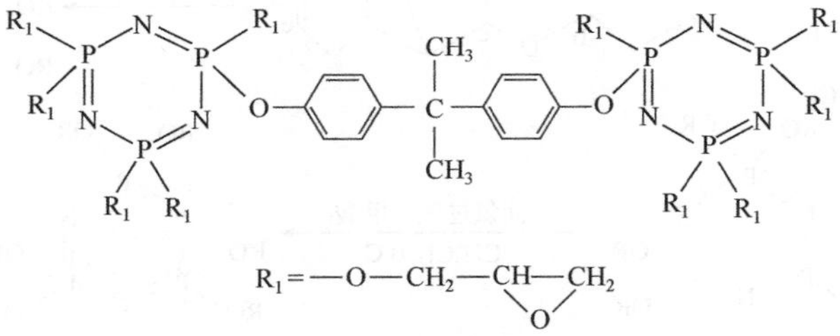

图 2-15　PN-EPC 结构示意图

Lu 等[19]合成的另一种环氧基环磷腈固化后其 LOI 超过 30.0%，在初期热降解过程中促进了不燃气体的释放和致密富磷炭层的形成，这使得在高温条件下增加了炭层的热稳定性，防止材料的进一步燃烧，进而提高了其阻燃性能。

林锐彬等[20]以甲醇钠(或乙醇钠)、六氯环三磷腈、丙烯酸羟乙酯为原料，分别制得甲氧基取代(或乙氧基取代)环三磷腈丙烯酸酯衍生物。将制备的两种衍生物与丙烯酸酯乳液共聚，并对棉织物进行阻燃整理，达到了良好的阻燃效果。其中，甲氧基取代环三磷腈丙烯酸酯共聚乳液用于棉织物阻燃整理，续燃时间 6.3s，阴燃时间 0s，损毁炭长 7cm，断裂强力 198.2N(纬向)，白度为 80.41%。乙氧基取代环三磷腈丙烯酸酯共聚乳液用于棉织物阻燃整理，续燃时间 8.9s，阴燃时间 0s，损毁炭长 25cm，断裂强力 198.2N(纬向)，白度 75.89%。甲氧基取代环三磷腈丙烯酸酯共聚乳液用于织物整理，阻燃效果比乙氧基取代环三磷腈丙烯酸酯共聚乳液好。

2.2.2　含环氧基的烷氧基环三磷腈衍生物

含环氧基团的磷腈衍生物可以应用于聚合物共混体系中。张小华等[21]以双环戊二烯、乙二醇和六氯环三磷腈为原料合成了一种新型环三磷腈基多官能脂环族环氧衍生物(PCNEP)，合成路线见图 2-16。

合成分为乙二醇单双环戊二烯基醚的合成、六(乙二醇单双环戊二烯基)环三磷腈酯的制备及 PCNEP 的合成三部分。

1. 乙二醇单双环戊二烯基醚的合成

向装有温度计、恒压滴液漏斗和冷凝管的 250mL 三口烧瓶中加入 52.8g 双环戊二烯、49.6g 乙二醇。在磁力搅拌下，室温中缓慢滴加 5mL 甲苯和 2.5mL 三氟

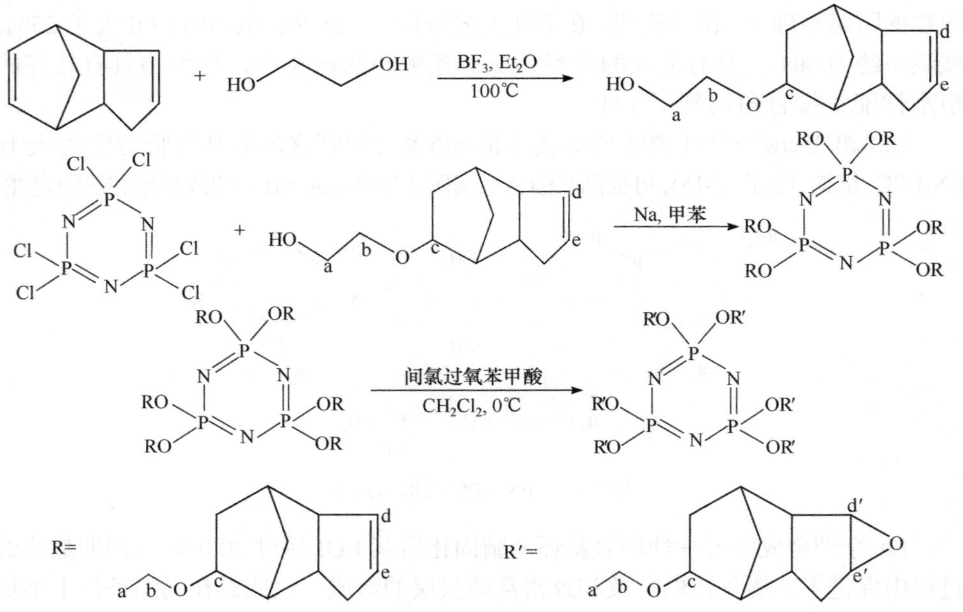

图 2-16　PCNEP 的合成路线

化硼和乙醚(其物质的量占双环戊二烯的 5%)的混合液。滴加完毕后，缓慢升温至 100℃，继续反应 5h，反应结束后，冷却。将其倒入质量分数为 10%的 NaHCO₃ 溶液中，用甲苯提取后，将有机层用去离子水洗至中性，用无水硫酸钠干燥后进行过滤、减压蒸馏，收集沸程为 140~145℃(933Pa)的馏分，得到淡黄色透明液体，即乙二醇单双环戊二烯基醚，产率为 75.6%。

2. 六(乙二醇单双环戊二烯基)环三磷腈酯的制备

向装有温度计、恒压滴液漏斗和冷凝管的 250mL 四口烧瓶中加入干燥的 100mL 甲苯、2.3g Na，N₂ 气氛下进行磁力搅拌，加热回流。分散一段时间后，缓慢滴加 19.4g 乙二醇单双环戊二烯基醚，在回流温度下继续反应 3h，然后冷却至室温，加入 5.8g 六氯环三磷腈，在室温下反应 12h，再升温至 70℃反应 24h，冷却后水洗至中性，真空抽除溶剂，得到淡黄色液体，即六(乙二醇单双环戊二烯基)环三磷腈酯，产率为 85%。

3. PCNEP 的合成

向装有温度计、恒压滴液漏斗和冷凝管的 250mL 三口烧瓶中加入 120mL 二氯甲烷、13g 间氯过氧苯甲酸，控制反应温度(−5~0℃)，滴加 12.93g 含六(乙二醇单双环戊二烯基)环三磷腈酯的二氯甲烷溶液，控制反应体系温度不高于 5℃，反应 20h 后过滤除去白色固体，在剧烈搅拌下用 10%的亚硫酸钠溶液洗涤，至淀粉碘化钾试纸不显蓝色，过滤用 NaOH 水溶液洗涤至不显酸性，再用去离子水洗涤 2次，用无水硫酸钠干燥，真空抽除溶剂，得淡黄色液体，即 PCNEP，产率为 76%。

采用 FTIR、NMR、质谱(MS)分析和测定环氧值等方法对 PCNEP 及其中间体的化学结构进行了表征。由图 2-17 中 PCNEP 及其中间产物的 FTIR 谱图可以看出，谱线 1 的 3414cm^{-1}、1107cm^{-1} 处分别有羟基和醚键的强吸收峰，3047cm^{-1}、1620cm^{-1} 处代表脂环双键的特征吸收峰。

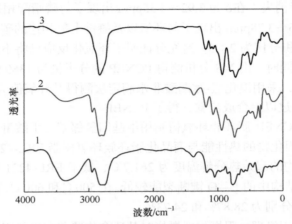

图 2-17　PCNEP 及其中间产物的 FTIR 谱图

从图 2-18 中 PCNEP 及其中间产物的 ^{1}H NMR 谱图看出，谱线 2 中 5.68ppm(1H$_d$)、5.86ppm(1H$_e$)处为双键上氢的化学位移峰，3.68~3.71ppm(2H$_g$)处为与羟基相连的碳原子上 2 个氢的化学位移峰，而与醚键相连的碳原子上的氢的化学位移峰出现在 3.68~3.71ppm(3H$_{b,c}$)的核磁共振峰，1.22~2.581ppm(11H$_{其他}$)按其积分面积为 11 个氢原子的化学位移峰，即包括羟基上氢在内的其他氢原子。由 FTIR 及 ^{1}H NMR 鉴定分析，可以确定所合成的产物为乙二醇单双环戊二烯基醚。

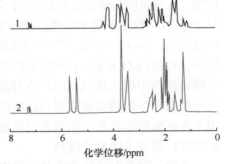

图 2-18　PCNEP 及其中间产物的 ^{1}H NMR 谱图

在图 2-17 中，与谱线 1 对比，谱线 2 中 3413cm^{-1} 处强而宽的羟基吸收峰被一个尖而较弱的吸收峰取代，在 1228cm^{-1} 处有 P—N 的吸收峰。在 1405cm^{-1}、982cm^{-1} 处产生了 P—O—C 的强吸收峰。谱线 2 中仍有 3045cm^{-1} 处(—C=CH)、1618cm^{-1}(—C=C—)脂环双键和 1103cm^{-1} 处(C—

O—C)醚键的特征吸收峰。以上结果表明，反应过程中保持了环三磷腈分子中环状结构以及乙二醇单双环戊二烯基醚分子中醚键的稳定性，而 P—Cl 键和醚分子中的羟基(—OH)发生了相应的转化，形成 P—O—C 键，从而获得六(乙二醇单双环戊二烯基)环三磷腈酯。

从图 2-17 谱线 3 看出，在 837cm^{-1} 处明显有脂环上环氧基团吸收峰，且在 3045cm^{-1} 处的—C=CH 吸收峰、1618cm^{-1} 处的—C=C—吸收峰消失了，表明烯烃被氧化成为环氧化合物。从图 2-18 看出，环氧化反应后，谱线 1 中在 δ 为 5.6~6.0ppm 的双键峰消失。在 δ 为 3.92~4.35ppm 出现了与磷腈酯相接的碳上氢($2H_a$)的峰，在 δ 为 3.16~3.78ppm 出现了与环氧以及醚键上氧相连的碳上氢($3H_{b,c}$、$1H_d$、$1H_e$)的峰，两者积分比为 2：5。这充分证明了环氧化反应已将不饱和双键完全转变成环氧基团。同时，由 MS 分析测得 PCNEP 的分子量为 1389.9(M+H$^+$)(分子量计算值为 1389)，采用溴化氢-冰醋酸非水滴定法测得其环氧值为 0.42(理论值为 0.43)。这证明通过以上合成步骤获得了 PCNEP。

将合成的 PCNEP 脂环族环氧树脂用甲基四氢邻苯二甲酸酐固化，利用热重分析将 PCNEP 固化物的热性能与商品化脂环族环氧树脂 ERL-4221 进行了比较。该 PCNEP 固化物的起始热分解温度为 261.7℃，低于 ERL-4221 固化物，这是由于 PCNEP 分子结构中的 P—O 键断裂能较低。在 500℃和 600℃的高温下，PCNEP 固化物的残炭率分别为 28.87%和 24.73%。

根据固相作用机理，阻燃材料燃烧时其残余物覆盖在材料表面，残余量越高阻燃效果越好[22]。由此作者认为 PCNEP 是一种环境友好的高耐热性环氧树脂，固化物残炭率高，具有较好的阻燃性，但其应用有待进一步研究。

环氧基环三磷腈作为反应型阻燃剂主要用于 EP 的阻燃，能保持较高的力学性能，且与树脂基体具有较好的相容性。Gouri 等[23]探究了六(环氧丙基)环三磷腈对 DGEBA 热稳定性和阻燃性能的影响。研究发现六(环氧丙基)环三磷腈在热分解过程中，P—O—C 键断裂并与其他热分解产物继续反应，生成热稳定性更好的结构，可提高 DGEBA 的热稳定性和成炭性，并且改性树脂具有较好的自熄性。在磷腈结构中引入环氧基团可以提高其在聚合物中的相容性。Gouri 等用环氧丙醇与六氯环三磷腈在催化剂三乙胺的作用下合成六缩水甘油基环三磷腈，并将其用于环氧树脂的阻燃。结果表明添加六缩水甘油基环三磷腈后，体系的热稳定性和阻燃性都有了明显的提高。

合成一种含有磷腈结构的环氧树脂，可以显著提高环氧树脂的阻燃性。但是，这种含磷腈的环氧树脂很少被应用到实际的工业生产当中。合成这样的环氧树脂需要经历多步反应，生产成本明显增加，而合成一种含氨基的环三磷腈作为固化剂添加到传统的环氧树脂中同样可以达到阻燃目的，且成本更低。因此在生产中更倾向于后者。

2.2.3　含其他功能元素的烷氧基环三磷腈衍生物

通过引入其他功能元素(如氟元素)，可制得功能型环三磷腈衍生物，可在达到阻燃效果的同时，提高纺织品的拒水性。靳霏霏等[24]以六氯环三磷腈、八氟戊醇等为原料，利用六氯环三磷腈分子中活泼 P—Cl 键与亲核试剂 H(CF$_2$)$_4$CH$_2$ONa 发生亲核取代反应，制备了含氟烷氧基部分取代的环三磷腈衍生物阻燃剂六氯环三磷腈的相关衍生物，反应式见图 2-19。

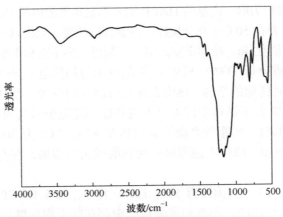

$$2H(CF_2)_4CH_2OH + 2Na \longrightarrow 2H(CF_2)_4CH_3ONa + H_2$$

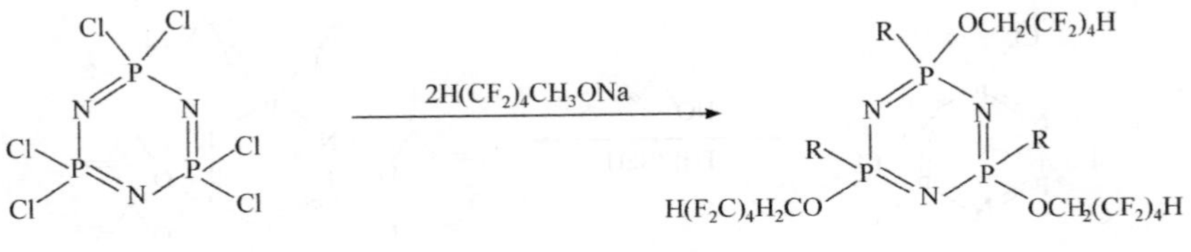

R=Cl或OCH$_2$(CF$_2$)$_4$H

图 2-19　含氟烷氧基取代环三磷腈结构示意图

控制六氯环三磷腈与 H(CF$_2$)$_4$CH$_2$ONa 的投料比为 1∶3.5，成功制备八氟戊氧基部分取代的产物，其 FTIR 结果见图 2-20。图 2-20 中，在 1226.0cm^{-1}、1174.1cm^{-1}处出现了磷腈骨架中 P—N 键的特征吸收峰，在 1132.8cm^{-1} 处出现了 C—O 键的吸收峰，1088.4cm^{-1} 处出现了 P—O 键的伸缩振动吸收峰，说明发生了取代反应，548.3cm^{-1} 处的 P—Cl 键吸收峰说明只是部分 P—Cl 键被取代。

图 2-20　含氟烷氧基取代环三磷腈的 FTIR 谱图

将其与乳化剂进行复配，得到稳定性良好的环三磷腈衍生物水乳液，使棉织物经整理后可达到 B1 级标准，同时较好地保留了棉织物的断裂强力和白度，并将其应用于棉织物的阻燃整理。环三磷腈衍生物水乳液最优配方为选用含氟乳化剂 Le-011(用量为 15%)和普通乳化剂 Tween 80(用量为 10%)进行复配，可得到稳定性良好的乳液。该研究表明，阻燃整理的最优工艺为环三磷腈衍生物 45%(owb)[①]、乳化剂 25%(owm)[②]、催化剂 2%(owb)、交联剂 5%(owb)、尿素 5%(owb)在 160℃下焙烘 3min。

2.2.4　含不饱和双键的烷氧基环三磷腈衍生物

李毅等[25]采用自制的单体六(烯丙氧基)环三磷腈(HACP)对不饱和聚酯树脂进行阻燃改性，其合成路线如图 2-21 所示。

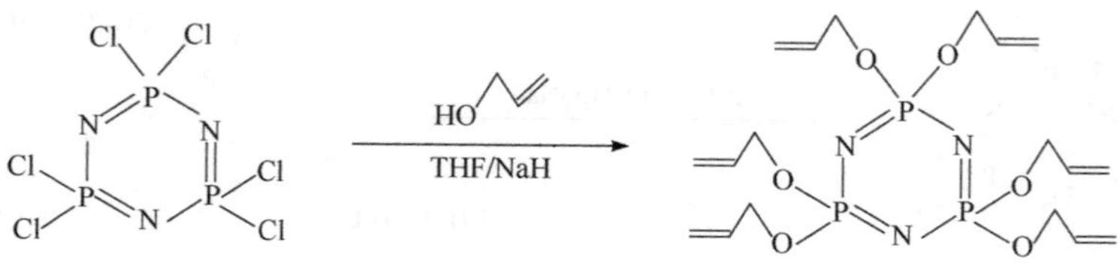

图 2-21　HACP 的合成路线图

在 N₂ 保护下将 14.0g NaH 加到 60mL THF 中，充分搅拌。在 10℃下缓慢滴加溶有 22.3g 烯丙醇的 30mL THF 溶液，滴加完毕后，室温反应 1.5h。然后滴加溶有 17.4g HCCTP 的 60mL THF 溶液，滴加完毕后，回流至反应结束。冷却后抽滤，旋蒸除去 THF，粗品用 50mL 二氯甲烷溶解，再依次用 5% NaOH 水溶液、2%盐酸水溶液及蒸馏水洗至中性，最后用无水硫酸钠干燥 12h，过滤，脱去溶剂后得 17.6g HACP。HACP 为淡黄色油状液体，产率 87.2%。阻燃不饱和聚酯树脂固化样品的制备过程为取一定量的 HACP 加入不饱和聚酯树脂中混合均匀，然后加入固化剂 TBPB，并在 50℃下充分搅拌，将混合物缓慢注入模具中，在 70℃下固化 1h，升温至 150℃固化 4h，冷却至室温出料，制得阻燃不饱和聚酯树脂固化样品。

用 FTIR、热重分析(TGA)、极限氧指数(LOI)与扫描电子显微镜测试表征分析了 HACP 的加入对树脂的结构、热稳定性及阻燃性的影响。当 HACP 的质量分数超过 10%时，HACP 分子结构中的 6 个不饱和键不能完全参与固化反应。当 HACP 质量分数达到 20%时，树脂的燃烧等级达到 V-0 级，LOI 为 30.2%。随着 HACP 质量分数的不断增加，固化不饱和聚酯树脂的残炭率增加，在空气中 500℃时残炭率提高至 30%。

图 2-22、图 2-23 分别为含有 5%、10%、15%、20% HACP 的不饱和聚酯树脂固化前后的 FTIR 谱图，不饱和聚酯树脂中存在的不饱和键与 HACP 单体中的不饱和键发生固化反应。由图 2-22 和图 2-23 可以看出，978cm⁻¹、914cm⁻¹ 处吸

---

① owb 表示对浴比的百分比。
② owm 表示质量分数。

收峰是不饱和聚酯树脂中参与固化的特征吸收峰。当不饱和聚酯树脂未发生固化时，随着 HACP 质量分数的增加，914cm^{-1} 处吸收峰相对 978cm^{-1} 处吸收峰增强；当不饱和聚酯树脂发生固化后，HACP 质量分数为 10%时，978cm^{-1}、914cm^{-1} 处吸收峰减弱，说明 HACP 单体中不饱和键参与了固化反应，当 HACP 质量分数大于 10%时，978cm^{-1} 处吸收峰进一步减弱但没有完全消失，914cm^{-1} 处吸收峰反而增强，说明 HACP 中的 6 个不饱和键不能完全参与固化。综上所述，HACP 可以与不饱和聚酯树脂发生固化，但当 HACP 质量分数大于 10%时，HACP 结构中的6 个不饱和键不能完全参与固化。

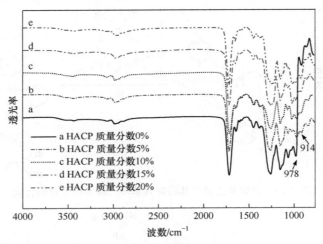

图 2-22　未固化树脂的 FTIR 谱图

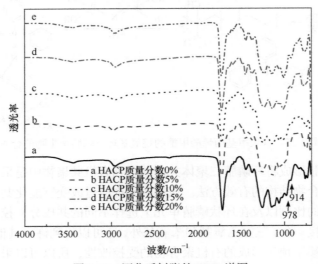

图 2-23　固化后树脂的 FTIR 谱图

2.2.5 其他烷氧基环三磷腈衍生物

Allcock 等[26]通过叠氮基环磷腈与共聚物结构中二苯基苯乙烯基膦残基的反应制备了具有环磷腈侧基的聚苯乙烯和聚甲基丙烯酸甲酯共聚物，制备路线分别见图 2-24 及图 2-25。环磷腈侧基存在于聚苯乙烯中的单体残基为 1%～100%，在聚甲基丙烯酸甲酯重复单元中为 2%～20%。在两种体系中，环磷腈侧基的玻璃化转变温度(T_g)大致与其在大分子中的浓度成比例降低。10%左右的环磷腈侧基的存在显著降低了聚苯乙烯和聚甲基丙烯酸甲酯的可燃性。

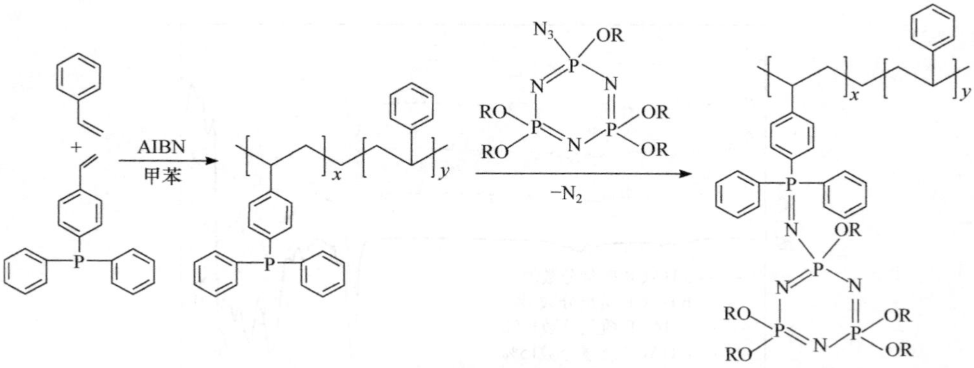

图 2-24 含聚苯乙烯侧基的烷氧基环三磷腈衍生物的合成

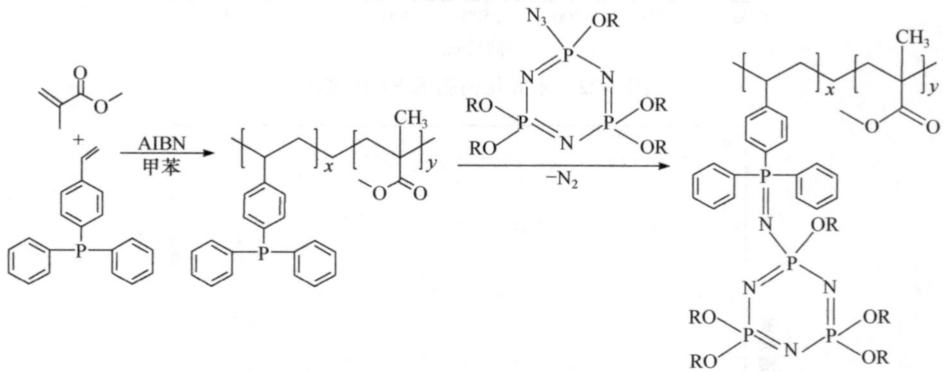

图 2-25 含聚甲基丙烯酸甲酯的烷氧基环三磷腈衍生物的合成

通过膦亚胺形成将环磷腈三聚体共价结合到有机共聚物中是采用多种有机聚合物产生新聚合物结构的有效方法。该技术允许通过改变官能化共聚单体与非官能化共聚单体的比例以及在环状磷腈单元上选择不同的共成分来控制共聚物的结构和适当的连接。除了三氟乙氧基和苯氧基外，还可以得到许多其他的共同成分。因为该方法依赖于预先形成的有机聚合物的受控改性，所以可以采用比以前更直接的方式分析磷腈结构对共聚物性质的影响。侧链磷腈环状三聚体通过交联反应提高高温下的陶瓷残炭率来抑制聚苯乙烯的热降解。它们对聚甲基丙烯酸甲酯(PMMA)分解的影响表现为挥发性化合物释放的温度升高。由于凝聚相机理,聚苯乙烯的耐火性得到改善。此外,苯氧基磷腈在该体系中比三氟乙氧基磷腈更有效。而对于 PMMA,这种模式是相反的,其中气相火焰淬火效应占主导地位。在这种情况下,与聚合物共价结合的氟化环状磷腈是最有效的。虽然未结合的环状磷腈掺入有机聚合物也是有效的阻燃剂,但它们可能随着时间的推移从聚合物中扩散,这为化学品的阻燃保护提供了一个论据。

　　陈毅坚等[27]通过两次亲核取代反应对六氯环三磷腈进行接枝改性,合成了 4 : 2 不对称取代的环三磷腈(2,2,4,4-四乙氧基-6,6-二羟乙氧基环三磷腈,分子结构式见图 2-26),改性产物在聚对苯二甲酸乙二醇酯(PET)的缩聚阶段加入参与共聚反应,并作为主链的一部分合成了阻燃型 PET 材料。阻燃性能测试结果表明,当添加量仅为 2%时,阻燃型 PET 材料 LOI 为 30%,UL-94 燃烧等级测试可达到 V-0 级。

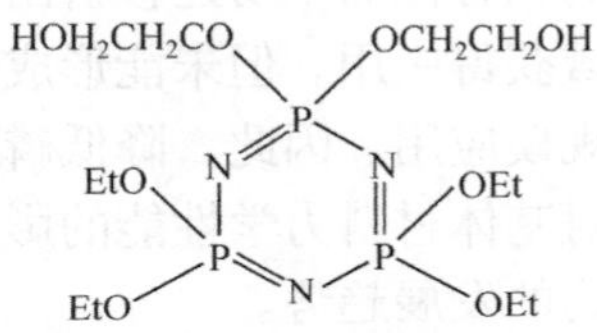

图 2-26　2,2,4,4-四乙氧基-6,6-二羟乙氧基环三磷腈

　　吕梅香等[28]通过亲核取代、醚化两步法合成了一种水溶性、醇溶性无卤磷腈阻燃剂——醚化六羟甲基三聚氰胺功能化的环三磷腈衍生物(分子结构式见图 2-27)。织物通过浸渍该阻燃剂的水、醇混合溶液即可获得良好的热稳定性和较好的阻燃效果,使用方便。试验表明,该衍生物是膨胀型阻燃剂(IFR),燃烧后有肉眼清晰可见的膨胀层,衍生物用量为 3%即可使化纤织物在燃烧过程中无阴燃、无熔滴。

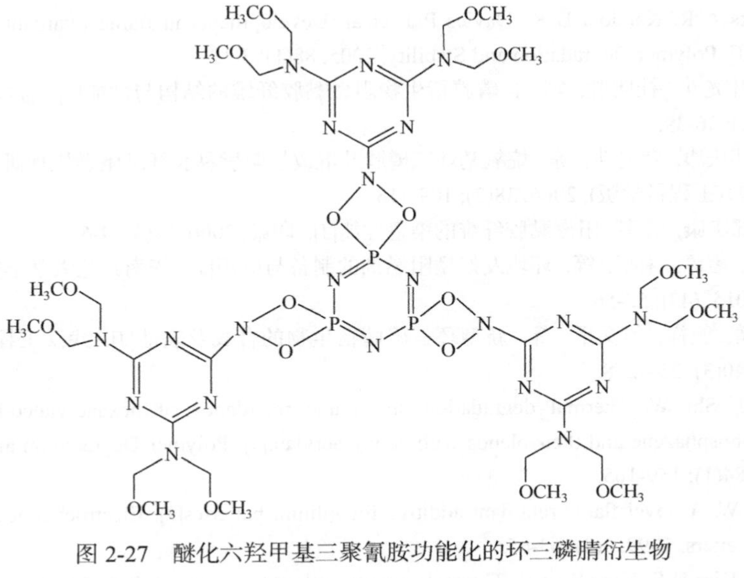

图 2-27　醚化六羟甲基三聚氰胺功能化的环三磷腈衍生物

2.3 小　结

随着对阻燃剂环保要求以及材料阻燃性能要求的提高，烷氧基型磷腈衍生物由于具备无卤、低污染、高效率、多功能性等优势，获得广泛的应用和发展。烷氧基型磷腈衍生物主要以小分子为主，反应型衍生物上的活性官能团可与树脂基体形成化学键；对于添加型衍生物应开发大分子结构，使其与树脂基体具有较好的相容性而不易迁移析出。目前，磷腈衍生物已经在聚乙烯、EP、纤维等材料领域获得应用。但未能形成规模化生产且生产成本较高，限制了环磷腈衍生物的大规模应用。因此，降低磷腈衍生物生产成本，开发规模化生产工艺，减少衍生物对基体材料力学性能的影响，形成完善的理论、应用研究体系成为今后磷腈衍生物的发展趋势。

参 考 文 献

[1] Kyle D S, Alwyn F, Martin R. Brominated organic oicropollutants-igniting the flame retardant issue[J]. Critical Reviews in Environmental Science & Technology, 2004, 34(2): 141-207.

[2] 黄新冰, 肖胜保. 复合环保阻燃剂研究进展[J]. 塑料助剂, 2017, (3): 10-13.

[3] 张雨山, 高春娟, 蔡荣华. 溴系阻燃剂的应用研究及发展趋势[J]. 化学工业与工程, 2009, 26(5): 460-466.

[4] Zhang M, Buekens A, Li X. Brominated flame retardants and the formation of dioxins and furans in fires and combustion[J]. Journal of Hazardous Materials, 2016, 304(5): 26-39.

[5] Horrocks A R, Kandola B K, Davies P J, et al. Developments in flame retardant textiles—A review[J]. Polymer Degradation and Stability, 2005, 88(1): 3-12.

[6] 陈胜, 叶光斗, 桂明胜, 等. 含磷腈衍生物阻燃黏胶纤维的结构与性能[J]. 合成纤维工业, 2006, (2): 36-39.

[7] 陈胜, 郑庆康, 叶光斗, 等. 烷氧基环三磷腈共混改性阻燃黏胶纤维阻燃机理研究[J]. 四川大学学报(工程科学版), 2006, 38(2): 109-113.

[8] 陈胜, 郑庆康, 管宇. 阻燃黏胶纤维的染色性能[J]. 印染, 2006, 32(4): 4-6.

[9] 雷文婷, 廖添, 宋亭, 等. 环境友好型阻燃剂的制备与应用[J]. 华南师范大学学报: 自然科学版, 2015, (47): 52-56.

[10] 刘生鹏, 殷祥, 何文平, 等. 新型环三磷腈衍生物的合成及表征[J]. 武汉工程大学学报, 2018, 40(3): 254-258.

[11] Ding J, Shi W. Thermal degradation and flame retardancy of hexaacrylated/hexaethoxyl cyclophosphazene and their blends with epoxy acrylate[J]. Polymer Degradation and Stability, 2004, 84(1): 159-165.

[12] Lee C W. A novel flame-retardant additive for lithium batteries[J]. Electrochemical and Solid State Letters, 1999, 3(2): 63-65.

[13] Ahn S, Kim H S, Yang S, et al. Thermal stability and performance studies of $LiCo_{1/3}Ni_{1/3}Mn_{1/3}O_2$

with phosphazene additives for Li-ion batteries[J]. Journal of Electroceramics, 2009, 23(2-4): 289-294.

[14] Sazhin S V, Harrup M K, Gering K L. Characterization of low-flammability electrolytes for lithium-ion batteries[J]. Journal of Power Sources, 2011, 196(7): 3433-3438.

[15] Rollins H W, Harrup M K, Dufek E J, et al. Fluorinated phosphazene co-solvents for improved thermal and safety performance in lithium-ion battery electrolytes[J]. Journal of Power Sources, 2014, 263: 66-74.

[16] Xia L, Xia Y, Liu Z P. A novel fluorocyclophosphazene as bifunctional additive for safer lithium-ion batteries[J]. Journal of Power Sources, 2015, 278: 190-196.

[17] 李亮, 李萍, 石先国, 等. 环保型含氟多功能整理剂的合成及其应用[J]. 纺织学报, 2015, 36(8): 74-77.

[18] Liu R, Wang X. Synthesis, characterization, thermal properties and flame retardancy of a novel nonflammable phosphazene-based epoxy resin[J]. Polymer Degradation and Stability, 2009, 94(4): 617-624.

[19] Lu L G, Wang X, Yang S S, et al. Synthesis and application of novel arborescent monomolecular P-N intumescent flame retardant[J]. Acta Chimica Sinica, 2012, 70(2): 190-194.

[20] 林锐彬, 李战雄, 赵言, 等. 环三磷腈丙烯酸酯合成及其在棉织物阻燃整理中的应用[J]. 印染助剂, 2010, 27(4): 25-28.

[21] 张小华, 张志森, 夏新年, 等. 环三磷腈基多官能液体脂环族环氧树脂的合成[J]. 合成树脂及塑料, 2008, 25(4): 19-22.

[22] 胡源, 桂宙, 藤本康弘, 等. 聚酚氧磷腈的合成及其热分解过程[J]. 化学通报, 1998, (2): 31-33.

[23] Gouri M E, Bachiri A E, Hegazi S E, et al. Thermal degradation of a reactive flame retardant based on cyclotriphosphazene and its blend with DGEBA epoxy resin[J]. Polymer Degradation and Stability, 2009, 94(11): 2101-2106.

[24] 靳霏霏, 李战雄, 陈国强. 含氟环磷腈的合成及棉织物阻燃整理应用[J]. 印染助剂, 2008, 25(5): 31-33.

[25] 李毅, 唐安斌, 黄杰, 等. 磷腈改性不饱和聚酯树脂的阻燃及耐热性能研究[J]. 绝缘材料, 2014, (4): 33-36.

[26] Allcock H R, Hartle T J, Taylor J P, et al. Organic polymers with cyclophosphazene side groups: Influence of the phosphazene on physical properties and phermolysis[J]. Macromolecules, 2001, 34(12): 3896-3904.

[27] 陈毅坚, 李增和, 李歌, 等. 2,2,4,4-四乙氧基-6,6-二羟乙氧基环三磷腈的合成及其阻燃应用[J]. 北京化工大学学报: 自然科学版, 2014, 41(6): 11-15.

[28] 吕梅香, 廖添, 宋亭, 等. 三聚氰胺-环三磷腈阻燃剂的制备及其应用[J]. 华南师范大学学报: 自然科学版, 2015, (47): 78-83.

第 3 章 苯氧基环三磷腈阻燃材料

3.1 引　　言

　　苯环结构有利于提高环磷腈的耐热性能，具有苯基、苯氧基或苯胺基的环磷腈不仅耐热、耐水解，且 LOI 高、排烟量低，适合应用在涂层、泡沫塑料、纤维等材料中。苯氧基环三磷腈(PCPZ)是一种环状的磷腈化合物，为浅黄色或白色粉末或结晶，可直接添加到聚乙烯中制备出阻燃聚乙烯材料，材料的 LOI 可达30.0%～33.0%。也可直接将其制备成乳液，通过浸渍-烘燥法、喷雾法或涂布法用于纤维、纱线、织物的阻燃整理，添加到黏胶纤维纺丝溶液中得到 LOI 为25.3%～26.7%的阻燃黏胶纤维。这是一类非常重要的精细化工中间体，本身具有很好的阻燃性能，若侧链再进一步引入其他功能基团，进行热处理，可做成树脂，这类树脂再与玻璃纤维等复合时又可做成高温复合材料。

　　苯氧基环三磷腈与其他化学结构(图 3-1)的含磷阻燃剂相比，优势正在于其优异

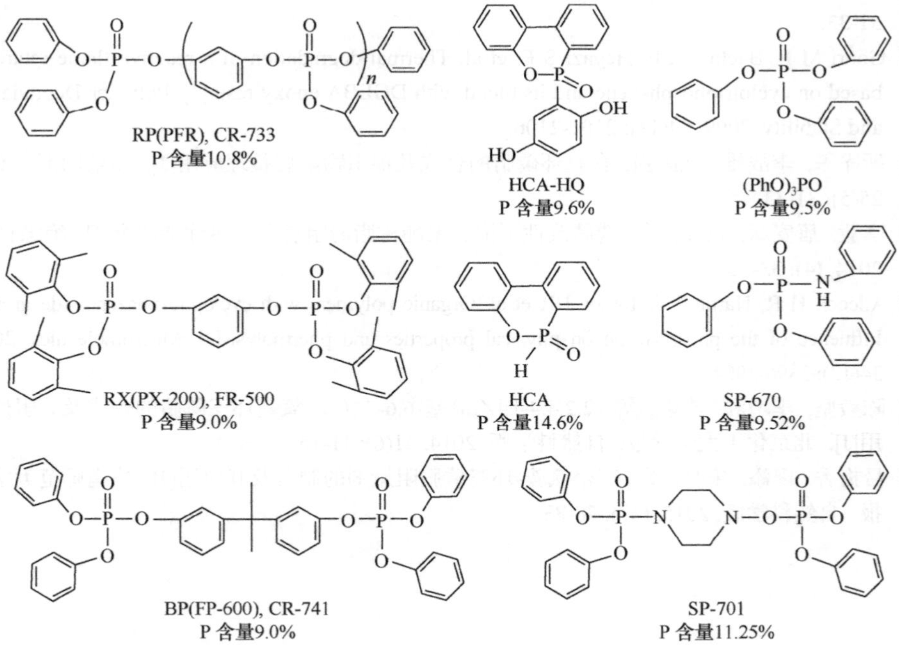

图 3-1　其他含磷阻燃剂的化学结构式

的耐热性、耐酸碱性、耐水解性及低吸水率[1]。

六氯环三磷腈环上的磷原子有空 3d 轨道，具有亲电性，因此磷原子上的氯非常活泼，易于进行亲电取代反应。而在苯酚的分子中，氧原子的价电子以 sp 杂化轨道参与成键。酚羟基中氧原子上的一对未共用电子对所在的 p 轨道，与苯环的六个碳原子的 p 轨道是平行的，它们是共轭的，氧原子上的部分负电荷离域而分散到整个共轭体系中，所以氧原子上的电子云密度降低，减弱了 O—H 键能，有利于氢原子离解成为质子和苯氧负离子，因此，可以看出苯氧负离子是一种强的亲核试剂。当六氯环三磷腈与苯氧负离子接触时，苯氧负离子作为一种亲核试剂进攻磷原子，就容易发生取代反应，生成含有取代苯氧基的环三磷腈。

目前，六苯氧基环三磷腈(HPCTP)的制备工艺主要分为两类[2-6]：一类是以NaOH、碳酸钾(K$_2$CO$_3$)等无机碱为缚酸剂，加入相转移催化剂，使苯酚与六氯环三磷腈发生亲核取代反应(图 3-2)。另一类是在 N$_2$ 保护下，将金属 Na、氢化钠(NaH)等与苯酚反应生成酚钠溶液，酚钠溶液再与六氯环三磷腈发生亲核取代反应。六苯氧基环三磷腈的合成分两步，第一步由 PCl$_5$ 和 NH$_4$Cl 在催化剂的作用下生成六氯环三磷腈，第二步由六氯环三磷腈与苯酚在碱作用下生成六苯氧基环三磷腈。六苯氧基环三磷腈的合成反应关键在于第一步六氯环三磷腈的合成，因为目前该反应转化率只能达到 50%~60%，严重偏低，且反应过程中会生成大量的盐酸及磷、氮副产物，后处理麻烦、对环境污染较大。而第二步反应则较容易实现，转化率可达 90% 以上。由于第一步反应转化率偏低，后处理麻烦，中间体六氯环三磷腈生产成本较高，直接导致六苯氧基环三磷腈价格居高不下，在某种程度上讲，限制了六苯氧基环三磷腈阻燃剂的发展和推广。

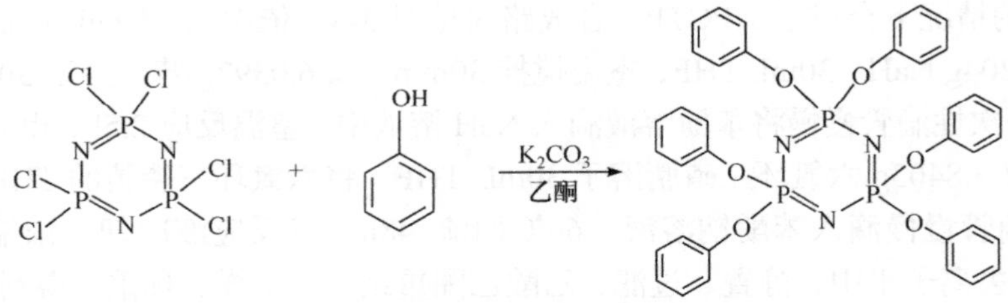

图 3-2　六苯氧基环三磷腈的合成路线

3.2　苯氧基环三磷腈衍生物的制备及其在阻燃材料中的应用

3.2.1　六苯氧基环三磷腈的合成及应用

HPCTP 由于磷-氮阻燃及其协同效应，阻燃效果好，是一种新型的环境友好型阻燃材料。程涛等[1]公开了一种 HPCTP 的合成方法，以 THF 为溶剂，采用等摩尔比的 NaOH 与苯酚，摩尔比为 7.2∶1 的苯酚与六氯环三磷腈，在 65℃下反应 48h，得到 HPCTP，产率为 95%。通过 THF 重结晶提纯 HPCTP。但该法使用的溶剂 THF 价格较高、沸点较低、挥发度较大，不利于工业生产。

专利 USP5075453 报道了以六氯环三磷腈、苯酚为原料，在氯苯溶液中，以苯酚物质的量 1.5 倍的三乙胺为缚酸剂，采用 4-二甲氨基吡啶为催化剂，合成了 HPCTP。该法使用了大量的三乙胺作缚酸剂，后期回收处理过程较复杂，且价格高昂，回收困难，使得生产成本增加。

路庆昌等[7]发明了一种高纯度的 HPCTP 的制备方法，其合成路线见图 3-3。催化剂为 PEG500～PEG1000，反应温度为 60～140℃，反应时间为 10～42h，反应时目标物的含氯量小于 500ppm，反应溶剂为氯苯。通过浓缩结晶的方法提纯，制得的 HPCTP 的纯度大于 99%。此外，该方法的产率较高，可达 95%。该法具有使用溶剂种类少、催化剂循环使用、消耗量少、简便等优点，适于工业化生产，且产品纯度较高。

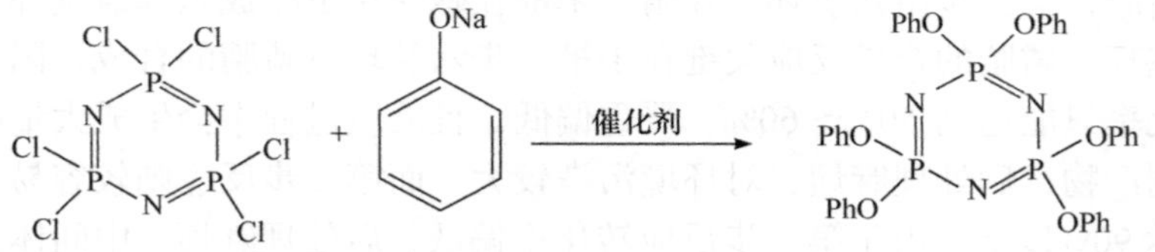

图 3-3　HPCTP 的合成路线[7]

高岩立等[8]以六氯环三磷腈、NaH、苯酚为原料，以 THF 为溶剂，在没有 N₂ 保护的情况下合成了 HPCTP，合成路线见图 3-4。依次在 250mL 圆底烧瓶中加入 2.5204g NaH、30mL THF，室温搅拌 30min。取 6.0392g 苯酚溶于 30mL THF 中，用一次性滴管慢慢将苯酚溶液滴入 NaH 溶液中，室温反应 2.5h，得到苯酚钠溶液。取 3.8403g 六氯环三磷腈溶于 30mL THF，将六氯环三磷腈的 THF 溶液用一次性滴管慢慢滴入苯酚钠溶液，66℃回流 48h。待反应液冷却、浓缩，倒入 1000mL 去离子水中，静置、过滤，乙酸乙酯重结晶，干燥，称重。得到 6.8403g 产物，其产率为 98.03%。

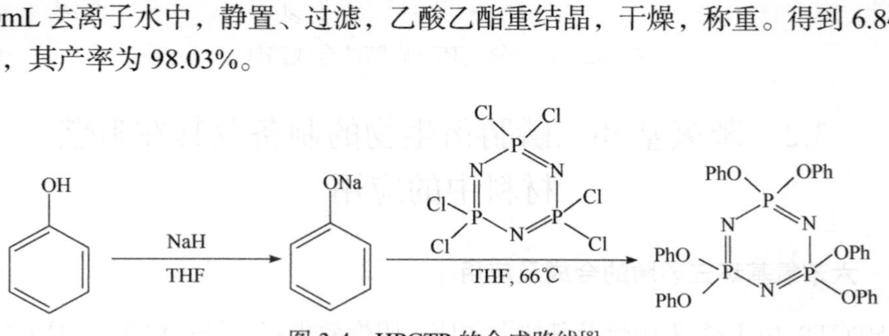

图 3-4　HPCTP 的合成路线[8]

对合成的六苯氧基环三磷腈进行 FTIR 分析,所得谱图如图 3-5 所示。由图 3-5 可知, $1270cm^{-1}$ 处为 P—N 的红外吸收峰, $1180cm^{-1}$ 处为 P=N 的伸缩振动吸收峰, 说明存在磷腈杂环。 $957cm^{-1}$ 、 $1010cm^{-1}$ 、 $1070cm^{-1}$ 处为 P—O—C 的特征吸收峰; $1594cm^{-1}$ 、 $1484cm^{-1}$ 处为苯环上的骨架变形振动吸收峰。 $764cm^{-1}$ 、 $688cm^{-1}$ 处为苯环单取代的弯曲振动吸收峰, $510cm^{-1}$ 处的 P—Cl 键完全消失。综上可知, 合成的产品为六苯氧基环三磷腈。

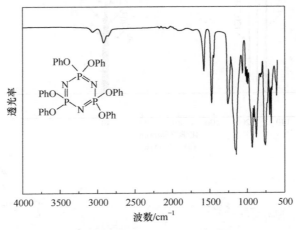

图 3-5　HPCTP 的 FTIR 谱图[8]

对产物进行核磁共振谱分析, 结果如图 3-6 所示。由图 3-6(a)可知, $\delta=40ppm$ 附近的峰为溶剂 DMSO-d6 (二甲基亚砜)的峰, $\delta=120.4ppm$ 、 $\delta=125.2ppm$ 、 $\delta=129.9ppm$ 、 $\delta=149.8ppm$ 附近的峰为苯环上碳原子的化学位移峰, 即碳原子在苯环上有 4 种不同的化学环境, 结果与化合物的结构吻合; $\delta=149.8ppm$ 处的峰对应苯环上 4 位置的碳原子, $\delta=125.2ppm$ 处的峰对应苯环上 1 位置的碳原子, $\delta=120.4ppm$ 和 $\delta=129.9ppm$ 分别对应苯环上的 2 、3 位置的碳原子。由图 3-6(b) 可知, $\delta=2.5ppm$ 和 $\delta=3.4ppm$ 分别为水峰和溶剂 DMSO-d6 的峰; $\delta=6.9ppm$ 处的峰是苯环上位置 2 处的氢原子, $\delta=7.1ppm$ 处的峰是苯环上位置 1 处的氢原子, $\delta=7.3ppm$ 处的峰是苯环上位置 3 处的氢原子, 且氢原子的积分比为 $n_{H2}:n_{H1}:n_{H3}=2:1:2$, 结果与化合物结构吻合。由图 3-6(c)可知, 图中 $\delta=8.9ppm$ 处对应的峰为磷原子的单一化学位移峰, 说明环上磷原子所处的化学环境相同, 可以认定氯原子被苯氧基完全取代。由图 3-7 HPCTP 的质谱图可知, $m/z=694.1$ 是 HPCTP 氢离子化后的准确分子量, $m/z=636.1$ 是 HPCTP 离子失去 —C_4H_{10} 结构后的分子量。

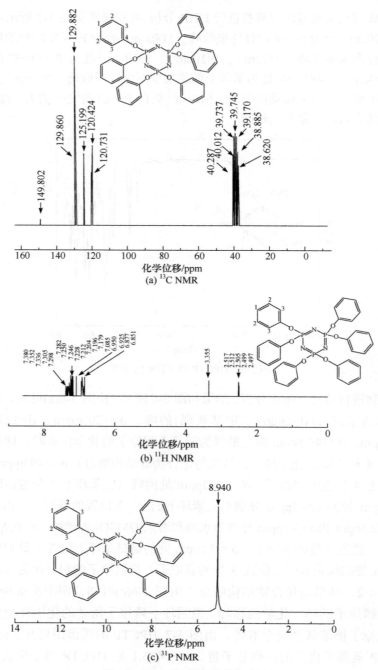

图 3-6　HPCTP 的核磁共振谱图[8]

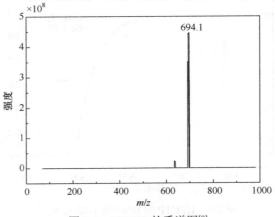

图 3-7 HPCTP 的质谱图[8]

对产物进行 X 射线衍射(XRD)分析,如图 3-8 所示。HPCTP 结构对称,容易结晶。X 射线衍射图中衍射峰尖锐,说明 HPCTP 的结晶性非常好。

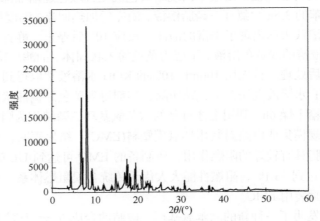

图 3-8 HPCTP 的 X 射线衍射图[8]

对产物进行热重分析,HPCTP 的热重分析(TGA)曲线如图 3-9 所示。由图 3-9 中差式扫描量热分析(DSC)曲线可知,HPCTP 的熔点为 113℃。HPCTP 从 300℃ 开始失重,330℃明显失重,主要失重发生在 330~400℃区间,330℃、380℃、400℃的残炭率分别为 87.3%、48.2%、11.6%。这说明 HPCTP 的热稳定性能优良。图 3-9 中主要的失重台只有一个,说明 HPCTP 主要有一种热分解模式。

对 HPCTP 的晶胞结构进行计算,初步探索 HPCTP 的热解机理,HPTCP 受热时,侧基 C—O 键能较弱,受热断裂,—N=P—键能较强,较侧基后断裂。根据裂解产物的分析,HPCTP 是一种膨胀型阻燃剂。

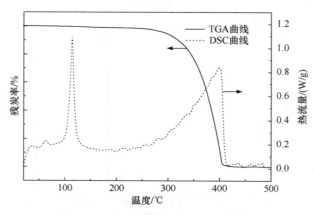

图 3-9　HPCTP 的 DSC 及 TGA 曲线[8]

杨明山等[9]采用滴加工艺，制备了六苯氧基环三磷腈，并对合成工艺进行了探讨。在 250mL 三口烧瓶中依次加入 5.7g 苯酚、3.4g 片状 KOH、100mL 甲苯，加热回流 2h，冷却至室温。溶液中出现暗黄色沉淀且颜色逐渐加深，再逐滴加入溶于 60mL 甲苯的 3.5g 六氯环三磷腈溶液，滴完后加热回流，温度控制在 112℃，回流过程中在溶液表面出现了丰富的泡沫，反应 10h 后停止，静置、冷却，溶液分层，上层为澄清的浅黄色溶液，下层为黄色粉末状固体。抽滤后得浅黄色溶液，对该溶液进行后处理。首先用 100mL 10%的 KOH 水溶液萃取得到有机相，然后用 5%的 KOH 水溶液洗涤三次，减压除去溶剂得到黄色黏稠油状物，将其置于 60℃真空干燥箱干燥 6h。利用上述自制的六苯氧基环三磷腈作为阻燃剂，制备了无卤阻燃的大规模集成电路封装用环氧模塑料(EMC)。结果表明，六苯氧基环三磷腈对环氧树脂具有较好的阻燃作用，所制备的 EMC 可达到 UL-94 V-0 级阻燃性能，其 LOI 达到 33.1%，阻燃性能大大优于传统含溴阻燃体系，可用于制备大规模集成电路封装用 EMC。

黄杰等[10]发明了一种新的六苯氧基环三磷腈的合成方法。该法以直链聚醚为催化剂，采用芳烃或卤代芳烃和水组成的混合溶液，以六氯环三磷腈、苯酚、碱金属氢氧化物等为原料进行一锅反应，在 20~30℃条件下反应 3~5h，然后升温至 80~100℃继续反应 3~5h，反应结束后，通过冷却、分液、水洗、减压蒸馏回收含水的芳烃或卤代芳烃,再将残余物冷却凝结即获得白色结晶性固体粉末产品，产率>95%。该法具有操作简单、安全、反应时间短、成本低、污染小、品质好、易于工业生产应用等特点。

唐安斌等[11]以六氯环三磷腈粗产物、苯酚、NaOH 为原料，四丁基氯化铵(TBAC)为相转移催化剂，以氯苯和水为溶剂，合成了 HPCTP，其合成路线见图 3-10。合成路线为 N$_2$ 保护下，加入 12.9g NaOH，25.5g 苯酚、60mL 蒸馏水、

2g TBAC，搅拌下溶解，在 30℃缓慢滴加溶有 15g HCCTP 的 100mL 氯苯溶液，30℃反应 4h，再升温至 80℃，回流反应 6h。冷却分层，依次用质量分数 5% NaOH 水溶液、质量分数 5% H_2SO_4 水溶液水洗至中性，回收溶剂。用乙醇重结晶得白色结晶性固体粉末产物，产率为 75.1%。最佳原料配比 n_{NaOH}：$n_{苯酚}$：n_{TBAC}：$n_{HCCTP粗产物}$ =7.5：6.3：0.15：1。在最佳反应温度和时间的条件下，HPCTP 的产率达到 75%。

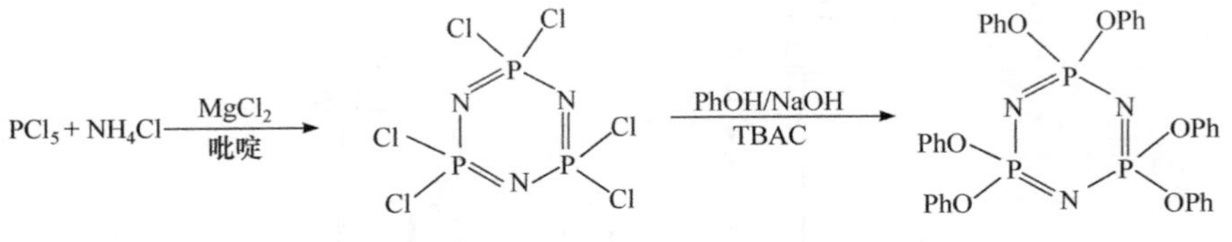

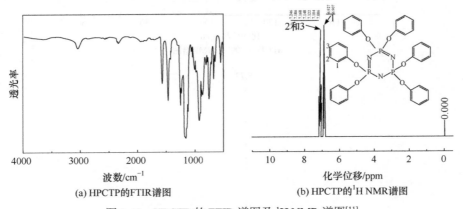

图 3-10　HPCTP 的合成示意图[11]

HPCTP 的红外光谱如图 3-11(a)所示，$3060cm^{-1}$ 处为苯环的 C—H 伸缩振动峰，$1589cm^{-1}$、$1487cm^{-1}$ 和 $1455cm^{-1}$ 处为苯环骨架变形振动吸收峰，$1267cm^{-1}$ 和 $1179cm^{-1}$ 处为环三磷腈的 P—N 伸缩振动峰，代表磷腈六元环的存在，$1196cm^{-1}$ 和 $953cm^{-1}$ 处为 P—O—C 吸收峰，$774cm^{-1}$ 附近出现 P—N 吸收峰，$766cm^{-1}$ 和 $690cm^{-1}$ 处为单取代苯环的特征峰。

透光率

4000　　3000　　2000　　1000

波数/cm^{-1}

(a) HPCTP的FTIR谱图

2和3

0.000

10　　8　　6　　4　　2　　0

化学位移/ppm

(b) HPCTP的^{1}H NMR谱图

图 3-11　HPCTP 的 FTIR 谱图及 ^{1}H NMR 谱图[11]

图 3-11(b)为 HPCTP 的 ^{1}H NMR 谱图。由图可知，6.907ppm 和 6.927ppm 处的双峰对应于单取代苯环邻位上的质子，7.086~7.186ppm 的多重峰对应的是单取代苯环对位和间位上的质子，7.246ppm 处的峰是由所用溶剂 $CDCl_3$ 中微量的 $CHCl_3$ 造成的。此外，6.907~6.927ppm 和 7.086~7.186ppm 处的峰面积之比与质子数之比基本一致(约为 2：3)，这说明氢核的化学位移符合 HPCTP 分子结构特征。

图 3-12(a)所示 ¹³C NMR 谱图出现 4 种 C 的化学位移，表明苯环上的 C 原子处于 4 种不同的环境，150.65ppm、129.39ppm、124.82ppm 和 121.06ppm 分别对应苯环上单取代所连碳原子及其间位、对位、邻位上的碳原子，表明产物具有与目标化合物相一致的结构单元和特征基团。图 3-12(b)为 HPCTP 的 ³¹P NMR 谱图，由图可见，仅有 8.73ppm 处的强烈信号，表明分子中只有 1 种化学环境的磷核，这不仅进一步证实产物即为目标化合物，还说明纯度极高。

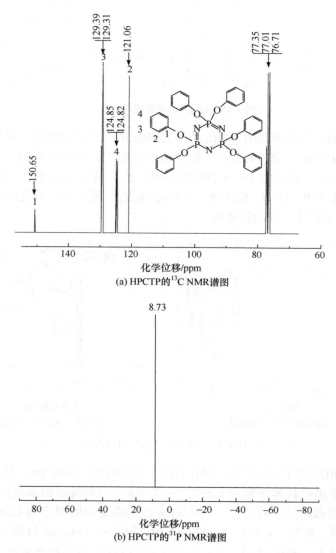

(a) HPCTP的¹³C NMR谱图

(b) HPCTP的³¹P NMR谱图

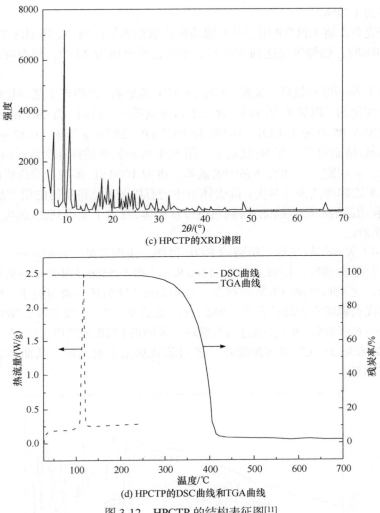

(c) HPCTP的XRD谱图

(d) HPCTP的DSC曲线和TGA曲线

图 3-12 HPCTP 的结构表征图[11]

产物的 XRD 谱如图 3-12(c)所示，由图可见许多个彼此独立的尖峰(其半高宽处 2θ 为 0.1°~0.2°)，基线低而平稳，表明产物为具有较高结晶度的晶体结构，3个强峰的位置与文献[3]基本一致。表明六苯氧基取代环磷腈分子结构具有很好的对称性，容易形成排列规整的晶体。

HPCTP 的 DSC 曲线和 TGA 曲线如图 3-12(d)所示，由图可见，产物的熔点为 111~115.3℃，其峰值为 113.59℃，熔融峰半高宽为 3.8℃，较窄的半高宽表明其结晶规整。HPCTP 在空气中的起始分解温度为 366.5℃，401.7℃时其达到最大质量损失速率，之后磷腈骨架结构基本完全分解，残炭率基本保持不变，698.5℃

时残炭率为 1.74%。

有研究首次将 HPCTP 用于苯并噁嗪树脂玻璃布层压板中，当 HPCTP 的质量分数为 10%时，燃烧等级达到 V-0 级，平行击穿电压为 47kV，热态弯曲强度为 596MPa。

刘仿军等[12]以六氯环三磷腈、苯酚、K_2CO_3 为原料，以四正丁基溴化铵(TATB)为相转移催化剂，以氯苯为溶剂，合成了六苯氧基环三磷腈。在 500mL 三口烧瓶中，依次加入 85.450g K_2CO_3、14.9064g HCCTP、29.102g 苯酚、0.300g TATB，以及 350mL 精制氯苯，在 N_2 气氛下，用 60℃水浴加热搅拌并回流反应 72h。反应结束后，采用旋蒸法回收体系中的氯苯，再用 1000mL 蒸馏水洗涤粗产品并抽滤，用无水乙醇冲洗抽滤两次，除去体系中的有机杂质。将所得的粗产品 60℃真空干燥，利用乙酸乙酯重结晶，得到白色针状固体，真空干燥得到 23.000g HPCTP，产率为 77.2%。

图 3-13 为六苯氧基环三磷腈的 FTIR 谱图，由图可见，3062.4cm^{-1} 处为苯环的 C—H 伸缩振动峰，1591.0cm^{-1}、1486.8cm^{-1} 和 1455cm^{-1} 处为苯环骨架变形振动吸收峰，这表明产物中苯环的存在。1180.2cm^{-1} 处为环三磷腈的 P—N 伸缩振动峰，这代表磷腈六元环的存在。952.7cm^{-1} 处为 P—O—C 吸收峰，769.5cm^{-1} 附近出现 P＝N 吸收峰。而且，通过与六氯环三磷腈的 FTIR 谱图相比较，在 522cm^{-1}、603cm^{-1} 处未见 P—Cl 伸缩振动峰，表明苯氧基完全取代氯，从而形成了六苯氧基环三磷腈。

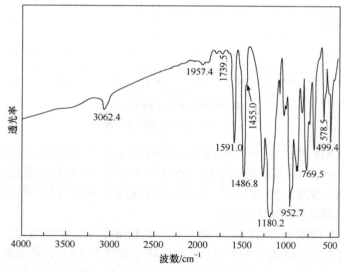

图 3-13　六苯氧基环三磷腈的 FTIR 谱图[12]

图 3-14 为六苯氧基环三磷腈的 DSC 曲线和 TGA 曲线。由图可得其熔

点为 113.0℃，这与文献报道基本一致，进一步证明了六苯氧基环三磷腈的存在。

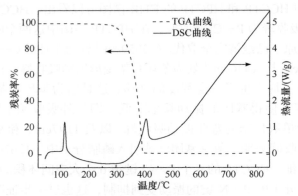

图 3-14　六苯氧基环三磷腈的 DSC 曲线和 TGA 曲线[12]

将该制备的 HPCTP 应用于聚丙烯/聚烯烃弹性体/滑石粉复合体系，制备了无卤阻燃的聚丙烯改性塑料。结果表明，HPCTP 对复合体系具有较好的阻燃作用。复合体系的缺口冲击强度和断裂伸长率随着阻燃剂用量的增加而下降，弯曲强度随着阻燃剂含量的增加而增加，拉伸强度随着阻燃剂含量的增加而先增后降。当 HPCTP 的质量分数为 10% 时，阻燃聚丙烯/聚烯烃弹性体/滑石粉复合体系的性能最佳，LOI 达到 25.6%，冲击强度为 15.1kJ/m²，弯曲强度为 34.2MPa，拉伸强度为 23.9MPa，断裂伸长率为 59.1%。

崔超等[13]以 HCCTP、苯酚、NaH 为原料，以 K_2CO_3 为催化剂，以丙酮为溶剂，在 N_2 保护下合成了 HPCTP，其合成路线见图 3-15。在 N_2 保护下，在装有搅拌器、电子温度计、回流冷凝管、滴液漏斗的四口烧瓶中依次加入 200mL 丙酮、14.88g NaH，然后加入 85.69g 无水 K_2CO_3 混匀，30℃缓慢滴加溶有 58.35g 苯酚的 100mL 的丙酮溶液，滴加完毕后，30℃下反应 2h，即得苯酚钠溶液。取 34.77g 丙烯酸，HCCTP 溶于 250mL 丙酮溶液中，用恒压滴液漏斗将其缓慢滴加到上述所制的苯酚钠溶液中，30℃下反应 2h 后，再升温回流反应 18h。反应结束后，将反应液冷却至室温进行抽滤，并依次用质量分数为 5% 的 NaOH 水溶液、5% 的 HCl

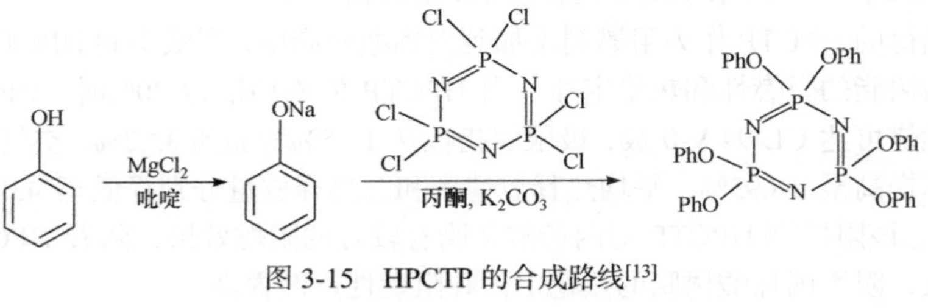

图 3-15　HPCTP 的合成路线[13]

水溶液及去离子水水洗至中性。回收溶剂后，用乙醇重结晶，得白色结晶性固体粉末产物，产率为 94.4%。

从图 3-16 中 HCCTP 和 HPCTP 的 FTIR 谱图可以看出，HCCTP 在 600cm^{-1}、518cm^{-1} 处的强吸收峰为 P—Cl 吸收峰，在 HPCTP 谱图中这两个吸收峰消失，这说明磷腈上的氯原子已经被完全取代。而 3059cm^{-1} 处为苯环的 C—H 伸缩振动峰，1589cm^{-1}、1486cm^{-1}、1446cm^{-1} 处为苯环骨架变形振动吸收峰，比苯环骨架振动的标准值都偏小，均产生了一定程度的红移，这是因为苯环和苯环外的磷、氮大共轭体系的存在使得基团的振动频率降低，即红外吸收频率下降。766cm^{-1} 和 690cm^{-1} 处为单取代苯的弯曲振动吸收峰，以及 1197cm^{-1} 和 953cm^{-1} 处出现的 P—O—C 吸收峰表明苯氧基基团已被引入磷腈分子中。1267cm^{-1} 附近 P=N 伸缩振动峰变窄细，HCCTP 的 6 个 P—Cl 键被 6 个大空间体积的苯氧基取代后，空间位阻增大，分子内 P=N 键的振动受到抑制，这也进一步证明发生了苯氧基的取代反应。FTIR 谱图结果与其他研究者在文献中报道的结论相似。

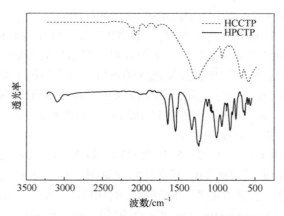

图 3-16　HCCTP 和 HPCTP 的 FTIR 谱图[13]

该 HPCTP 的 ^{13}C NMR 谱的化学位移分别为 121.24ppm、126.13ppm、129.67ppm 和 150.85ppm，分别对应单取代苯环邻位上的碳原子峰、对位上的碳原子峰、间位上的碳原子峰和与氧原子相连的碳原子峰。分析结果表明，合成产物与六苯氧基环三磷腈的结构单元和特征基团相一致。

将制得的 HPCTP 作为阻燃剂添加到丙烯酸树脂中，测试不同 HPCTP 添加量下丙烯酸树脂的阻燃性和热稳定性。当 HPCTP 的添加量为 20% 时，丙烯酸树脂的垂直燃烧可达 UL-94 V-0 级，极限氧指数从 17.5% 增加到 32.2%，空气中 700℃时残炭率提高至 18.95%，平均热释放速率和总热释放量分别降低至 43kW/m^2 和 37mJ/m^2。该阻燃剂 HPCTP 对丙烯酸树脂有较好的阻燃效果，随着 HPCTP 添加量的增大，阻燃丙烯酸树脂的热稳定性和阻燃性逐渐提高。

　　宝冬梅等[14]以 HCCTP、苯酚和氢氧化钠为原料制备 HPCTP,合成路线见图 3-17。在装有磁子、温度计、恒压滴液漏斗和回流冷凝装置的 500mL 干燥三口烧瓶中,加入 22.59g 苯酚、9.6g NaOH、120mL 无水 THF 溶液,加热搅拌使之全部溶解,反应 2h,反应完毕后进行共沸蒸馏分出水,冷却至室温备用。再将 10.43g HCCTP 溶于适量 THF 中,通过恒压滴液漏斗缓慢滴加到苯酚钠溶液中,滴加完毕后升温到 65℃,回流搅拌 48h。反应结束后,冷却至室温,静置、抽滤、浓缩滤液,将其倒入大量去离子水中,静置至出现白色固体。再次抽滤,得到粗产品。最后用 THF 和正庚烷的混合溶剂重结晶,60℃真空干燥 5h 得到 17.64g 白色粉末状固体,即化合物 HPCTP,其产率为 92.0%,熔点为 113.5～114.7℃。

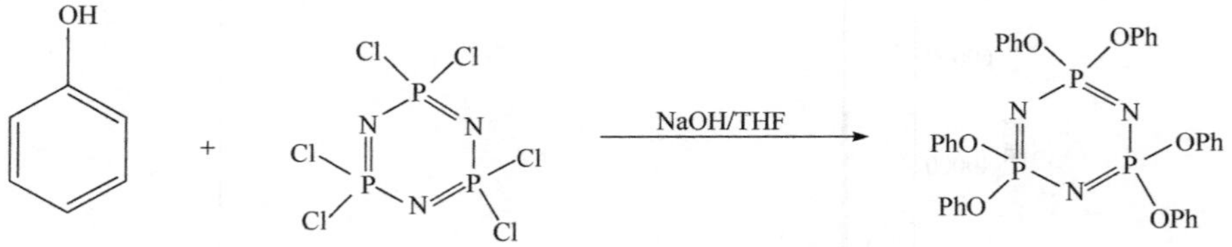

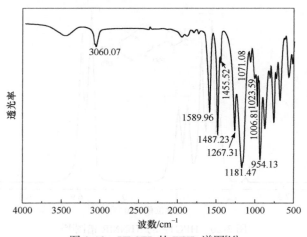

图 3-17　HPCTP 的合成路线[14]

　　图 3-18 为 HPCTP 的 FTIR 谱图。3060.07cm^{-1} 处出现的峰为苯环中不饱和的C—H 伸缩振动吸收峰。1589.96cm^{-1}、1487.23cm^{-1} 和 1455.52cm^{-1} 处为苯环骨架变形振动吸收峰,这表明产物中存在苯环结构,但是比苯环骨架振动的标准值偏小,这是因为苯环和磷腈环中的 P、N 杂原子形成了共轭体系,使基团的振动频率降低,从而产生了红移。1267.31cm^{-1} 和 1181.47cm^{-1} 处为环三磷腈的 P—N 伸缩振动吸收峰,这表明化合物中磷腈杂环的存在。1071.08cm^{-1}、1023.59cm^{-1}、1006.81cm^{-1}和 954.13cm^{-1} 处为 P—O—C 特征吸收峰。767.59cm^{-1} 和 690.19cm^{-1} 处为苯环的单

图 3-18　HPCTP 的 FTIR 谱图[14]

取代特征吸收峰。产物 HPCTP 的 FTIR 谱图中，各特征峰的位置与文献[9]基本一致。而且 601cm^{-1} 处 P—Cl 的伸缩振动峰完全消失，说明 HCCTP 中的 Cl 原子已被酚氧基完全取代，从而形成了 HPCTP。

图 3-19 是 HPCTP 的 XRD 谱图。谱图上存在尖锐的衍射峰，基线低而平稳，这表明得到了具有较高结晶度的晶体结构的产物，且 3 个强衍射峰的位置与文献[11]基本一致。表明 HPCTP 的分子结构具有很好的对称性，容易形成排列规整的晶体。

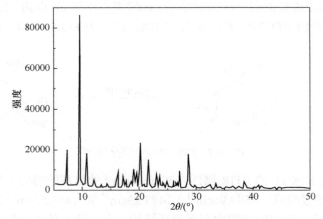

图 3-19　HPCTP 的 XRD 谱图[14]

HPCTP 的 ^{1}H NMR 谱图如图 3-20 所示。HPCTP 有 3 种 H 原子，分别为苯环上 3 个位置的氢。其中，6.91ppm、6.93ppm 处的双峰代表单取代苯环邻位上的氢原子，7.14~7.18ppm 处的三重峰代表单取代苯环间位上的氢原子，7.08~7.11ppm

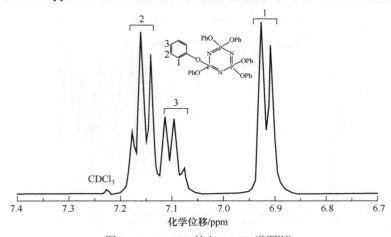

图 3-20　HPCTP 的 ^{1}H NMR 谱图[14]

处的三重峰则代表单取代苯环对位上的氢原子，这 3 种氢原子分别与 ^{1}HNMR 谱图中的吸收峰 1、2、3 相对应。此外，图中峰面积整数比也与分子结构中氢原子个数比一致(约为 2∶2∶1)，说明氢核的化学位移符合 HPCTP 分子结构特征。7.23ppm 处的峰是由溶剂 $CDCl_3$ 中微量的 $CHCl_3$ 造成的。

　　HPCTP 的 ^{13}C NMR 谱图如图 3-21 所示。HPCTP 有 4 种 C 原子，分别为苯环上 4 个位置的碳。^{13}C NMR(101MHz，$CDCl_3$)中 150.73ppm(dd，J=5.1，2.5Hz)、129.52ppm(s)、124.96ppm(s)、121.17ppm(dd，J=3.0，1.5Hz)分别对应苯环单取代所连碳原子及其间位、对位、邻位上的碳原子。77.15ppm 处的峰是由所用溶剂 $CDCl_3$ 造成的。

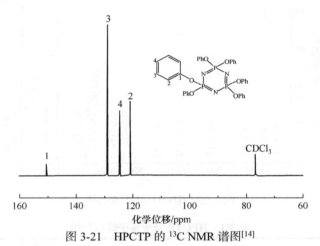

图 3-21　HPCTP 的 ^{13}C NMR 谱图[14]

　　HPCTP 的 ^{31}P NMR 谱图如图 3-22 所示。δ=8.58ppm 处的单峰，表明产物分子中 3 个磷原子所处的化学环境相同，这不仅进一步证实产物为 HPCTP，还说明其纯

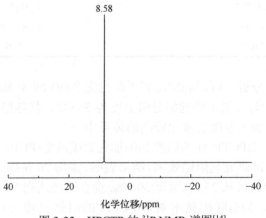

图 3-22　HPCTP 的 ^{31}P NMR 谱图[14]

度极高，即 HCCTP 上的氯原子已完全被取代。

　　图 3-23 是 HPCTP 的质谱图。结果表明，m/z=693.1216(M 峰)为化合物的分子离子峰，与其分子量相符合(M=693.5612)。m/z=692.1225、694.1317、695.1395 分别为碳、氮、氧同位素离子峰；m/z=600.0686 为分子离子峰失去一个 $C_6H_5O^-$ 后的碎片离子峰，m/z=506.0588 为分子离子峰失去两个 $C_6H_5O^-$ 后的碎片离子峰，77.0327 为 C_6H_5 的碎片离子峰。HPCTP 分子离子峰的归属见表 3-1。

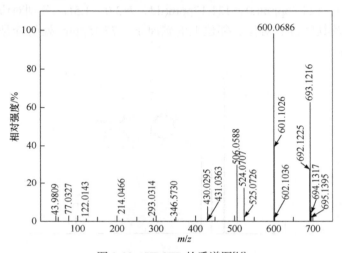

图 3-23　HPCTP 的质谱图[14]

表 3-1　HPCTP 分子离子峰的归属

m/z	碎片结构
693.1216(M 峰),692.1225,694.1317,695.1395	$C_{36}H_{30}N_3O_6P_3$
600.0686	$C_{30}H_{25}N_3O_5P_3^+$
524.0707	$C_{24}H_{20}N_3O_5P_3^+$
506.0588	$C_{24}H_{20}N_3O_4P_3^+$
77.0327	C_6H_5

　　结合以上结构分析，可以确定得到了取代完全的六苯氧基环三磷腈。该方法合成的 HPCTP 在 N_2 气氛下的起始分解温度为 365℃，其热稳定性较好，适合作为阻燃剂应用到对加工温度要求比较高的体系中。

　　徐建中等[15]将 HPCTP 作为阻燃剂添加到聚碳酸酯(PC)中。采用极限氧指数测试和垂直燃烧测试研究其阻燃效果。结果表明，添加 20 份(质量份，下同)HPCTP 后，PC 的极限氧指数可从 23.5%增至 30.5%，垂直燃烧达到 V-0 级。通过热重(TG)以及热重-质谱(TG-MS)联用技术对 HPCTP 的阻燃机理进行探讨可知，加入

HPCTP 可以抑制 PC 在热解时因重排而生成羧基的数量。同时，力学性能测试表明 HPCTP 对 PC 的拉伸强度影响不大，添加 20 份 HPCTP 后，冲击强度降低为纯 PC 的 53.84%。

　　孙楠等[16]将环氧树脂加热至 185℃，然后与 DDS、HPCTP 混合并迅速搅拌均匀(图 3-24)。在 0.09MPa 负压下对混合物进行除气后，将混合物浇入模具中，先在 150℃下固化 3h，再在 180℃下固化 5h，制得样品(HPCTP/EP)。样品组分为 E-51 树脂 100.0g、DDS 30.0g、HPCTP 12.8g、环氧树脂磷含量 1.20%。

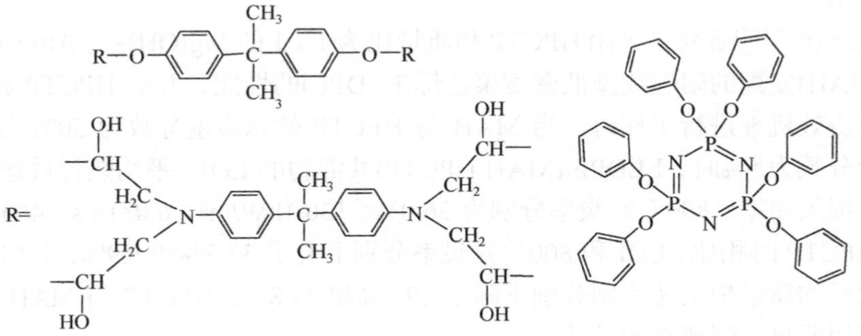

(a) 双酚A树脂　　　　　　　　　　　　　　(b) HPCTP

图 3-24　固化的双酚 A 树脂和 HPCTP 的化学结构[16]

　　采用极限氧指数仪和锥形量热仪测试 HPCTP 阻燃环氧树脂的燃烧性能。与纯环氧树脂相比，阻燃环氧树脂的 LOI 明显提高、热释放速率峰值(PHRR)和总放热率(THR)明显下降、环氧树脂的点燃时间提前以及分解速度加快。采用热重分析(TGA)、热重分析-傅里叶变换红外光谱联用(TGA-FTIR)、X 射线光电子能谱(XPS)和热裂解气相色谱-质谱联用(Py-GC/MS)研究了 HPCTP 及其阻燃环氧树脂的热解路线和阻燃机理，HPCTP 的热解路径见图 3-25。

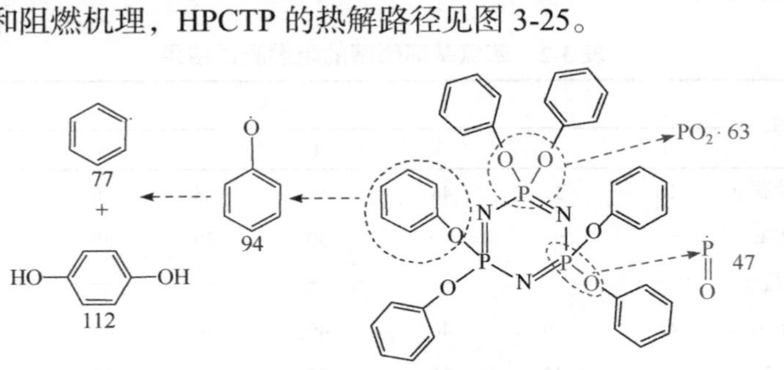

图 3-25　HPCTP 的热解路径[16]

　　将 HPCTP 作为阻燃材料应用于由 4,4-二氨基苯砜(DDS)固化的环氧树脂 E-51 中可以明显提高环氧树脂的 LOI，降低 PHRR、THR 并提高残炭率。这是由于 HPCTP 在受热后首先开始分解，产生苯氧基自由基和其他含磷分子碎片，从而诱导环氧树脂基体加速分解释放以双酚 A 结构为主体的大分子碎片，并导致其基体分解温度和点燃时间明显提前，HPCTP 分解产生的苯氧基自由基和其他含磷分子碎片能够猝灭结合基体释放的大分子碎片，从而减少环氧树脂基体向气相分解释放可燃性物质的数量，更多地形成富含芳基的残炭，从而降低整个热分解过程的热释放强度和数量。而 HPCTP 产生的一部分苯氧基及其歧化产物仍将释放到气相中，发挥其猝灭和抑制可燃性自由基燃烧反应的作用，从而降低燃烧的强度和减少热量的释放。基于此，可以认为 HPCTP 分别从气相和凝聚相两个方面发挥阻燃作用。

孔祥建等[17]研究了采用 HPCTP 和质量比为 1∶1 的 $Mg(OH)_2$ 与 $Al(OH)_3$ 的混合物(MAH)复配的阻燃线型低密度聚乙烯(LLDPE)的性能，并对 HPCTP 和 MAH 的阻燃协效机理进行了探讨。当 MAH 与 HPCTP 的总质量分数为 50%、HPCTP 的质量分数为 5%时，LLDPE/(MAH/HPCTP)共混物的 LOI、平均热释放速率、平均质量损失速率、800℃残炭率分别为 36.0%、130.1kW/m²、0.031g/s、40.0%。与未加 HPCTP 时相比，LOI 和 800℃残炭率分别上升了 33.3%和 8.9%，平均热释放速率和平均质量损失速率则分别下降了 17.5%和 23.8%，HPCTP 与 MAH 的阻燃协效作用明显，阻燃性能较佳。

在美国专利 5639808[18]中提到将苯氧基环磷腈阻燃剂与含氮杂环环氧树脂、三嗪结构化合物、三聚氰胺盐或氰酸酯衍生物等组成无卤阻燃树脂组合物，系统地探讨了苯氧基环磷腈在热固性树脂中的阻燃性能。为考察苯氧基环磷腈在无卤覆铜板中的实际应用状况，进行了实验室的应用研究工作。

为系统考察苯氧基环磷腈的阻燃效果，分别将苯氧基环磷腈单独加入、与氢氧化铝共同加入以及与氢氧化铝和三聚氰胺盐一起加入到树脂体系中，配方组成及阻燃测试结果如表 3-2 所示。

表 3-2　苯氧基环磷腈的阻燃测试结果

配方及阻燃性		实验							
		1	2	3	4	5	6	7	8
配方	苯氧基环磷腈/g	18	36	48	—	18	36	—	10
	氢氧化铝/g	—	—	—	30	30	30	30	30
	三聚氰胺盐/g	—	—	—	—	—	—	10	10
	环氧树脂 1/g	40	40	40	40	40	40	40	40
	环氧树脂 2/g	35	35	35	35	35	35	35	35
	酚醛树脂/g	25	25	25	25	25	25	25	25
	磷含量/%	2.0	3.5	4.3	0	1.6	2.9	0	0.9
阻燃性(UL-94)		完全燃烧	完全燃烧	完全燃烧	燃烧至夹具	V-1	V-1	V-1	V-0

　　从结果可以看出，将苯氧基环磷腈单独加入(实验 1、2、3)到树脂体系中，样条完全燃烧，即使控制体系磷含量至 4.3%仍然无明显阻燃效果，这说明由于苯氧基环磷腈结构稳定，磷、氮阻燃效果不易释放出来。鉴于苯氧基环磷腈单独加入无明显阻燃效果，考虑将苯氧基环磷腈和无机阻燃剂氢氧化铝共同加入到树脂体系中(实验 4、5、6)，加入氢氧化铝后，可与苯氧基环磷腈发生一定的阻燃协同效果，但阻燃性能还只能达到 V-1 级，即使再增加苯氧基环磷腈的量仍无法达到 V-0级。这与程涛等[6]报道的结果相符，苯氧基环磷腈单独使用时残炭率不高，但与氢氧化铝共同使用,苯氧基环磷腈的分解产物与氢氧化铝的分解产物结合为一体，可提高树脂体系的残炭率和阻燃性能。为了进一步提升苯氧基环磷腈的阻燃效果，在上述配方的基础上引入三聚氰胺盐(实验 7、8)，三聚氰胺盐以气相阻燃为主，引入后体系气相与固相阻燃协同，阻燃性能可达 V-0 级。

　　王锐等[19]利用自制 HCCTP 通过亲核取代反应制备了 HPCTP，见图 3-26。将金属 Na 置于乙醚体系中，然后将苯酚加入该体系中，反应 2～3h 后抽滤，滤出物即为苯酚钠，干燥备用。将 1g 自制 HCCTP 溶于 50mL THF 中，转入 250mL三口烧瓶内，加入 3.4g 苯酚钠，65℃微沸回流 10～12h，当体系出现明显分层时停止反应，封闭放置 48h 后将反应液过滤，对滤液进行减压蒸馏，多次重结晶后干燥，即得纯净产物 HPCTP。

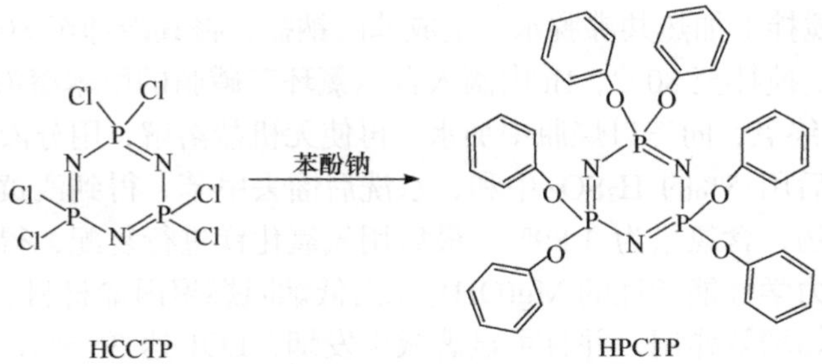

图 3-26　HPCTP 的合成路线[19]

　　将 HPCTP 与环氧树脂(EP)以不同比例共混固化成型，并对其进行阻燃改性。采用极限氧指数仪和热质联用仪对其热性能和降解机理进行分析。结果表明，在EP 中加入 HPCTP 可提高材料的热解残炭率。当添加 10 份 HPCTP 时，阻燃 EP的 LOI 可达 27.0%。HPCTP 的阻燃机理是其所含的氮、磷两种元素的协效作用与自缩合放出 H_2O 分子的共同作用。在此过程中，发现 HPCTP 可以与 EP 的热解产物反应成炭，进而形成泡沫层，隔热隔氧。另外 HPCTP 自身分解可以产生小分子 H_2O，有助于火焰熄灭。

　　Bai 等[20]以六氯环三磷腈为原料，以苯酚及双酚 A、苯酚及对甲氧基苯酚为亲核试剂,合成了 2,2,4,4-苯氧基-6,6-(4-羟甲基苯氧基)环三磷腈(分子结构式见

图 3-27)。同时将该产物作为主链一部分接入 EP，制得的环氧树脂的 LOI 达到 32%，UL-94 燃烧等级为 V-0 级。

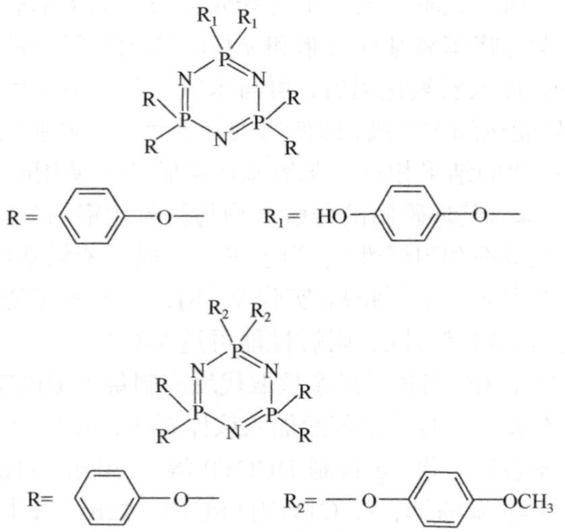

图 3-27　2,2,4,4-苯氧基-6,6-(4-羟甲基苯氧基)环三磷腈[20]

　　鲍志素[21]制备了氯甲氧基苯氧基磷腈。在 1L 三口烧瓶中，加入甲苯、苯酚及 NaOH，在搅拌下加热共沸脱水，生成苯酚钠盐，将其冷却至 80℃，加入 N,N-二甲基甲酰胺，搅拌至 80℃，1h 内滴入含六氯环三磷腈的甲苯溶液，再连续搅拌至 80℃反应至终点，向三口烧瓶中加水，再使无机盐溶解，用分液漏斗将有机层分离出来。然后用 5%的 H_2SO_4 中和，水洗后馏去甲苯，得到浅黄色氯甲氧基苯氧基磷腈化合物，含氯量为 1.89%。最后用氢氧化镁进行复配，得到了成本较低的阻燃性能和力学性能皆优的 $Mg(OH)_2$ 无卤低烟阻燃聚丙烯材料。该材料对聚丙烯具有高效阻燃增效作用，并且可显著减少发烟，LOI 达 35.5%，能改善断裂伸长率和冲击强度。

3.2.2　含硝基苯氧基环三磷腈衍生物的合成及应用

　　采用传统方法制备六(4-硝基酚氧)环三磷腈(结构式见图 3-28)，反应时间长(约 72h)，后处理也复杂[22,23]。1992 年，Chien 等[24]报道采用酚与卤代烷及碳酸钾在丙酮中回流反应，利用酚氧取代卤代烷上的卤素来制备相应的化合物。在此基础上，吴祥雯等[25]提出了一种合成六(4-硝基酚氧)环三磷腈的改进方法，该法大大缩短了反应时间(约 1.5h)，简化了操作。该法的具体步骤：以 100mL 丙酮为反应溶剂，将 2g $N_3P_3Cl_6$ 和对硝基苯酚按质量比 1∶6 的比例混合，再加入适当比例的 K_2CO_3，N_2 保护下搅拌回流反应约 1.5h。反应结束后，过滤，再将残余物依次用

0℃冰水、丙酮、甲醇和乙醚洗(溶剂的用量各约 20mL)，最后真空干燥即得到 5.0g 白色粉末状产物，产率为 90.3%。

$C_{36}H_{24}O_{18}N_9P_3$ 理论值(质量分数)为 C 44.65%、H 2.51%、N 13.0%、P 9.61%；测量值(质量分数)为 C 44.61%、H 2.7%、N 13.16%、P 9.53%。FTIR(KBr)：1590cm^{-1}(芳香环)，1525.3cm^{-1} 和 1348.9cm^{-1}(不对称和对称硝基伸缩振动)，1204cm^{-1}、1183cm^{-1} 和 1163cm^{-1}(环三磷腈环 P—N)。^{1}H NMR(DMSO/D$_2$O)：δ=8.21ppm 和 7.36ppm

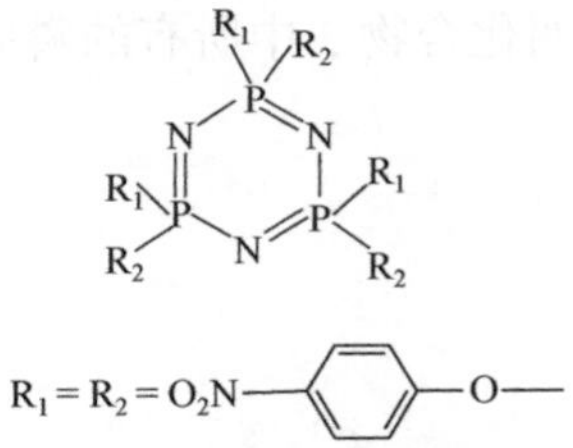

图 3-28　六(4-硝基酚氧)环三磷腈

两个位置上各有 12 个 H，AB 对称，表明有对位取代苯，J_{AB}=10Hz。^{31}P NMR：仅在 δ=7.85ppm 位置上有强烈信号，表明分子中只有一种化学环境的 P 核，这与分子的对称六取代结构相一致。DSC 分析表明其存在两种结晶相，一种在 247～249℃ 熔化，另一种在 259～261℃ 熔化。

丁炎可和徐龙鹤[26]以苯酚钠、对硝基苯酚钠和六氯环三磷腈为原料合成三苯氧基三对硝基苯氧基环三磷腈，其合成路线见图 3-29。向装有温度计、冷凝管、磁力搅拌器的 50mL 三口烧瓶中依次投入 5g 六氯环三磷腈(化合物 1)和 20mL THF，常温下搅拌溶解。向反应瓶中滴入含有 1.66g 苯酚钠的 6mL THF 溶液，用时 0.5h，滴毕后将反应液加热到 50℃保温反应 1.5h，苯酚钠反应完全，降温到 30℃。继续向反应瓶中滴入含有 1.66g 苯酚钠的 6mL THF 溶液，用时 0.5h，滴加完毕后，将反应液加热到 50℃保温反应 15h，苯酚钠反应完全，降温到 30℃。继续向反应瓶中滴入含有 1.66g 苯酚钠的 6mL THF 溶液，用时 0.5h。加热至回流反应 2h，苯酚钠反应完全。向反应瓶中加入 81g 对硝基苯酚钠，回流反应 3h，降温冷却至反应液脱溶后，加入 30mL 蒸馏水搅拌过滤，将所得固体进行柱层析(V_{EA}：V_{PE}=1：9，其中 EA 为乙酸乙酯，PE 为石油醚)，可得到目标产物三苯氧基三对硝基苯氧基环三磷腈(化合物 3)的白色晶体 75g，其熔点为 129～131℃。

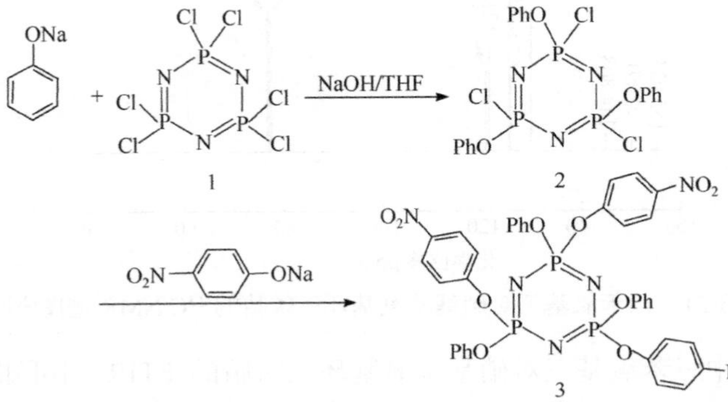

图 3-29　三苯氧基三对硝基苯氧基环三磷腈的合成路线[26]

图 3-30 为化合物 3 的 ^{31}P NMR 谱图。图 3-30 中 δ=0.000ppm 处是基准物 H$_3$PO$_4$ 的峰，δ=7.940ppm 处是化合物 3 的峰。从图 3-30 可以看出产物具有单一的峰，说明化合物 3 中所有的磷原子都处于相同的化学环境。

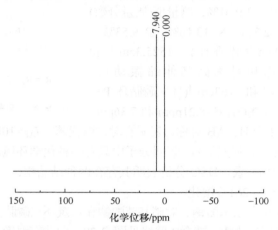

图 3-30　三苯氧基三对硝基苯氧基环三磷腈的 ^{31}P NMR 谱图[26]

图 3-31 为化合物 3 的 ^{13}C NMR 谱图。谱图中 δ=76.574～77.418ppm 为溶剂氯仿峰，δ=120.674～129.715ppm 代表苯环中 5 种叔碳的峰，δ=144.808～155.034ppm 代表苯环中 3 种季碳的峰，与化合物 3 有相同的结构特征。

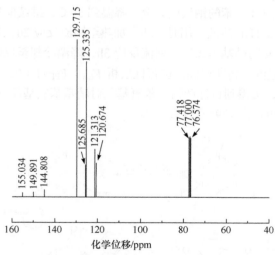

图 3-31　三苯氧基三对硝基苯氧基环三磷腈的 ^{13}C NMR 谱图[26]

从图 3-32 中三苯氧基三对硝基苯氧基环三磷腈的 FTIR 图可知 1268cm^{-1}、1178cm^{-1} 处出现了环三磷腈的 P—N 伸缩振动吸收峰，3078cm^{-1} 处为苯环上的

C—H 振动吸收峰，1488cm^{-1} 和 1590cm^{-1} 处为苯环的骨架变形振动吸收峰。以上表明产物结构中存在磷腈杂环和苯环。1519cm^{-1} 处和 1347cm^{-1} 处分别为硝基的不对称和对称伸缩振动吸收峰。1109cm^{-1}、1024cm^{-1} 和 945cm^{-1} 处为 P—O—C 特征吸收峰。602cm^{-1} 处 P—Cl 吸收峰完全消失，说明 HCCTP 磷上的氯原子已被苯酚和对硝基苯酚完全取代。

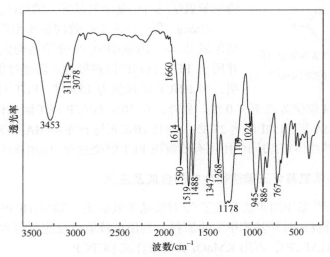

图 3-32　三苯氧基三对硝基苯氧基环三磷腈的 FTIR 谱图[26]

硝基邻位的 H 由于硝基的强吸电子作用偏向低场，与其他 H 的化学位移相差较大，根据这个性质也得到了一个判断各取代基团取代数量的有效信息。图 3-33

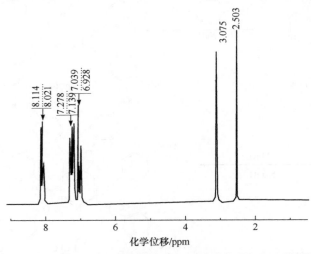

图 3-33　三苯氧基三对硝基苯氧基环三磷腈的 ^{1}H NMR 谱图[26]

为化合物 3 的 ¹H NMR 谱图(300MHz，DMSO)：8.021～8.114ppm(m，硝基邻位 H)、6.928～7.278ppm(m，其他苯环 H)积分面积比为 1：3.5，没有酚 H 的吸收。2.503ppm 和 3.075ppm 分别对应溶剂峰和水峰。

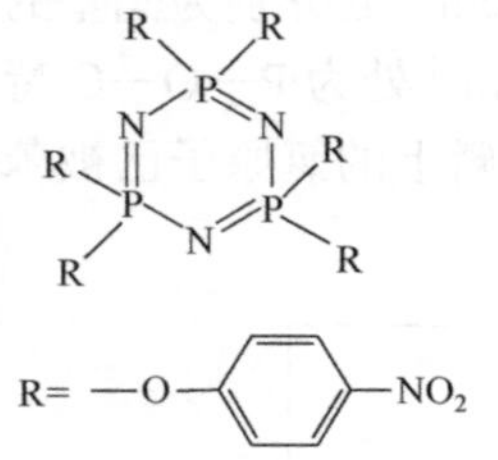

$R= —O—\langle\!\!\!\!\rangle—NO_2$

图 3-34　六(4-硝基苯氧基)环三磷腈(HNCP)的结构式[27]

　　上述表征结果表明，通过此方法成功得到目标产物三苯氧基三对硝基苯氧基环三磷腈(化合物 3)。

　　Zhang 等[27]合成了高效的膨胀型阻燃剂六(4-硝基苯氧基)环三磷腈(HNCP)(分子结构式见图 3-34)，并用于 PET 材料的阻燃处理。阻燃性能测试结果表明，当 HNCP 添加量为 15%时，PET 材料的 LOI 为 34.1%，UL-94 燃烧等级至 V-0 级。另外，在 10% HNCP/PET 阻燃体系中添加增溶剂 POE-*g*-MA 后，LOI 可达 28.3%，并且 HNCP 与 POE-*g*-MA(马来酸酐接枝乙烯-辛烯共聚弹性体)的协同作用可有效解决 PET 燃烧过程中的熔滴问题。

3.2.3　含羧基苯氧基环三磷腈衍生物的合成及应用

　　邴柏春等[28]采用两步法合成了六(对羧基苯氧基)环三磷腈(HCPCP)(图 3-35)。以六氯环三磷腈和对羟基苯甲醛为原料，利用亲核取代反应制得六(对醛基苯氧基)环三磷腈(HAPCP)，再用 KMnO₄ 氧化法合成 HCPCP。

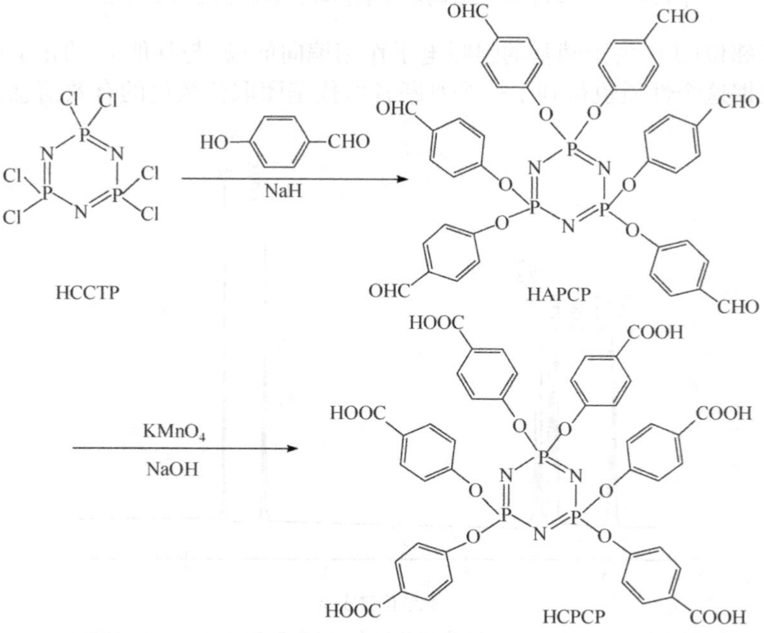

图 3-35　HCPCP 的合成路线[28]

　　称取 312g NaH 置于干燥的 500mL 四口烧瓶中，加入 100mL 精制的 THF 溶解，再对其滴加 918g 对羟基苯甲醛(溶于 100mL THF 溶液)，滴加时间 1h。N₂ 保护下，室温回流搅拌 6h。称取 315g 六氯环三磷腈溶解于 80mL THF 中，缓慢滴加到反应体系中(滴加时间为 1h)，0.15h 内匀速升温至 67℃，回流搅拌 48h。反应结束后，过滤 2 次除去 NaCl，用旋转蒸发仪将滤液浓缩至约 40mL，再将其倒入 400mL 的正己烷中沉淀析出。最后再将沉淀物用乙酸乙酯溶解，重结晶 2 次得白色晶体，即为中间产物六(对醛基苯氧基)环三磷腈(715g)，其产率为 87%，熔点为 159~160℃。

　　称取 710g 中间产物置于 1000mL 三口烧瓶中，加入 100mL THF，再分别加入 11.1g KMnO₄、211g NaOH、320mL 蒸馏水。1h 内水浴升温至 67℃，回流搅拌 30h。反应结束后，旋蒸除去体系中的 THF，抽滤后向滤液中滴加稀 H₂SO₄ 至 pH=5 使其产生白色沉淀，抽滤，并用大量的去离子水洗至中性后，放入真空干燥箱内，60℃真空干燥 24h，得 7.57g 白色固体目标产物，其产率为 97%。

　　与原料 HCCTP 的 FTIR 谱图[图 3-36(a)谱线 3]相比，HAPCP 的 FTIR 谱图 [图 3-36(a)谱线 2]在 3060cm⁻¹ 处出现苯环上 C—H 的特征吸收峰，在 2820cm⁻¹

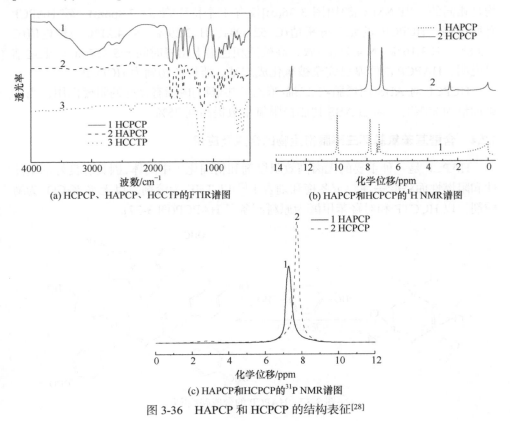

(a) HCPCP、HAPCP、HCCTP的FTIR谱图

(b) HAPCP和HCPCP的¹H NMR谱图

(c) HAPCP和HCPCP的³¹P NMR谱图

图 3-36　HAPCP 和 HCPCP 的结构表征[28]

和 2720cm^{-1} 处出现醛基 C—H 的特征吸收峰,在 1705cm^{-1} 处出现 C—O 的特征吸收峰,1204cm^{-1} 附近为 P—N 的特征吸收峰,800cm^{-1} 附近为 P—N 的特征吸收峰。520cm^{-1} 和 590cm^{-1} 处的 P—Cl 强吸收峰消失。

由图 3-36(b)中 HAPCP 的 ^{1}H NMR 谱图可见,该化合物有 3 种 H 原子,与谱图中的峰一一对应,其共有 3 个峰:δ = 9.93ppm(s, 6H, CHO)、7.75ppm、7.13ppm(dd, 24 H,C$_6$H$_4$)。由于 HAPCP 中磷的化学环境完全相同,^{31}P NMR 谱中仅有 1 个特征峰(δ = 7.3ppm) [图 3-36(c)]。HAPCP 元素分析值(C 58.160%、H 3.55%、N 4.80%)与理论值(C 58.155%、H 3.50%、N 4.88%)一致。产物的高效液相色谱上也只出现 1 个峰(t = 4.853min)。上述结果证明,所得产物为 HAPCP。

从 HCPCP 的 FTIR 谱图[图 3-36(a)谱线 1]可见,2500～3330cm^{-1} 处出现—COOH 的特征吸收峰,C—O 的特征吸收峰出现在 1700cm^{-1} 处,并较 HAPCP 有所下降。HCPCP 的 ^{1}H NMR 谱图中 3 种 H 原子也均与谱图中的峰相互对应。图中共有 4 个峰,分别为 δ = 2.49ppm(DMSO 的氘代信号),δ = 12.95ppm(s, 6H, COOH),δ = 7.85ppm、6.90ppm(dd, 24 H, C$_6$H$_4$)。由于 HCPCP 中磷的化学环境也均是相同的,^{31}P NMR 谱中[图 3-36(c)]仅有 1 个特征峰(δ = 7.8ppm),较 HAPCP 有所提高。HCPCP 的元素分析值(C 52.69%、H 3.29%、N 4.21%)与理论值(C 52.68%、H 3.16%、N 4.9%)一致,高效液相色谱上出峰时间 t =5.827min。上述结果说明,HAPCP 的醛基已完全被氧化成羧基,所得产物确为 HCPCP。

HCPCP 对 ABS(丙烯腈-丁二烯-苯乙烯共聚物)树脂有良好的阻燃作用,当其添加量为 30%时,阻燃 ABS 树脂极限氧指数提高到 25%。

3.2.4 含醛基苯氧基环三磷腈衍生物的合成及应用

HAPCP 是一种重要的无卤高效阻燃剂和精细化工中间体,因具有良好的耐热性和阻燃性而备受关注。宝冬梅和刘吉平[29]以 THF 为溶剂,以无水 K$_2$CO$_3$ 为缚酸剂,以 HCCTP 和对羟苯甲醛为原料制备了 HAPCP(图 3-37)。

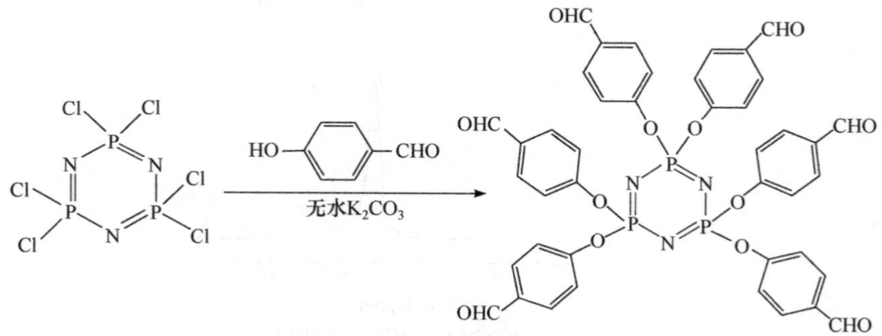

图 3-37 HAPCP 的合成路线[29]

在装有磁子、温度计、恒压滴液漏斗和冷凝回流装置的 500mL 干燥三口烧瓶中，依次加入适量的缚酸剂、17.6g 对羟基苯甲醛和 250mL 精制的 THF，室温下搅拌 1h 使其溶解。然后称取 6.95g HCCTP 溶解于 100mL 精制的 THF 中，将其缓慢滴加到上述反应体系中，滴加时间为 1h，0.5h 后升温到 65℃，回流搅拌 24h，反应结束。过滤，浓缩滤液，将其倒入大量去离子水中，立即析出白色沉淀物。再次过滤，用去离子水反复洗涤产物 3 次，最后用乙酸乙酯重结晶 2 次，50℃真空干燥 12h 得白色粉末状固体，即化合物 HAPCP，产率为 92.5%，熔点为 159.5～160.5℃。

图 3-38 是 HAPCP 的 FTIR 谱图。3030cm^{-1} 处为苯环 C—H 伸缩振动吸收峰。2810cm^{-1}、2760cm^{-1} 处为—CHO 上 C—H 伸缩振动的特征吸收峰，是醛的特征谱带。1705cm^{-1} 处为醛基 C=O 伸缩振动吸收峰。1600cm^{-1}、1505cm^{-1} 处出现的苯环的骨架变形振动吸收峰以及 960cm^{-1} 处出现的 P—O—C 的吸收峰，表明对醛基苯氧基已经被引入磷腈分子中。1210cm^{-1}、1150cm^{-1}、1100cm^{-1} 处为 P—N 伸缩振动吸收峰。887cm^{-1} 处为 P—N 的吸收峰。此外，523 cm^{-1}、601cm^{-1} 处的 P—Cl 特征吸收峰已完全消失，说明 HCCTP 上的氯原子均被取代，合成了 HAPCP。

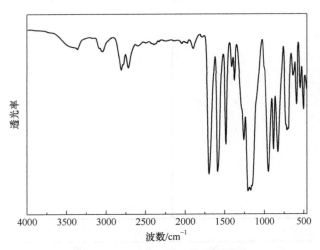

图 3-38　HAPCP 的 FTIR 谱图[29]

HAPCP 的 ^{1}H NMR 谱图如图 3-39 所示。HAPCP 有 3 种 H 原子，分别为醛基氢和苯环上两个位置的氢，其中，δ=9.9264ppm(6H，—CHO)，δ=7.7872ppm、7.8080ppm(12H，—C$_6$H$_4$—)，δ=7.1711ppm、7.1918ppm(12H，—C$_6$H$_4$—)，不同质子的峰面积与质子数之比基本一致(约为 1∶2∶2)，这说明氢核的化学位移符合 HAPCP 分子结构特征。

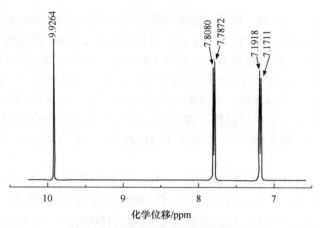

图 3-39　HAPCP 的 ¹H NMR 谱图[29]

　　HAPCP 的 ³¹P NMR 谱图如图 3-40 所示。δ=7.44ppm 的单峰为磷腈环上 P 质子峰，说明三个磷原子所处的化学环境相同，即 HCCTP 上的氯原子已被完全取代。HAPCP 的 ¹³C NMR 谱图如图 3-41 所示。δ=191.70ppm 的峰为醛基—CHO 特征峰，在 δ=121.13~153.73ppm 的 4 个峰分别为苯环—C_6H_4—上的 C 质子峰。

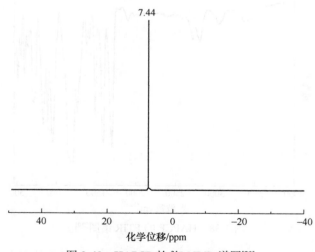

图 3-40　HAPCP 的 ³¹P NMR 谱图[29]

　　热性能研究表明，HAPCP 在 N₂ 气氛下的起始分解温度为 270℃，800℃时残炭率仍有 78.5%，是一种耐热性和热稳定性好的无机-有机杂环化合物，在绝热材料和阻燃材料领域呈现出良好的应用前景。

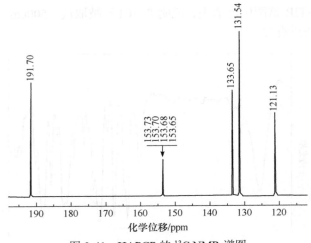

图 3-41　HAPCP 的 ^{13}C NMR 谱图

Qian 等[30,31]将六(4-醛基苯氧基)环三磷腈(HAP)与 9, 10-二氢-9-氧杂-10-磷杂菲-10-氧化物(DOPO)进行加成反应，制得具有磷腈和磷杂菲双效官能团的阻燃六(4-DOPO-羟甲基苯氧基)环三磷腈(HAP-DOPO)。将其用在环氧树脂和聚氨酯泡沫中均表现出优异的阻燃效果。

3.2.5　含氨基苯氧基环三磷腈衍生物的合成及应用

氨基环三磷腈是一类新的磷腈衍生物，对纤维、聚乙烯、聚丙烯和环氧树脂具有良好的阻燃作用，因此，科研工作者对它的制备也进行了相应研究。

黄耿等[32]以 HCCTP、邻氨基苯酚为原料，以三乙胺为缚酸剂，以 THF 为溶剂，采用一锅法，将其经亲核取代反应生成一种新型环三磷腈化合物——三(邻氨基苯氧基)环三磷腈。将 3.3g 邻氨基苯酚、3.476g 六氯环三磷腈、9mL 三乙胺溶于 80mL THF，70～80℃搅拌回流反应 8h，冷却后抽滤，得到黄白色滤饼与红棕色滤液。滤饼用 THF 溶液洗涤，抽滤后，继续用水洗。旋蒸除去溶剂得到粗产物，收集，待下一步后处理。将粗产物用二甲苯洗涤 1～2 次，再用蒸馏水洗涤数次，再用 NaOH 水溶液洗涤上一步处理后的粗产物，充分搅拌后得到粉棕色沉淀，抽滤，放入真空干燥箱干燥，得到粉棕色粉末状产物。通过 FTIR 和 NMR 对产品结构进行了表征。该产物的 FTIR 谱图结果见图 3-42。

1616cm^{-1}、1496cm^{-1}、1382.9cm^{-1} 处为苯环的骨架振动，3059.1cm^{-1} 处为苯环上 C—H 伸缩振动吸收峰，这说明产物中有苯环。1253.7cm^{-1}、1232.5cm^{-1} 处为 P=N 吸收峰，808.2cm^{-1} 为 P—N 吸收峰，这说明产物中含有氮-磷单双键交替的环。1103.3cm^{-1}、1014.6cm^{-1} 处为—P—O—C 特征吸收峰。956.7cm^{-1}、736.8cm^{-1} 为—P—N—C 特征吸收峰。六氯环三磷腈中的 628.8cm^{-1}、549.7cm^{-1} 为 P—Cl 吸

收峰,在产物 FTIR 谱图中已消失,说明 P—Cl 已被取代。500cm^{-1} 附近杂峰与邻氨基苯酚中的杂质有关。

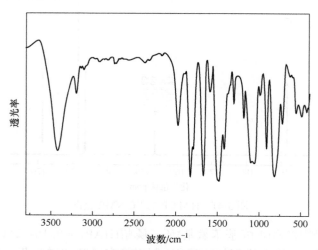

图 3-42　三(邻氨基苯氧基)环三磷腈的 FTIR 谱图[32]

杨晶巍等[33]以苯酚、六氯环三磷腈(HCCTP)和氨为原料,通过苯酚和六氯环三磷腈缩合,再氨化,最后缩聚制得了苯氧基改性聚氨基环三磷腈。六氯环三磷腈与苯酚缩合的较佳条件与两者的量的比有关。当 $n_{HCCTP}：n_{苯酚}：n_{KOH}=1：1.1：1.3$ 时,缩合温度为 85℃,缩合时间为 5h。当 $n_{HCCTP}：n_{苯酚}：n_{KOH}=1：2.2：2.6$ 时,缩合温度为 95℃,缩合时间为 7h。缩聚的较佳条件是聚合温度为 180℃,聚合时间为 15min。苯氧基改性明显提高了产品的磷收率,降低了产品的吸湿性和水溶性,改善了产品的热稳定性。

杨晶巍等[34]还通过锥形量热分析研究了苯基改性聚氨基环三磷腈(BPHACTPA)对酚醛胺固化环氧树脂(E-44/NX-2003)的阻燃作用。BPHACTPA 合成路线见图 3-43,合成步骤如下。

(1) 苯基化:将 17.4g 六氯环三磷腈、6.13g 苯胺、6.56g 三乙胺、61g 氯苯加入带有温度计、机械搅拌器和回流冷凝管的 250mL 三口烧瓶中,搅拌下通过油浴加热物料至 90℃,维持该反应温度 8h。经分析,六氯环三磷腈中氯的取代度为 17.5%,相当于每个磷腈环中约有 1.05 个氯原子被苯胺基取代。

(2) 氨化:苯基化完毕后,物料通过冷冻机降温,于−5～5℃通入氨气反应 24h。再经过滤、洗涤、干燥得白色粉末状固体产品(苯基改性氨基环三磷腈、盐酸三乙胺和氯化铵的混合物)。经分析,六氯环三磷腈中氯的取代度为 99.2%。

(3) 缩聚:将上述白色粉末混合物置于干燥箱中,于 175～185℃缩聚 20min 后取出,冷却至室温。加入 20mL 去离子水溶解,过滤,滤饼用去离子水 10mL

每次洗涤 3 次，再在约 100℃干燥到质量恒定，得到产品 BPHACTPA。

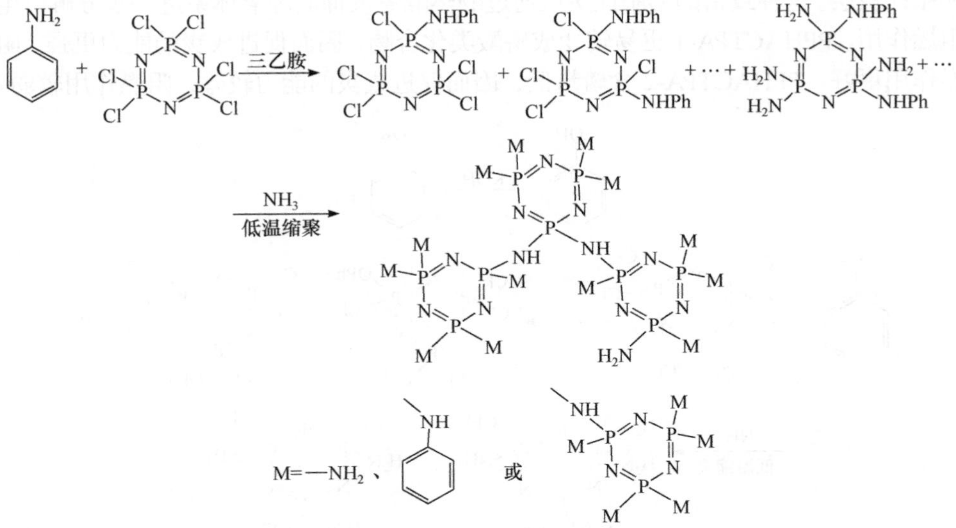

图 3-43　BPHACTPA 的合成路线[34]

BPHACTPA 对 E-44/NX-2003 有明显的阻燃作用，添加质量分数为 30%的 BPHACTPA，E-44/NX-2003 的放热率(HRR)、放热率峰值(PHRR)、平均放热率 (MHRR)、平均有效燃烧热(MEHC)和平均质量损失速率(MMLR)分别降低了 30.5%、56.9%、53.2%、22.1%和 16.6%，达到热释放速率峰值和完全燃烧所需时间分别从 83s 和 240s 增加到了 135s 和 330s。BPHACTPA 主要通过促进 E-44/NX-2003 炭化，并在 E-44/NX-2003 和阻燃剂分解产生的 CO_2、N_2 和 NH_3 等惰性气体的发泡作用下形成膨胀性炭层而产生阻燃作用。

随后，杨晶巍等[35]通过 LOI 测定、垂直燃烧试验和锥形量热分析研究了苯氧基改性聚氨基环三磷腈(PPHACTPA)(图 3-44)对 E-44/NX-2003 的阻燃作用，并与聚氨基环三磷腈(PHACTPA)进行了比较。

当六氯环三磷腈和苯酚的摩尔比分别为 1∶1.09 和 1∶1.18 时，按以上条件制备出 2 种苯氧基改性聚氨基环三磷腈，分别记为 PPHACTPA-1 和 PPHACTPA-2，其每个磷腈环约分别含有 1 个苯氧基和 2 个苯氧基。苯氧基改性明显降低了产品的水溶性和吸湿性，且随苯氧基数量的增加，效果变好，但产品的磷和氮含量明显降低。PPHACTPA 对 E-44/NX-2003 的阻燃作用与 PPHACTPA 中苯氧基的数量有关。当每个磷腈环约含有 1 个苯氧基(PPHACTPA-1)时，其阻燃作用略优于 PHACTPA，而每个磷腈环所含苯氧基数增至 2(PPHACTPA-2)时，其阻燃作用明显降低，差于 PHACTPA。PHACTPA 和 PPHACTPA 主要通过凝聚相机理对 E-44/NX-2003 产生阻燃作用。阻燃剂在高温下生成具有强脱水作用的磷酸类化合物而促进环氧树脂固化物炭化,同时环氧体系分解生成的惰性气体使炭层发泡形成膨胀性炭层。这种致密的膨胀性炭层通过隔热隔氧及抑制环氧体系进一步分解产生阻燃作用。PPHACTPA-1 更易转变成磷酸类化合物,因而促进成炭的能力更强,阻燃作用更好。PPHACTPA-2 含磷量低,因而促进成炭的能力较差,阻燃作用较弱。

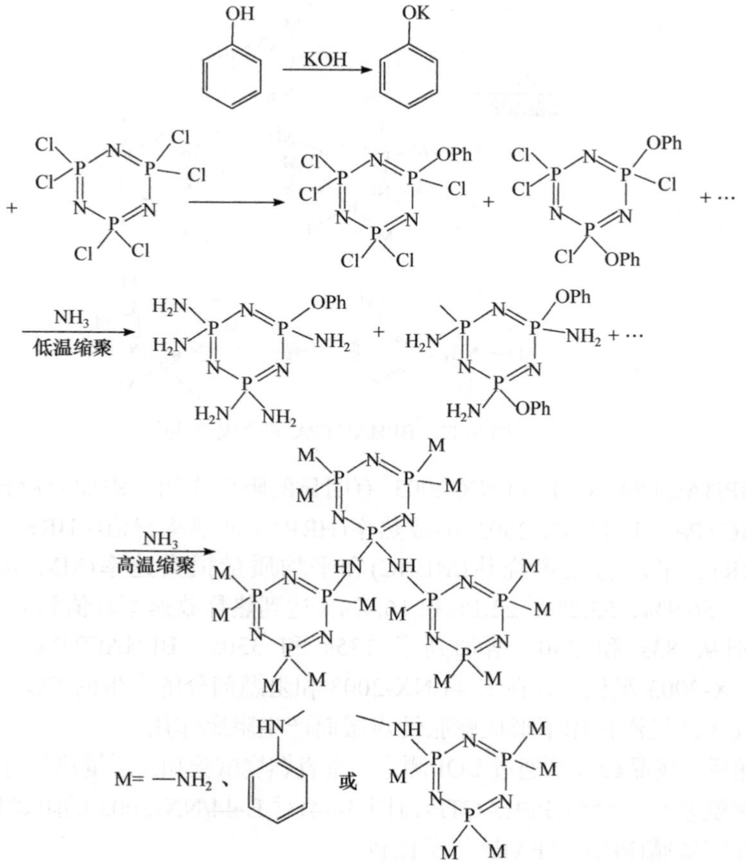

图 3-44　PPHACTPA 的合成路线[35]

　　王炜等[36]将六氯环三磷腈的衍生物六(4-氨基苯氧基)环三磷腈通过浸—轧—烘的方法用于羊毛织物的阻燃整理(图 3-45)。对整理后的羊毛织物进行 FTIR 表征,发现六(4-氨基苯氧基)环三磷腈和羊毛之间存在化学键结合。通过热重分析、极限氧指数、垂直燃烧测试、扫描电镜对整理前后羊毛织物的阻燃性能及残渣形貌进行了研究。

　　羊毛织物经六(4-氨基苯氧基)环三磷腈整理后,羊毛织物的成炭性能显著提高,其阻燃性能得到极大提高,且具有优异的耐久性能。经过阻燃整理的羊毛织物断裂强力得到一定的提升,凝聚相的阻燃效果优异,整理后的羊毛织物垂直燃烧损毁长度和极限氧指数明显提高，且具有优异的耐水洗牢度。六(4-氨基苯氧基)环三磷腈对羊毛织物的阻燃机理主要为六(4-氨基苯氧基)环三磷腈和羊毛发生化学键结合后，改变了羊毛织物的裂解过程，促使羊毛织物提前裂解，因而可以使其提前成炭隔绝热量，还可促使可燃性气体提前产生以减少高温燃烧时可燃性气体的总量，降低羊毛织物的燃烧性能。六(4-氨基苯氧基)环三磷腈能显著提高羊毛织物的成炭性能，并能改善羊毛织物残炭的表面形态，从而使残炭具有优良的隔热性能。

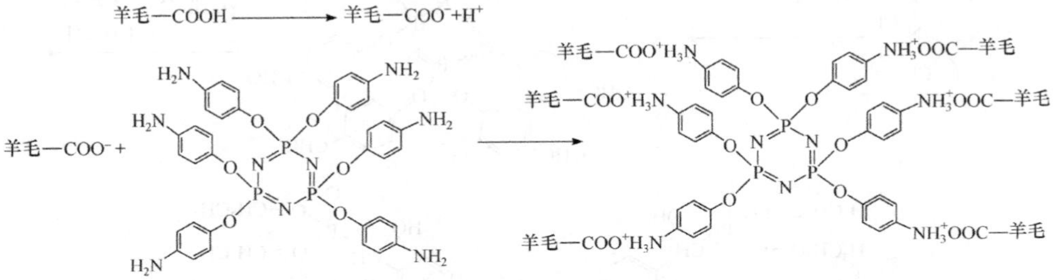

图 3-45 六(4-氨基苯氧基)环三磷腈对羊毛织物阻燃整理示意图[36]

3.2.6 其他苯氧基环三磷腈衍生物的合成及应用

胡文田等[37]以 HCCTP、对羟基苯甲醛及亚磷酸二乙酯等为原料，成功合成了一种反应型磷-氮膨胀环三磷腈衍生物六(4-磷酸二乙酯羟甲基苯氧基)环三磷腈(HPHPCP)，其合成路线见图 3-46。在带有机械搅拌器、温度计、冷凝回流装置的 250mL 三口烧瓶中，依次加入 6g 亚磷酸二乙酯、100mL THF、12mL 三乙胺，称取六(4-醛基苯氧基)环三磷腈 5.17g 溶于 50mL THF，常温下将其缓慢滴加到上述反应体系中，滴加时间为 1h。在 N_2 保护下，搅拌加热到 80℃进行回流反应 24h，反应结束将得到的产物进行旋转蒸发，蒸馏出溶剂、未反应的亚磷酸二乙酯后，得到透明黏稠的六(4-磷酸二乙酯羟甲基苯氧基)环三磷腈。

图 3-47 给出了原料 HCCTP、中间体 HAPCP 和阻燃剂 HPHPCP 的 FTIR 谱图。在中间体 HAPCP 的 FTIR 谱图中，$3059.7cm^{-1}$ 处出现苯环上 C—H 伸缩振动吸收峰。$2822.4cm^{-1}$、$2730.0cm^{-1}$ 处出现了醛基(—CHO)中 C—H 伸缩振动的特征吸收峰，$1705.3cm^{-1}$ 处出现醛基上的 C=O 的伸缩振动吸收峰；$595.0cm^{-1}$、$1500.7cm^{-1}$处出现的苯环的骨架变形振动吸收峰及在 $961.5cm^{-1}$ 处出现的 P—O—C 特征吸收峰，表明对醛基苯氧基已经被引入环三磷腈分子中。此外，$523cm^{-1}$、$601cm^{-1}$ 处的 P—Cl 特征吸收峰和 $3442.0cm^{-1}$ 处苯环上—OH 特征吸收峰已完全消失，说明对羟基苯甲醛通过亲核取代 HCCTP 上的氯原子，成功制备得到了 HAPCP。与中间体 HAPCP 的 FTIR 谱图相比，HPHPCP 的 FTIR 谱图中 $3427.2cm^{-1}$ 处出现—OH 特征峰，$2924.2cm^{-1}$、$2854.2cm^{-1}$ 处出现—CH₂CH₃中 C—H 伸缩振动峰，$1234.9cm^{-1}$ 处出现 P=O 特征吸收峰，$952.8cm^{-1}$ 处出现 P—O—Ph 特征吸收峰，

1164.9cm^{-1} 处出现 P—O—C$_2$H$_5$ 的强特征峰;同时,1705.0cm^{-1} 处—CHO 的 C=O 特征峰、2823.6cm^{-1} 和 2731.9cm^{-1} 处—CHO 的 C—H 特征峰及 2430.4cm^{-1} 处的 P—H 特征峰消失,说明—CHO 及 P—H 键消失,亚磷酸二乙酯被接到 HAPCP 上,成功制备得到了 HPHPCP。

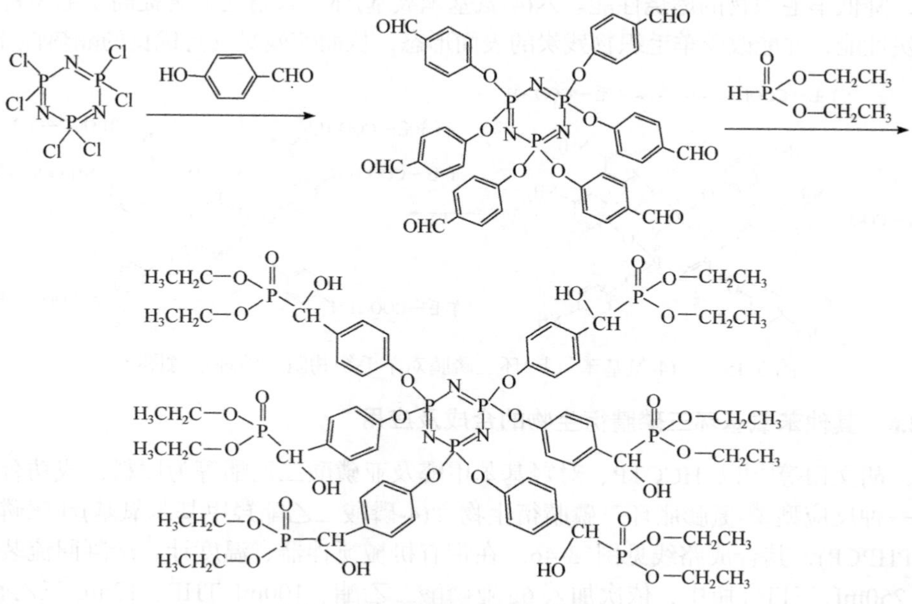

图 3-46　HPHPCP 的合成路线[37]

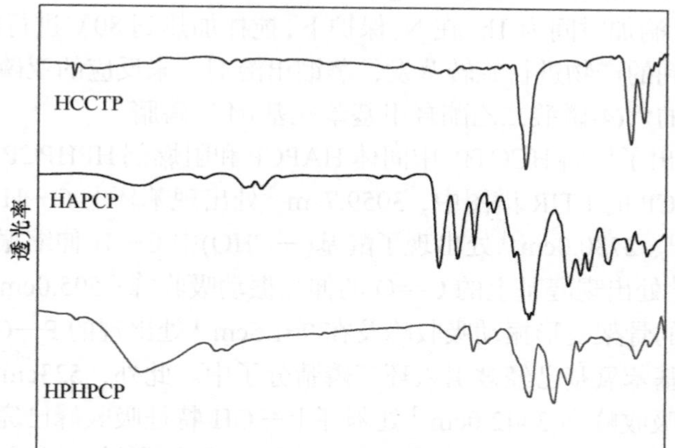

图 3-47　原料(HCCTP)、中间体(HAPCP)、阻燃剂(HPHPCP)的 FTIR 谱图[37]

图 3-48 给出了中间体 HAPCP 的 ^{1}H NMR 谱图和 ^{31}P NMR 谱图。中间体

HAPCP 的 ^{1}H NMR 谱图中有 3 种 H 原子，$\delta=9.94$ppm 处的峰为醛基—CHO 的质子峰(6H，—CHO)，$\delta=7.75$ppm、$\delta=7.16$ppm 处的两个双峰分别为苯环(—C$_6$H$_4$—)上的两个不同质子峰(12H/12H，—C$_6$H$_4$—)，并且三种质子的峰面积与质子数之比基本一致(约为 1∶2∶2)，这符合 HAPCP 的分子结构特征。另外中间体的 ^{31}P NMR 谱图中，只有在 $\delta=6.88$ppm 出现单峰，这说明产物中 P 处在同样的分子结构，符合 HAPCP 分子结构特征。

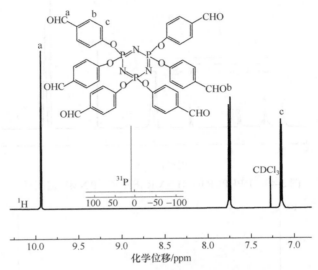

图 3-48　HAPCP 的 ^{1}H NMR 谱图和 ^{31}P NMR 谱图[37]

HPHPCP 的 ^{1}H NMR 谱图(图 3-49)中有 6 种 H 原子，$\delta=7.38$ppm、$\delta=6.94$ppm 处的双峰分别为苯环上两个不同位置的质子峰(12H/12H，—C$_6$H$_4$—)，$\delta=6.26$ppm 处的双峰为羟甲基上与 C 相连的质子峰(6H，—CHOH)，$\delta=4.97$ppm 处的双峰为羟基的质子峰(6H，—CHOH)，$\delta=4.04$ppm 和 $\delta=3.94$ppm 处的峰为磷酸二乙酯上—CH$_2$—裂分的质子峰(24H，—CH$_2$—)，$\delta=1.27$ppm 和 $\delta=1.13$ppm 处的峰为磷酸二乙酯上—CH$_3$ 裂分的质子峰(36H，—CH$_3$)，6 种质子的峰面积与质子数之比基本一致(约为 2∶2∶1∶1∶4∶6)，这符合 HPHPCP 的分子结构特征。另外，在产物的 ^{31}P NMR 谱图中出现两个峰，$\delta=21.58$ppm 处为磷酸二乙酯上 P[6P，—PO(CH$_2$CH$_3$)] 的出峰位置，$\delta=8.30$ppm 处为磷腈环上的 P(3P，—P$_3$N$_3$)的出峰位置，且峰面积约为 2∶1，符合 HPHPCP 的分子结构特征。

阻燃剂 HPHPCP 在 N$_2$ 和空气氛围中的 TGA 曲线及微商热重(DTG)曲线分别见图 3-50 和图 3-51，相关数据列于表 3-3。如图所示，HPHPCP 在 N$_2$ 氛围中的初始分解温度($T_{5\%}$)为 152.1℃，其热分解分为四个阶段：第一失重阶段在 152.1～

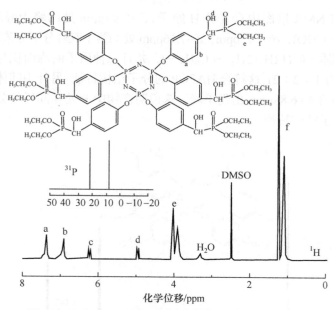

图 3-49 HPHPCP 的 ¹H NMR 谱图和 ³¹P NMR 谱图[37]

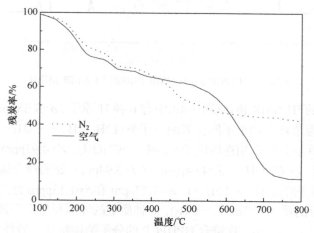

图 3-50 HPHPCP 在 N_2 和空气氛围中的 TGA 曲线

251℃，质量损失 20.0%，失重速率较快，最大质量损失速率峰在 194.8℃处，达 2.75%/℃，这是化合物中的 P—O—C 键断裂的过程；第二失重阶段在 251～336℃，分解速率快，最大质量损失速率达 2.1%/℃，质量损失 14.6%，并在 288.3℃出现最大质量损失速率峰，这可能是化合物分子中的羟基(—OH)发生分子交联脱水的过程；第三失重阶段在 336～510℃，最大质量损失速率为 2.1%/℃，质量损失 17.0%，并在 457.8℃时出现尖而短的最大质量损失速率峰，这可能是化合物中 P—N 键断裂，分解释放氮气的过程；第四失重阶段在 510～630℃，最大质量损失速率为 0.9%/℃，质量损失 7.0%，并在 552.6℃时出现最大质量损失速率峰，这主要是化合物在磷酸及偏磷酸的作用下发生脱水成炭过程，630℃后分解缓慢，残炭质量趋于稳定，当温度升至 800℃时，仍有约 42.1%的残炭。

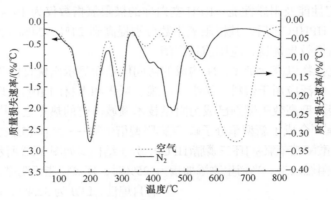

图 3-51　HPHPCP 在 N_2 和空气氛围中的 DTG 曲线

表 3-3　HPHPCP 和 RPU 的热重数据

样品	$T_{5\%}$/℃	T_{max1}/℃	T_{max2}/℃	T_{max3}/℃	T_{max4}/℃	T_{max5}/℃	残炭率/%
HPHPCP[②]	152.1	194.8	288.3	457.8	552.6	—	42.1
HPHPCP[①]	162.6	201.3	288.5	371.7	438.6	663.3	12.0
RPU[②]	173.2	250.3	327.6	—	—	—	26.2
RPU-20% HPHPCP[②]	193.9	318.2	447.9	—	—	—	33.5

注：①空气；②N_2。

在空气氛围下，HPHPCP 的起始分解温度为 162.6℃，其热分解分为五个阶段，350℃以前的两个分解阶段与在 N_2 氛围中基本相近，但是最大失重峰温有所提前，且随着温度的进一步升高，在 430～600℃，出现了空气氛围中的失重率低于 N_2 氛围中的失重率的结果。这显然与氧气参与反应有关，氧化反应的作用使一部分不稳定的小分子挥发物流失，一部分稳定的产物将留在残余物中，因此体系的失重率为二者叠加的结果。此温度区间内空气氛围中的失重率低，表明该衍生物在中高温区间具有较好的阻燃性能。当温度高于 600℃后，N_2 氛围中的失重速率较慢并趋于平缓，而在空气氛围中，残炭再次氧化分解而失重，并且出现了较宽的失重峰，到 800℃时基本趋于稳定，但仍有 12.0%的残炭。热重分析表明，HPHPCP 在两种气体氛围中均呈现出良好的热稳定性和较好的成炭性能。

　　热重分析表明 HPHPCP 具有较高的热稳定性及良好的成炭性，N_2 氛围中的起始分解温度为 162.6℃，800℃时残炭率大于 40%。将 HPHPCP 添加到硬质聚氨酯泡沫中制备得到阻燃聚氨酯硬泡(RPU)。表 3-3 结果表明 HPHPCP 可明显提高 RPU 的热稳定性能及阻燃性能。RPU 空白样的极限氧指数仅为 19%，添加 10%、20%、30%的 HPHPCP 后，其极限氧指数分别提高到 21%、24%、27%，这说明 HPHPCP 的阻燃效果优良，应用前景广阔。

　　磷腈类化合物以高含量 P、N 构成的协同体系而显示出优良的不燃性与良好的阻燃性能，广泛应用于塑料、纺织、纤维、纸张和木材的阻燃处理，利用磷腈结构模块发展新型高效阻燃剂已成为阻燃技术领域研究的热点之一[38,39]。

　　卢林刚等[40]合成了新型单分子磷-氮膨胀型衍生物——六[4-(5,5-二甲基)-1,3-二氧杂环己内磷酸酯基苯氧基]环三磷腈(HPCP，分子结构式如图 3-52 所示)，其对环氧树脂有良好的阻燃效果。当衍生物添加量为 25%时，环氧树脂无阴燃，无熔滴，具有自熄性，LOI 为 32.4%，垂直燃烧达到 V-0 级，实现了材料难燃的效果。

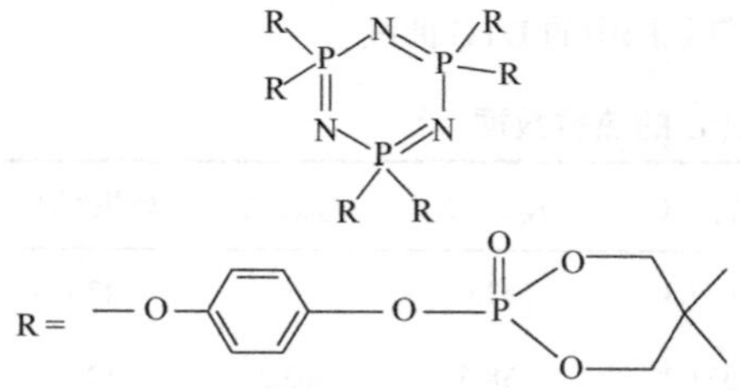

图 3-52　六[4-(5,5-二甲基)-1,3-二氧杂环己内磷酸酯基苯氧基]环三磷腈的分子结构式[40]

　　Dufek 等[41]分别以六甲基对苯二酚环三磷腈和六叔丁基对苯二酚环三磷腈为单体，以次六甲基四胺为催化剂，将其与不同配比的石墨混合制备了杂化环三磷腈聚合物/石墨锂离子电池负极材料。当混合负极中石墨含量为 10%时，负极比容量可高达 183mA·h/g，经 50 次循环库仑效率仍保持在 98%。

　　王永珍等[42]采用六(4-醛基苯氧基)环三磷腈(HAP)与 9,10-二氢-9-氧杂-10-磷杂菲-10-氧化物(DOPO)在溶液体系中亲核加成制备六(磷杂菲羟甲基苯氧基)环三磷腈(HPHMPC)衍生物，其化学结构见图 3-53。

　　将自制的 DOPO 修饰苯氧基环三磷腈衍生物添加到环氧树脂体系中制备高玻璃化转变温度(T_g)的玻璃纤维基层压板。HPHMPC 与环氧树脂具有很好的相容性，其能有效地阻燃玻璃纤维布基环氧板材，当板材树脂中 HPHMPC 质量分数为 19.2%时，板材阻燃等级达到 UL-94 V-0 级，T_g 为 194.6℃，并具有较高的热稳定性和较低的热膨胀系数(3.0%)、介质损耗因数(0.0125)及较高的剥离强度(1.13N/mm)。

　　柏帆等[43]以自制的六(4-羟基苯氧基)环三磷腈(Ⅰ)、苯胺、甲醛为原料，以甲苯为溶剂，合成了高支化环三磷腈苯并噁嗪(Ⅱ)，其合成路线见图 3-54。

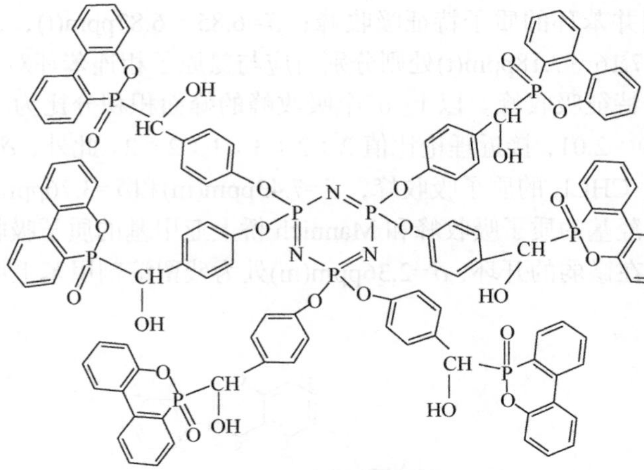

图 3-53　HPHMPC 的化学结构[42]

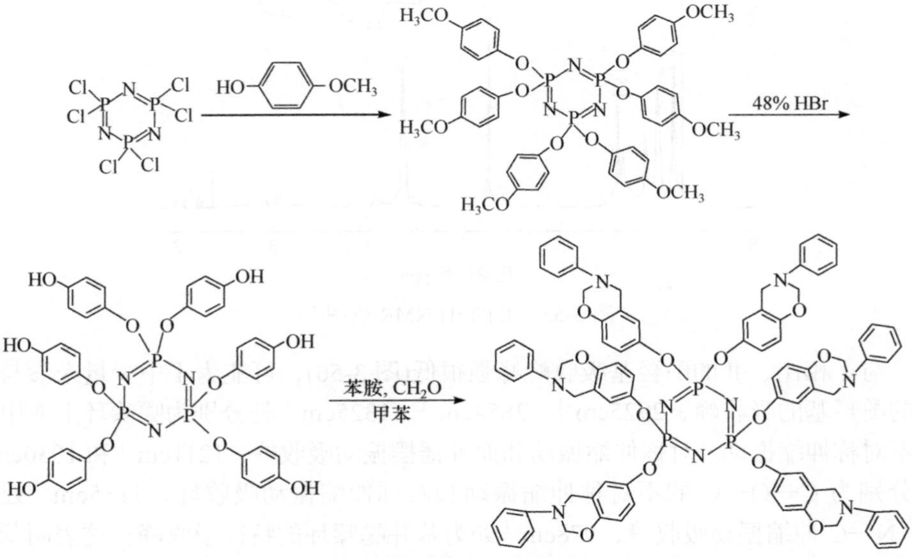

图 3-54　高支化环三磷腈苯并噁嗪的合成路线[43]

在配置有机械搅拌器、温度计和 Dean-Stark 装置的 250mL 四口烧瓶中加入 9.74g 甲醛溶液和 50mL 甲苯，滴加 NaOH 溶液调节 pH 为 8，冰浴条件下缓慢滴加 5.59g 苯胺，10℃搅拌 1h，加入 7.89g I 和 150mL 甲苯，回流反应 48h，依次用 5%的 NaOH 水溶液和蒸馏水洗涤，旋蒸除去甲苯，真空干燥 24h，得红棕色固体 10.28g，其产率为 68.9%。

在 II 的 ^{1}H NMR 谱图(图 3-55)中，δ=4.34ppm(s)和δ=5.21ppm(s)处分别对应噁嗪环上 Ar—CH$_2$—N 和—O—CH$_2$—N 的质子特征吸收峰；δ=6.57～6.62ppm(m)

对应与噁嗪环相并苯环的质子特征吸收峰；δ=6.85～6.87ppm(t)，δ=6.98ppm、6.99ppm(d)和δ=7.16～7.18ppm(t)处则分别对应与氮原子相连苯环对位氢、邻位氢和间位氢的质子特征吸收峰。以上 6 个吸收峰的峰面积积分比为 1.99：1.91：2.91：1.00：1.99：2.01，接近理论比值 2：2：3：1：2：2。此外，δ=7.26ppm(m)处为溶剂中微量 CHCl$_3$ 的质子吸收峰，δ=7.43ppm(m)和δ=3.76ppm(m)分别对应噁嗪环开环后酚羟基的质子吸收峰和 Mannich 桥上亚甲基的质子吸收峰，表明合成的苯并噁嗪存在微弱的开环，δ=2.36ppm(m)处为残留溶剂甲苯上甲基的质子吸收峰。

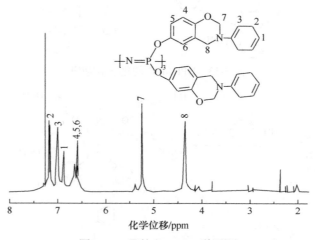

图 3-55　Ⅱ 的 ^{1}H NMR 谱图[43]

　　与 Ⅰ 相比，Ⅱ 的酚羟基吸收峰峰强很低(图 3-56)，可能为 Ⅰ 中少量未参与成环的酚羟基的吸收峰，2925cm^{-1}、2854cm^{-1}、1325cm^{-1} 处分别为噁嗪环上亚甲基的不对称伸缩振动、对称伸缩振动和面外摇摆振动吸收峰，1211cm^{-1} 和 1030cm^{-1} 处分别为 C—O—C 的不对称伸缩振动和对称伸缩振动吸收峰，1135cm^{-1} 处为 C—N—C 伸缩振动吸收峰，978cm^{-1} 处为苯并噁嗪环的特征吸收峰，这表明苯并噁嗪环结构的形成。

　　综合 FTIR 和 ^{1}H NMR 的分析结果，表明合成的化合物 Ⅱ 的分子结构与预期目标结构一致。DSC 测试结果表明，Ⅱ 的开环聚合起始温度和最大放热峰温度分别为 186.0℃和 235.4℃，具有比传统苯并噁嗪更低的开环聚合起始温度。TGA 测试结果表明，化合物 Ⅱ 的 5%和 10%热失重温度分别为 344.1℃和 392.7℃，800℃的残炭率为 64.97%，具有比传统聚苯并噁嗪更为优异的热稳定性。化合物 Ⅱ 的 LOI 为 43.5%，UL-94 等级达 V-0 级，具有比传统聚苯并噁嗪更为优异的阻燃性，是一种耐热、阻燃的新材料。

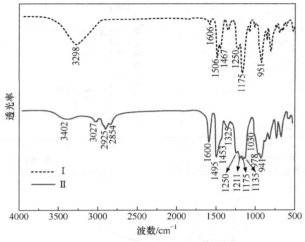

图 3-56　Ⅰ和Ⅱ的 FTIR 谱图[43]

柏帆等[44]将双酚 A 型环氧树脂、双酚 A 型苯并噁嗪树脂、固化剂二氨基二苯甲烷、固化促进剂 2-甲基咪唑、丁酮按配比量混合均匀，分别加入不同质量分数的 ATH(氢氧化铝)、Ⅰ和Ⅱ，经高速分散搅拌即制得无卤阻燃树脂溶液。用无卤阻燃树脂溶液浸渍经偶联剂处理的无碱玻璃布，在双效立式上胶机上按规定工艺制备预浸料，控制预浸料的树脂含量为 38%～40%。将预浸料裁剪成制品所需尺寸，按制品所需厚度将若干层预浸料叠层摆放在两面涂有脱模剂的光滑不锈钢板上，在压机上热压成型，热板梯度升温速率为 15～25℃/min，视流胶情况逐步升温加压，控制热板压力在 0.05～0.4MPa 下升温至 160℃，160℃下保温 0.5h，再逐步升压升温至 4MPa 和 200℃，热压成型 2h 后冷却至 50℃脱模，即制得无卤阻燃玻璃布层压板。Ⅱ在提高层压板燃烧等级和热稳定性的同时，提升了层压板的热态弯曲强度和平行层向冲击强度，降低了层压板的介电常数，随着Ⅱ添加量的增加，层压板仍能保持较好的热态弯曲强度、平行层向冲击强度和介电常数(图 3-57)。采用Ⅱ阻燃改性的苯并噁嗪树脂玻璃布层压板无卤环保，解决了添加型无卤阻燃剂在高添加量下会使制品的力学性能和电性能大幅下降的问题，其可应用于有无卤阻燃要求的发电机、绝缘结构件及输变电等领域。

董新理等[45]以氯化铵、五氯化磷为原料，在氧化锌-吡啶复式催化下制备 HCCTP。以季戊四醇、三氯氧磷为原料，以 1,4-二氧六环为溶剂制备笼型结构季戊四醇磷酸酯(PEPA)，碱性条件下六氯环三磷腈与 PEPA 反应生成一类新型含笼状结构的 N—P 无卤阻燃剂 HCPPA，PEPA 与 HCPPA 的合成路线分别见图 3-58 与图 3-59。

称取 44.8g 季戊四醇，将其加入三口烧瓶中，并加 130mL 1,4-二氧六环于三口烧瓶中。量取 33.6mL $POCl_3$ 转移至恒压漏斗中，加入 40mL 1,4-二氧六环至恒压漏斗中加热，待温度达到 85℃时，开始滴加三氯氧磷，滴加时间大约需 2.5h，

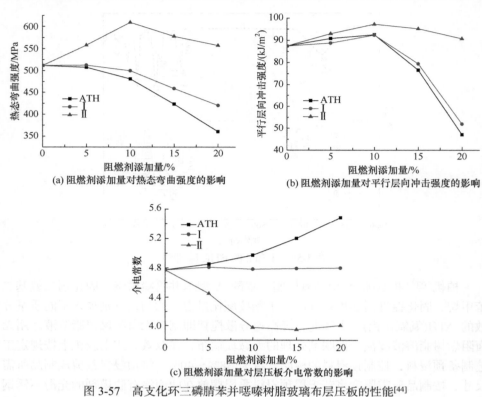

图 3-57 高支化环三磷腈苯并噁嗪树脂玻璃布层压板的性能[44]

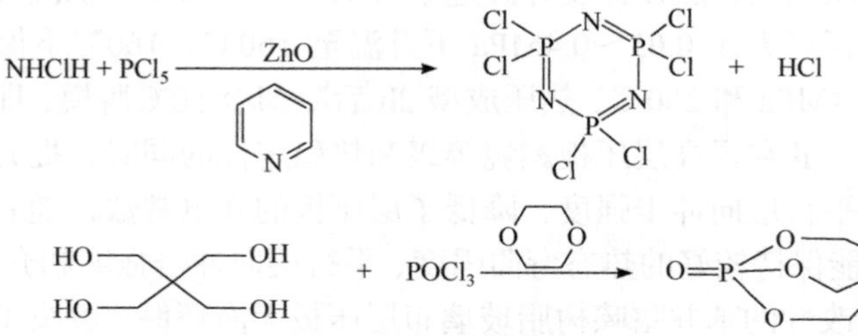

(a) 阻燃剂添加量对热态弯曲强度的影响

(b) 阻燃剂添加量对平行层向冲击强度的影响

(c) 阻燃剂添加量对层压板介电常数的影响

图 3-58 PEPA 的合成[45]

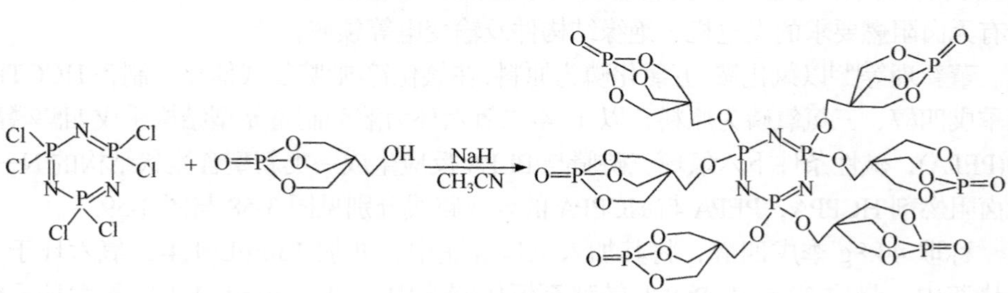

图 3-59 HCPPA 的合成[45]

滴毕，升温至 90℃反应 2h，之后升温至回流状态，反应 3h，抽滤，重结晶，得到白色针状晶体，其产率为 88.0%。

称取 10.8g PEPA 与适量的 NaH 于三口烧瓶中，量取 60mL 乙腈溶液倒入三口烧瓶，加热至 60℃，机械搅拌下倒入 3.3g 六氯环三磷腈，加热回流反应 8h，冷却，抽滤，固体依次用去离子水和无水乙醇洗涤，80℃恒温干燥箱烘干，得到白色粉末状固体，其产率为 66.2%。

HCPPA 是一种从未见过文献报道的化合物，根据分子结构与阻燃性能的关系，理论上该化合物有望成为一类性能优异的磷腈阻燃材料。HCPPA 在纺织品中的阻燃性能应用测试工作正在研究中。

孔抵柱等[46]合成了(4-烯丙氧羰基苯氧基)环三磷腈(HACPC)和三(4-烯丙氧羰基苯氧基)-1,3,5-三嗪(TATZ)，其化学结构式见图 3-60，并与 PET 通过熔融共混制备了 PET/HACPC/TATZ 复合材料。

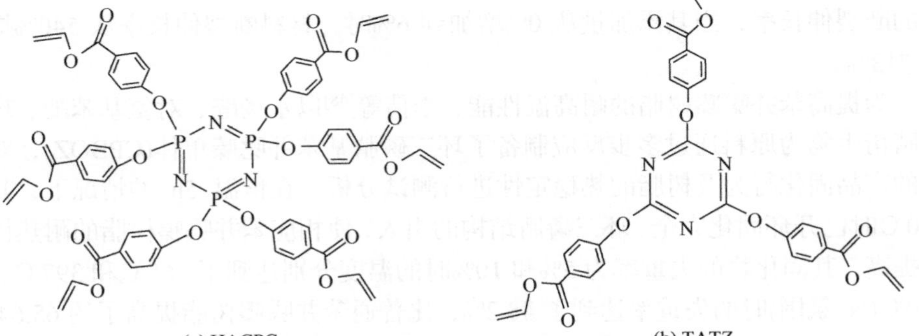

(a) HACPC　　　　　　　　　　　　　(b) TATZ

图 3-60　HACPC 和 TATZ 的化学结构式[46]

HACPC 与 TATZ 构成的阻燃体系对 PET 材料具有协同阻燃性。复合材料的LOI 达到 32.4%，UL-94 测试达到 V-0 级，热释放能力较纯 PET 下降了 30.9%，其协同效应值达到 2.76。

俞江焘等[47]合成了丁香油酚改性的环磷腈衍生物(EuHCTP)，其合成路线见图 3-61。

将 9.48g 丁香油酚溶解在 60mL THF 中，并加入 2.4g NaOH，在 N_2 保护下，65℃时缓慢滴加含有 3.48g 六氯环三磷腈的 THF 溶液 15mL，冷凝回流 24h。反应结束后，旋蒸除去 THF 得到混合物，用 NaOH 溶液洗涤数次过滤得到棕色固体，再用乙醇溶液洗涤该固体数次，得到乳白色固体，最后在 60℃条件下干燥 12h，得到白色固体。

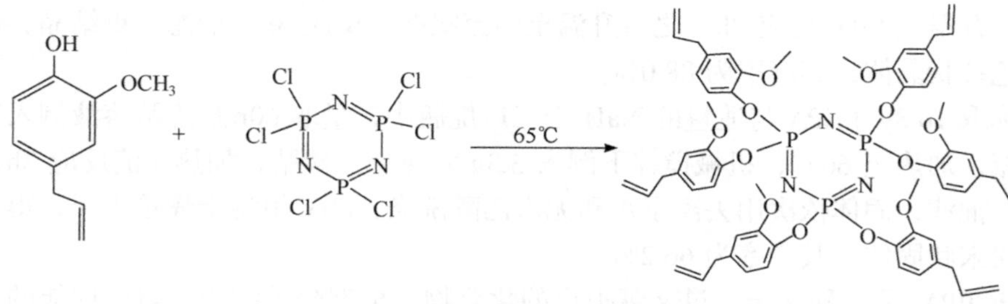

图 3-61　　EuHCTP 的合成路线[47]

　　他们研究了 EuHCTP 对三元乙丙橡胶/氢氧化镁(EPDM/MH)复合材料的阻燃性能。研究结果发现，EuHCTP 与 MH 存在协效阻燃作用，能够提升材料的阻燃性能，随着 EuHCTP 添加量的增加，材料的 LOI 进一步提高，当 EuHCTP 添加量达到 6%时，LOI 达到了 29.5%。EuHCTP 能够提升材料的热稳定性，当其添加量达到 6%时，复合材料的最大分解温度提高到 465.3℃。EuHCTP 明显提高了材料的断裂伸长率，当其添加量从 0%增加到 6%时，材料断裂伸长率从 540%提升到 713%。

　　为提高苯并噁嗪树脂的耐高温性能，李倩等[48]以水杨醛、对氨基苯酚、环三磷腈衍生物为原料通过多步反应制备了环三磷腈基苯并噁嗪单体(CPBOZ)，对制得的产品固化行为及树脂的热稳定性进行测试分析。在恒温 5h 的情况下，其在 220℃时已开环固化完全。环三磷腈结构的引入，使相应苯并噁嗪树脂的耐热性显著提高，其固化物的失重率为 5%和 10%时的温度分别达到了 365℃和 397℃。在 900℃(N_2 氛围)时的失重率达到了 48.2%，比普通苯并噁嗪树脂提高了约 65.64%。制得的环三磷腈基苯并噁嗪相比普通苯并噁嗪树脂热稳定性和阻燃性明显提高了，将有更好的应用前景。

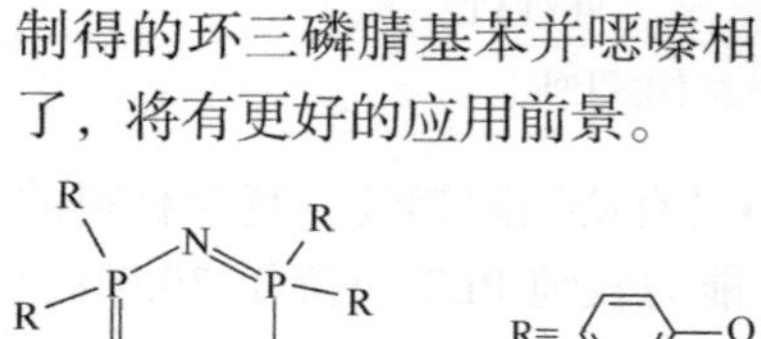

图 3-62　六苯氧基环三磷腈衍生物
的分子结构式[49]

　　王旭东等[49]以五氯化磷、氯化铵、苯酚、氢氧化钠为原料，合成磷-氮系六苯氧基环三磷腈衍生物(分子结构式见图 3-62)，将其与尼龙 6 按比例共混进行阻燃试验。结果表明，六苯氧基环三磷腈可以有效改善尼龙 6 的阻燃性能，当衍生物添加量为 8%时就可满足阻燃指标和加工性能要求，是一种高效的磷-氮系阻燃剂。

　　狄友波等[50]以苯氧基磷腈为阻燃剂，以烷基多糖苷为乳化剂，制备阻燃剂浆料，将制备好的阻燃剂浆料加入黏胶纺丝母液中制得阻燃黏胶纤维。测试结果表明，随着阻燃剂用量的增加，其阻燃效果明显增强，经过 30 次水洗仍然能够保持阻燃效果。纤维断面上分布有均匀的绒毛状结构。纤维燃烧后表面生成炭化层，保留了纤维的结构。该阻燃黏胶纤维强力比常规阻燃黏胶纤维大，但是比普通黏胶纤维有一定的下降。

Herrera-González 等[51]合成了新型聚碳酸酯单体——六(4-烯丙基碳酸酯基苯氧基)环三磷腈(分子结构式见图 3-63)，聚合所得聚碳酸酯交联度达 80%，且热稳定性好，起始分解温度提高到 250℃，LOI 高达 46.3%。

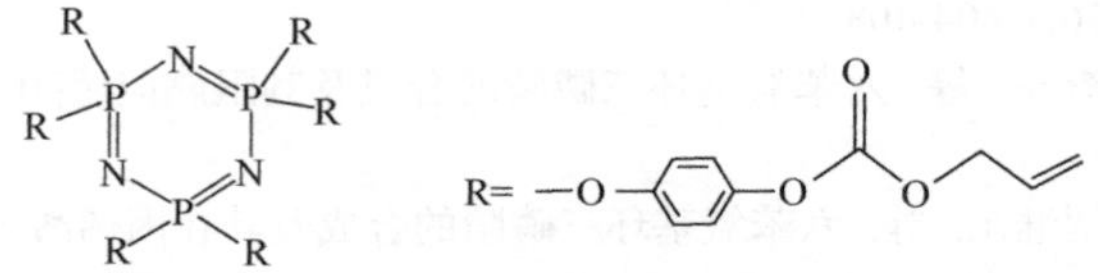

图 3-63　六(4-烯丙基碳酸酯基苯氧基)环三磷腈的分子结构式[51]

3.3　小　　结

应目前对高可靠性阻燃剂开发的要求，新型无卤磷、氮系阻燃剂苯氧基环磷腈衍生物因其优异的耐热性、耐酸碱性、耐水解性及低吸水率而开始受到广泛的关注，前景良好。可以预测聚磷腈这种多结构多功能衍生物对塑料、纤维、橡胶的阻燃(如可用于 PE、EVA、PBT、PET、PP、PC、PA 等热塑性树脂的阻燃，也可用于环氧、酚醛、不饱和聚酯等热固性树脂以及顺丁橡胶和乙丙橡胶的阻燃)，以及涂料、木材和纤维的阻燃处理，具有十分强大的防火耐高温阻燃优势。目前，如何控制苯氧基环磷腈的成本，以及深入研究苯氧基环磷腈衍生物的阻燃机理，将是科研工作者下一步努力的方向。

参 考 文 献

[1] 程涛, 杨中强, 何岳山, 等. 苯氧基环磷腈的介绍及其在无卤覆铜板中的应用研究[C]. 中国阻燃学术会议论文集, 西宁, 2010: 214-221.

[2] 李然, 孙德, 张龙. 六(苯胺基)环三磷腈的合成及其在 ABS 树脂无卤阻燃中的应用[J]. 化工新型材料, 2007, 35(9): 75-76.

[3] 张长水, 叶勇. 六氯环三磷腈的催化合成与表征[J]. 河南师范大学学报, 2008, 36(4): 168.

[4] 孔祥建, 刘述梅, 叶华, 等. 苯氧基环三磷腈的合成及表征[J]. 广州化工, 2008, 36(2): 31-33.

[5] 薛宇鹏, 郝冬梅, 林卓仕, 等. 苯氧基环磷腈合成处理方法的改进及表征[J]. 广州化工, 2011, 39(20): 61-63.

[6] 陈胜, 郑庆康. 环状磷腈阻燃剂的研究进展[J]. 纺织化学品, 2004, (5): 93-96.

[7] 路庆昌, 周晓, 王淑华. 一种高纯度的六苯氧基环三磷腈的制造方法: 中国, ZL200910017777.8. [P]. 2010.

[8] 高岩立, 冀克俭, 刘元俊, 等. 六苯氧基环三磷腈的合成及表征改进研究[J]. 材料导报, 2013,

(s2): 237-241.

[9] 杨明山, 刘阳, 李林楷, 等. 六苯氧基环三磷腈的合成及对 IC 封装用 EMC 的无卤阻燃[J]. 中国塑料, 2009, 23(8): 35-38.

[10] 黄杰, 唐安斌, 马庆柯, 等. 阻燃剂六苯氧基环三磷腈的合成方法: 中国, ZL201210501935.X. [P]. 2011.

[11] 唐安斌, 黄杰, 邵亚婷, 等. 六苯氧基环三磷腈的合成及其在层压板中的阻燃应用[J]. 应用化学, 2010, 27(4): 404-408.

[12] 刘仿军, 武菊, 李亮, 等. 六苯氧基环三磷腈的合成及其阻燃应用[J]. 武汉工程大学学报, 2013, (4): 52-55.

[13] 崔超, 高敬民, 贺继东, 等. 六苯氧基环三磷腈的合成及其在丙烯酸树脂中的阻燃应用[J]. 中国塑料, 2015, (2): 103-108.

[14] 宝冬梅, 刘吉平, 谢兵, 等. 六苯氧基环三磷腈的合成及其热稳定性研究[J]. 功能材料, 2016, 47(5): 165-169.

[15] 徐建中, 何战猛, 屈红强. 六苯氧基环三磷腈阻燃 PC 及其热解过程的研究[J]. 中国塑料, 2013, 27(1): 92-97.

[16] 孙楠, 钱立军, 许国志, 等. 六苯氧基环三磷腈的热解及其对环氧树脂的阻燃机理[J]. 中国科学化学: 中文版, 2014, 44(7): 1195-1202.

[17] 孔祥建, 刘述梅, 蒋智杰, 等. 苯氧基磷腈与金属氢氧化物协同阻燃 LLDPE[J]. 工程塑料应用, 2008, (5): 7-11.

[18] Coggio W D, Schultz W J, Ngo D C, et al. Flame retardant thermosettable resin composition: US, Patent 5639808[P]. 1997.

[19] 王锐, 谢吉星, 焦运红, 等. 酚氧基环磷腈阻燃环氧树脂的热解过程研究[J]. 中国塑料, 2010, (11): 90-94.

[20] Bai Y, Wang X, Wu D. Novel cyclolinear cyclotriphosphazene-linked epoxy resin for halogen-free fire resistance: Synthesis, characterization,and flammability characteristics[J]. Industrial & Engineering Chemistry Research, 2012, 51(46): 15064-15074.

[21] 鲍志素. 氢氧化镁用磷腈化合物增效阻燃聚丙烯[J]. 塑料制造, 2006, (3): 48-49.

[22] Allcock H R, Austin P E, Rakowsky T F. Diazo coupling reactions with poly (organophosphazenes) [J]. Macromolecules, 1981, 14(6): 1622-1625.

[23] Majoral J P. New Aspects in Phosphorus Chemistry [M]. 2nd ed. Berlin: Springer, 2005.

[24] Chien L C, Lin C, Fredley D S, et al. Side-chain liquid-crystal epoxy polymer binders for polymer-dispersed liquid crystals[J]. Macromolecules, 1992, 25(1): 133-137.

[25] 吴祥雯, 房昌水, 王民, 等. 一种改进方法合成六(4-硝基酚氧)环三磷腈[J]. 化学学报, 2002, 60(5): 955-956.

[26] 丁炎可, 徐龙鹤. 三苯氧基三对硝基苯氧基环三磷腈的合成与表征[J]. 沈阳化工大学学报, 2010, 24(4): 303-307.

[27] Zhang X, Zhong Y, Mao Z P. The flame retardancy and thermal stability properties of poly (ethylene terephthalate)/hexakis (4-nitrophenoxy) cyclotriphosphazene systems[J]. Polymer Degradation & Stability, 2012, 97(8): 1504-1510.

[28] 邴柏春, 李斌, 贾贺, 等. 六对羧基苯氧基环三磷腈的合成及其热性能[J]. 应用化学, 2009,

26(7): 753-756.

[29] 宝冬梅, 刘吉平. 六对醛基苯氧基环三磷腈的合成及其热性能研究[J]. 功能材料, 2013, 44(3): 396-400.

[30] Qian L, Ye L J, Xu G Z, et al. The non-halogen flame retardant epoxy resin based on a novel compound with phosphaphenanthrene and cyclotriphosphazene double functional groups[J]. Polymer Degradation and Stability, 2011, 96(6): 1118-1124.

[31] Qian L, Feng F, Tang S. Bi-phase flame-retardant effect of hexa-phenoxy-cyclotriphosphazene on rigid polyurethane foams containing expandable graphite[J]. Polymer, 2014, 55(1): 95-101.

[32] 黄耿, 刘梦琴, 曾荣英, 等. 一种新型环膦腈类化合物——三(邻氨基苯氧基)环磷腈的制备[J]. 衡阳师范学院学报, 2016, 37(6): 60-63.

[33] 杨晶巍, 赵静, 隋晓彤, 等. 苯氧基改性聚氨基环三磷腈的制备及其性能[J]. 青岛科技大学学报(自然科学版), 2017, 38(5): 21-26.

[34] 杨晶巍, 赵静, 朱凤丽, 等. 苯基改性聚氨基环三磷腈对环氧树脂固化物的阻燃作用[J].化工科技, 2017, 25(1): 1-6.

[35] 杨晶巍, 朱凤丽, 隋晓彤, 等. 苯氧基改性聚氨基环三磷腈对环氧树脂固化物的阻燃作用[J]. 高分子材料科学与工程, 2017, 33(7): 53-58.

[36] 王炜, 刘玲玲, 俞丹. 六(4-氨基苯氧基)环三磷腈用于羊毛织物的阻燃研究[J]. 印染助剂, 2016, (12): 49-53.

[37] 胡文田, 杨荣, 许亮, 等. 基于环三磷腈/磷酸酯反应型磷-氮阻燃剂的合成、热降解及应用[J]. 化工学报, 2015, (5): 357-363.

[38] Huang W K, Yeh J T, Chen K J, et al. Flame retardation improvement of aqueous-based polyurethane with aziridinyl phosphazene curing system[J]. Journal of Applied Polymer Science, 2001, 79(4): 662-673.

[39] Kuan J F, Link F. Synthesis of hexa-allylamino-cyclotriphosphazene as a reactive fire retardant for unsaturated polyesters[J]. Journal of Applied Polymer Science, 2004, 91(2): 697-702.

[40] 卢林刚, 王晓, 杨守生, 等. 新型树状单分子磷-氮膨胀阻燃剂的合成及阻燃性能研究[J]. 化学学报, 2012, 70(2): 190-194.

[41] Dufek E J, Stone M L, Jamison D K, et al. Hybrid phosphazene anodes for energy storage applications[J]. Journal of Power Sources, 2014, 267: 347-355.

[42] 王永珍, 何岳山, 杨中强, 等. DOPO 基环三磷腈阻燃剂的制备及在高玻璃化转变温度层压板中的应用[J]. 绝缘材料, 2017, 50(7): 19-25.

[43] 柏帆, 黄杰, 支肖琼, 等. 高支化环三磷腈型苯并噁嗪的合成表征及性能[J]. 高分子材料科学与工程, 2016, 32(5): 37-41.

[44] 柏帆, 黄杰, 支肖琼, 等. 新型含磷腈苯并噁嗪树脂玻璃布层压板的研制[J]. 绝缘材料, 2016, 49(8): 35-39.

[45] 董新理, 王知情, 颜东, 等. 新型 N—P 阻燃剂的制备与表征[J]. 湖南工程学院学报: 自然科学版, 2016, 26(1): 54-57.

[46] 孔抵柱, 李家炜, 徐红, 等. 环三磷腈和三嗪衍生物协同阻燃对聚酯性能的影响[J]. 纺织学报, 2017, 38(7): 11-17.

[47] 俞江焘, 方华高, 王平, 等. 丁香油酚改性环磷腈对氢氧化镁阻燃 EPDM 性能影响的研究[J].

塑料工业, 2018, 46(5): 143-146, 165.

[48] 李倩, 朱靖, 徐龙宇, 等. 环三磷腈基苯并噁嗪的合成及热性能研究[J]. 化工新型材料, 2016, 44(7): 120-122.

[49] 王旭东, 敖玉辉, 尚磊, 等. 一种磷氮系阻燃剂的合成、表征及对尼龙 6 的阻燃性能研究[J]. 应用化工, 2012, 41(8): 1402-1404.

[50] 狄友波, 戴晋明, 庄旭品. 苯氧基磷腈阻燃黏胶纤维的制备及性能研究[J]. 针织工业, 2012, (11): 10-14.

[51] Herrera-González A M, García-Serrano J, Pelaez-Cid A A, et al. Efficient method for polymerization of diallycarbonate and hexa(allylcarbonate) monomers and their thermal properties[J]. IOP Conference, 2013, 45: 012008.

第 4 章　含羟基/氨基环三磷腈阻燃材料

4.1　引　言

磷腈阻燃剂主要分为添加型阻燃剂和反应型阻燃剂，近几十年来发达国家研究开发磷腈衍生物主要集中在添加型阻燃剂上，而对反应型阻燃剂的研究开发相对较少。添加型阻燃剂需要解决阻燃剂的分散性、相容性、界面性等一系列的问题，且添加型阻燃剂还存在着添加量大、阻燃效率低等方面的不足；而采用反应型阻燃剂则避免了这些问题，且其阻燃效果具有相对的永久性，毒性较低，对被阻燃的物质的性能影响也较小。目前磷、氮类的反应型阻燃剂较少，但这类阻燃剂阻燃效能持久，不存在挥发等问题，并且通过与基材反应实现分子内协同阻燃效应，具有添加型阻燃剂所不具有的优点，因此对反应型阻燃剂的研究具有重要的科学和经济价值。

含羟基/氨基环三磷腈是国内外研究较多的反应型磷腈阻燃剂之一，特别是从六氯环三磷腈($N_3P_3Cl_6$)出发，利用六氯环三磷腈分子含有的 6 个具有化学活泼性的氯原子，在一定条件下容易被多种亲核试剂取代，设计开发含有不同反应活性羟基/氨基官能团的环三磷腈衍生物，使其更加灵活地运用于材料中，已成为当前国内外无卤环保阻燃材料研究的热点之一。

4.2　含羟基环三磷腈衍生物的制备及其在阻燃材料中的应用

4.2.1　含羟基环三磷腈衍生物的合成

含羟基的磷腈衍生物的制备是当前磷腈研究的一个重要课题。这一领域的研究始于 1969 年，Kober 等[1]首次报道了利用六(4-甲氧基苯氧基)环磷腈与 HBr 和 CH_3COOH 的混合水溶液反应生成六(4-羟基苯氧基)环磷腈。随后，Medici 等[2]在该合成反应的基础上进行了进一步的研究，利用$[NP(OC_6H_4—OCH_3)_2]_3$ 和 BBr_3制备得到羟基化的环状和线型聚磷腈衍生物。

制备羟基化环三磷腈衍生物的其他方法如下。

(1) Liu 和 Wang[3]通过六氯环三磷腈上氯原子的亲核取代和醛基的还原合成了

六(4-羟基苯氧基)环三磷腈。合成过程第一步是六(4-醛基苯氧基)环三磷腈(PN—CHO)的合成，在装有机械搅拌器、回流冷凝装置和氮气保护装置的反应器中，加入 274g NaH(用油稀释至 70%)和 976g 4-羟基苯甲醛(溶于 500mL THF 溶剂中)形成 4-苯酚钠在无水 THF 中的悬浮液。随后将 348g 六氯环三磷腈溶解在 400mL THF 中，并在 60min 内滴加到上述反应器中，然后将反应体系在 65℃下保持 48h。待反应结束后用乙酸乙酯重结晶得到浅棕色粉末 PN—CHO。第二步将 PN—CHO 还原得到六(4-羟基苯氧基)环三磷腈(PN—OH)，将 200g PN—CHO 溶解在 500mL 的 THF/甲醇(MeOH)混合溶剂中，再向其中加入 56g NaBH$_4$，室温搅拌 14h 后用 90%(体积分数)乙醇重结晶得到 PN—OH 的白色固体(图 4-1)。

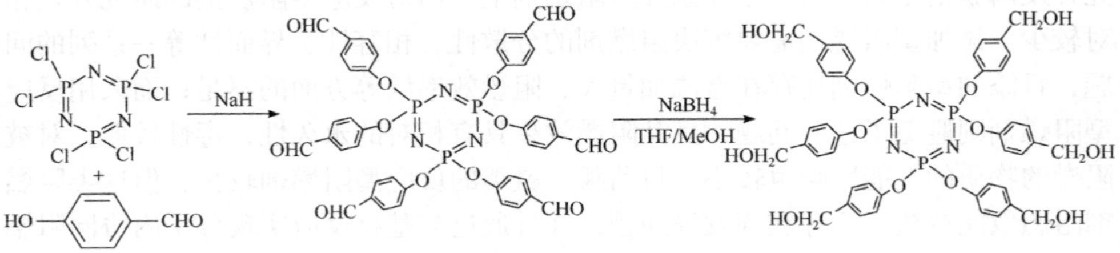

图 4-1　六(4-羟基苯氧基)环三磷腈的合成路线

高岩立等[4]在 250mL 圆底烧瓶中加 1.31g NaH 和 30mL THF(氢化钙重蒸)，将溶解有 1.47g 对羟基苯甲醚的 THF 溶液慢慢滴入 NaH 悬浮液中，反应 3h 后得到 4-甲氧基苯酚钠溶液。然后将溶有 1.74g 六氯环三磷腈的 THF 溶液滴入 4-甲氧基苯酚钠中，回流反应 48h 得到六(4-甲氧基苯氧基)环三磷腈(HMPCP)。将 2.30g 合成的 HMPCP 和 20mL 二氯甲烷加入三口烧瓶中，N$_2$ 氛围下滴加 8mL 1mol/L 的 BBr$_3$，室温反应 3h 后加入 100mL 去离子水，抽滤得白色絮状沉淀，用去离子水水洗 3 次后，在 60℃真空烘箱干燥 5h 得产物六(4-羟基苯氧基)环三磷腈。

(2) 高维全等[5]利用六氯环三聚磷腈分子中的氯原子被丙氧基、乙醇胺基取代，制得三丙氧基-三乙醇胺基环三磷腈。其合成机理为首先将三乙胺作为缚酸剂，然后用亲核试剂正丙醇取代六氯环三磷腈上的三个氯原子，最后使乙醇胺既作亲核试剂又作缚酸剂取代剩下的氯原子，从而实现引入活性羟基的目标。

(3) Liu 等[6]先用苯酚部分取代六氯环三磷腈上的氯原子得到(2,4-氯-2,4,6,6-苯氧基)环三磷腈，然后再用 4-羟基苯甲醚取代剩余氯原子得到[2,4-(4-甲氧基苯氧基)]-2,4,6,6-苯氧基环三磷腈，最后将甲醚基还原得到羟基化的[2,4-(4-羟基苯氧基)]-2,4,6,6-苯氧基环三磷腈(图 4-2)。

(4) 李雄杰等[7]以六氯环三磷腈、对羟基苯甲醛以及γ-氨丙基硅烷三醇(KH553)为原料，合成了具有席夫碱结构的有机硅型成炭剂六(γ-氨丙基硅烷三醇)环三磷腈

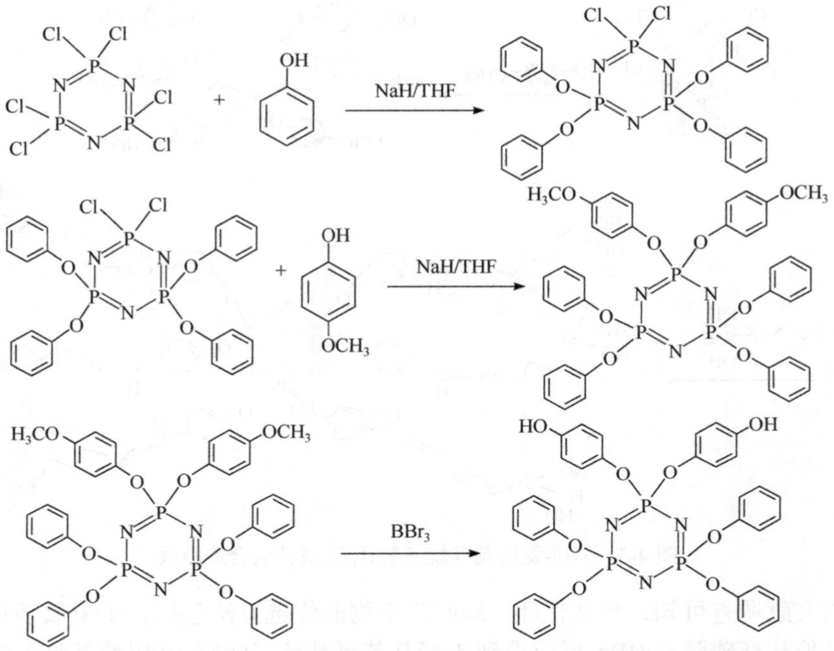

图 4-2　[2,4-(4-羟基苯氧基)]-2,4,6,6-苯氧基环三磷腈的合成路线

(HKHPCP)。其具体合成步骤如下：在带有磁力搅拌器、温度计和回流冷凝装置的 500mL 四口烧瓶中依次加入 17.7g 对羟基苯甲醛、33.0g 无水碳酸钾以及 250mL THF，在 30℃下搅拌 1.5h，之后称取 6.95g 六氯环三磷腈，并用 50mL THF 溶解，在 30℃下滴加到上述反应体系中，滴加时间为 1h；恒温反应 1h 后，将反应体系的温度升至 65℃，并在该温度下冷凝回流 24h 后，用旋转蒸发仪将反应液浓缩，将浓缩液缓慢倒入大量去离子水中并用玻璃棒快速搅拌，搅拌过程中析出大量的淡黄色的固状物，抽滤，再次用去离子水洗涤数次；烘干，将粗产物倒入过量的无水乙醇中洗涤，以除去未完全反应的对羟基苯甲醛，再将产物用乙酸乙酯重结晶数次，放入 50℃的真空干燥箱中干燥 8h，得到精制的淡黄色中间体六(4-醛基苯氧基)环三磷腈(HAPCP)。在 250mL 四口烧瓶中依次加入 6.0g HAPCP 和 80mL 丙酮，在 50℃下搅拌溶解，待 HAPCP 溶解后，量取 12.05mL 的 KH553 和 30mL 丙酮，混匀后装入恒压漏斗中缓慢滴加 30min，滴加完毕后恒温反应 7h，然后用旋转蒸发仪对反应液浓缩，将浓缩后的反应液缓慢倒入过量的去离子水中，边倒边快速搅拌，并伴随着大量淡黄色固体产生，搅拌 0.5h 后抽滤，用去离子水洗涤数次，直至滤液变澄清，最后用乙酸乙酯重结晶数次，将产物在 50℃的真空干燥箱中烘干至恒重。六(γ-氨丙基硅烷三醇)环三磷腈的合成路线如图 4-3 所示。

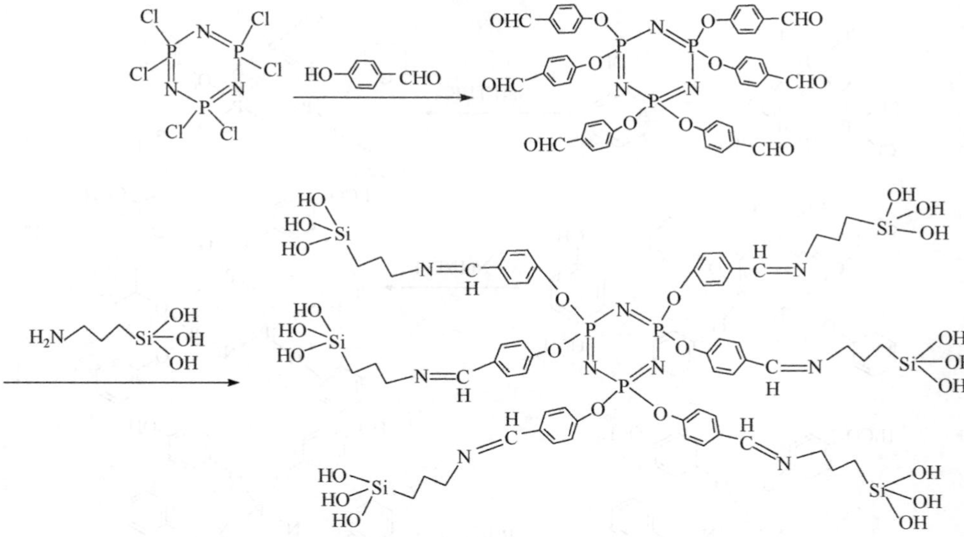

图 4-3 六(γ-氨丙基硅烷三醇)环三磷腈的合成路线

由文献调查可知，羟基化环三磷腈衍生物的优选方法包括：①甲氧基封端的苯氧基取代环磷腈与 BBr₃ 反应得到 4-羟基苯氧基环三磷腈；②甲醛基封端的苯氧基取代环三磷腈还原得到羟基化环三磷腈。4-羟基苯氧基环三磷腈的结构类似于将游离苯酚衍生物接枝到环磷腈的磷原子上，与游离酚衍生物类似的该环三磷腈衍生物具有两个基本反应点，一个在活化酚环上，另一个在游离羟基上。这使得羟基化环三磷腈的应用十分广泛。

4.2.2 含羟基环三磷腈衍生物的应用

羟基化环三磷腈衍生物属于反应型磷腈阻燃剂，主要通过化学反应参与到高聚物的结构单元中，与被阻燃材料的相容性较好，其分子结构中含有活泼基团，可以通过反应将磷腈结构单元有效地引入聚合物链中进行阻燃。

Liu 和 Wang[3]将 1000g 双酚 A 二缩水甘油醚(DGEBA)加入反应器中并在氮气保护下于 120℃搅拌 2h，并将 318g 的六(4-羟基苯氧基)环三磷腈和适量作为催化剂的三苯基磷(含量 0.3%)加入其中，在 175℃下反应 5h 获得浅黄色凝胶状磷腈基环氧树脂(PN-EP)。再将 PN-EP 和 DGEBA 进行固化作对照，固化剂为 4,4-二氨基二苯基甲烷(DDM)、双氰胺(DICY)、酚醛树脂(Novolak)或均苯四甲酸二酐(PMDA)。固化过程中首先将环氧树脂溶解在适量丙酮中，然后将与 PN-EP 的当量比为 1∶1 的固化剂和 2-甲基咪唑(含量 0.2%)作为固化促进剂加入溶液中，搅拌成均匀溶液后在 50℃真空烘箱中保持 1h 以除去溶剂。固化条件是根据表 4-1 固化体系确定的。

表 4-1　PN-EP 的不同固化条件

固化体系	固化温度/℃	固化时间/min	后固化温度/℃	后固化时间/min
PN-EP/DDM	120	60	150	180
PN-EP/DICY	160	30	190	60
PN-EP/Novolak	140	60	170	180
PN-EP/PMDA	180	60	200	180

对固化后 PN-EP 进行热性能测试表征,试验结果表明,与普通 DGEBA 相比, PN-EP 热固性材料具有更高的玻璃化转变温度和分解温度,同时 PN-EP 在 600℃ 的残炭率得到了显著的提高(表 4-2)。通过 LOI 测量和 UL-94 水平/垂直可燃性测试进一步评估使用不同固化剂的 PN-EP 热固性材料的阻燃性,结果如表 4-3 所示。 PN-EP 环氧树脂与许多文献报道的易燃 DGEBA 环氧树脂固化体系相比,其阻燃性要优异许多。结果显示,以酚醛树脂、DICY 或 PMDA 为固化剂固化后的 PN-EP LOI 都高于 30%,且它们的可燃性等级都达到了 UL-94 V-0 级。

表 4-2　不同固化条件下所得 PN-EP 和 DGEBA 的热性能

固化体系	T_g/℃	特性失重温度/℃		快速失重温度/℃	600℃残炭率/%
		质量分数 3%	质量分数 10%		
DGEBA/DDM	132.7	281.6	385.4	395.5	9.4
PN-EP/DDM	137.5	270.7	373.8	396.9	23.5
DGEBA/DICY	129.6	325.1	362.4	402.5	7.6
PN-EP/DICY	133.8	322.4	365.8	408.8	42.4
DGEBA/Novolak	135.4	362.1	390.5	401.7	8.7
PN-EP/Novolak	144.6	378.6	400.1	409.4	56.2
DGEBA/PMDA	131.5	259.4	352.6	385.6	8.1
PN-EP/ PMDA	138.2	238.2	340.8	387.3	54.6

表 4-3　不同固化剂固化下所得 PN-EP 的阻燃性能

固化体系	UL-94 等级		滴落	LOI/%	P 含量/%	N 含量/%
	水平燃烧	垂直燃烧				
PN-EP/DDM	HB	V-1	无	28.5	2.40	3.47
PN-EP/DICY	HB	V-0	无	31.2	2.52	3.64
PN-EP/Novolak	HB	V-0	无	33.5	2.18	0.98
PN-EP/PMDA	HB	V-0	无	32.9	2.38	1.07

　　同样地，高岩立等[4]也将合成的六(4-羟基苯氧基)环三磷腈应用到环氧树脂中，并对固化后材料进行测试表征。试验结果表明，纯环氧树脂的 LOI 为 18.2%，加了 8% 的阻燃剂六(4-羟基苯氧基)环三磷腈的环氧树脂的 LOI 为 23.7%，阻燃效率为 30.2%。

　　贾积恒等[8]将六(4-羟甲基苯氧基)环三磷腈(HHPCP)与甲基磷酸二甲酯(DMMP)组成复配阻燃剂，制备了阻燃聚氨酯泡沫。实验采用一步发泡工艺：称取 50 份聚醚多元醇(YD-4110)、1 份有机硅均泡剂(AK8805)、1 份 N,N-二甲基环己胺(PC-8)、0.8 份水、15 份 1,1-二氯-1-氟代乙烷(HCFC-141b)以及 20 份阻燃剂 DMMP 和 HHPCP 置于 500mL 塑料杯中，高速搅拌 30s，制成 A 组分；多亚甲基多苯基多异氰酸酯(PAPI，PM-200)为 B 组分，72 份。另外，不加阻燃剂作发泡对比试验。将上述两组分的温度调节到 23℃后混合，在 2000r/min 转速下搅拌均匀后注入模具内自由发泡成型，模具温度控制在 45℃并维持 2h，然后取出泡沫室温放置 72h 后，去除泡沫表皮进行测试。测试结果如表 4-4、表 4-5 和图 4-4 所示。根据实验结果可知六(4-羟基苯氧基)环三磷腈的端羟基作为活性官能团可与 PAPI 反应生成氨基甲酸酯，从而制得阻燃聚氨酯泡沫。当在 50 份聚醚多元醇中 HHPCP 和 DMMP 复配各添加 10 份时，泡沫体的阻燃效果和力学综合性能达到最佳，LOI 为 24.5%，热稳定性增加，并且总释放热量由 21.6kJ/g 减少为 16.9kJ/g。

表 4-4　HHPCP 和 DMMP 质量比对阻燃聚氨酯泡沫性能的影响

指标	无阻燃剂	HHPCP 与 DMMP 的质量比				
		0：20	5：15	10：10	15：5	20：0
密度/(kg/m³)	26.3	37.9	34.1	27.9	27.0	26.8
压缩强度/kPa	89	33	47	72	65	52
LOI/%	19.1	26.1	25.3	24.5	23.2	20.3

表 4-5　无阻燃及阻燃聚氨酯泡沫的热释放性能

指标	无阻燃剂	HHPCP 与 DMMP 的质量比		
		0：20	10：10	20：0
热释放峰温度/℃	353.9	359.9	341.2	357.5
热释放速率峰值/(W/g)	294.4	249.9	292.3	250.8
总释放热/(kJ/g)	21.6	20.0	16.9	14.2

　　高维全等[5]将合成的三丙氧基-三乙醇胺基环三磷腈用作棉织物的阻燃剂，并对处理过后的棉织物进行耐水洗和阻燃性能测试。将合成的三丙氧基-三乙醇胺基环三磷腈 350g/L、醇酸树脂(MD)80g/L、渗透剂 2g/L、柔软剂(JFC)6g/L、催化剂(MgCl₂)2g/L、尿素 15g/L 按配方配制成溶液，对棉织物进行二浸二轧(轧液率 85%)

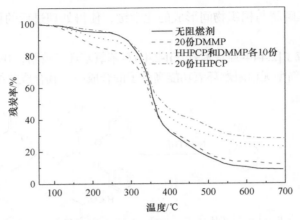

图 4-4　无阻燃及阻燃聚氨酯泡沫的 TGA 曲线

处理后在 80℃下预烘，最后在 145℃下焙烘 4min，进行水洗烘干测试。表 4-6 和表 4-7 分别是洗涤前后棉织物的阻燃性能。

表 4-6　未洗涤织物的阻燃性能

样本	垂直燃烧阻燃性能			强度保留率/%		LOI/%
	续燃时间/s	阴燃时间/s	损毁长度/cm	拉伸	撕裂	
空白样	5.8	36.4	30	—	—	18
HP	0	0.4	7.8	82	77	30.5
CP	0	0.6	8.6	84	79	28.5

注：HP 是磷腈衍生物；CP 是羟基化磷酸铵。HP 的整理液配方为上面所述；CP 的整理液配方：CP 阻燃剂 350g/L。

表 4-7　洗涤 20 次后织物的阻燃性能

样本	垂直燃烧阻燃性能			强度保留率/%		LOI/%
	续燃时间/s	阴燃时间/s	损毁长度/cm	拉伸	撕裂	
空白样	5.8	36.4	30	—	—	18
HP	1.2	2.7	7.8	80	78	27.5
CP	1.7	3.4	8.6	81	80	26

注：HP 是磷腈衍生物；CP 是羟基化磷酸铵。HP 的整理液配方为上面所述；CP 的整理液配方：CP 阻燃剂 350g/L。

从表 4-6 和表 4-7 可以看出，高维全等[5]合成的阻燃剂三丙氧基-三乙醇胺基环三磷腈用量小、效果明显，用其处理过后的棉织物阻燃性能优越，LOI 可达到 30.5%，且在洗涤 20 次后 LOI 仍可达 27.5%，这得益于反应型阻燃剂三丙氧基-

三乙醇胺基环三磷腈与棉织物间形成的化学键，使得处理过后的棉织物阻燃性能优越且耐洗涤。

　　Liu 等[6]合成了[2,4-(4-羟基苯氧基)]-2,4,6,6-苯氧基环三磷腈，并将其用在了具有线环磷腈结构的新型无卤阻燃环氧功能高分子的合成中。其合成路线如图 4-5 所示。

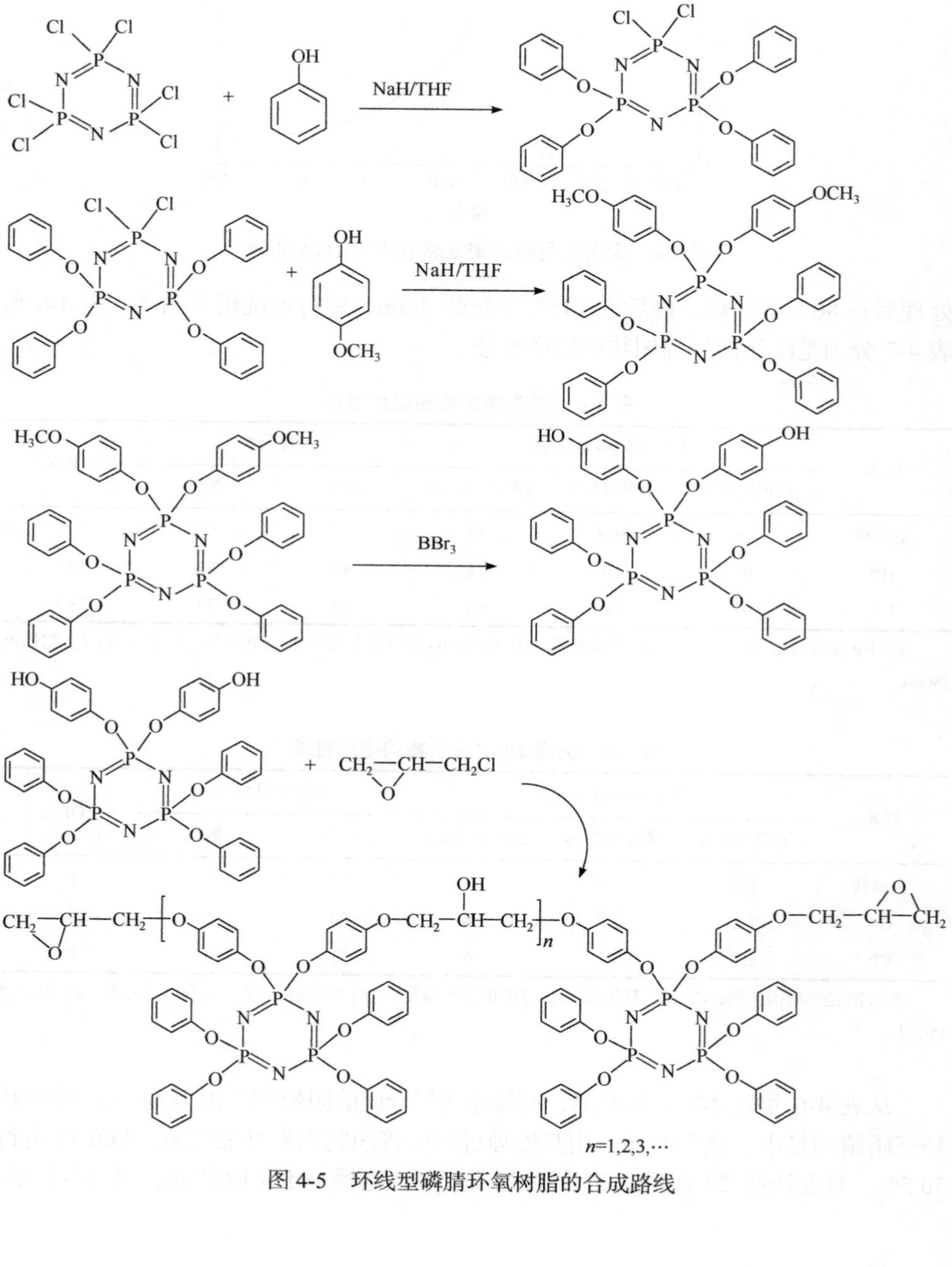

图 4-5　环线型磷腈环氧树脂的合成路线

最终得到的环线型磷腈环氧树脂为浅黄色油状物，将其溶解在适量丙酮中，以固化剂和环氧当量比 1：1 添加固化剂，将 2-二甲基咪唑(含量 0.2%)作为固化加速剂加入混合液中，搅拌均匀倒入模具中，在 90℃真空烘箱中静置 3h 以除去溶剂。之后采用两步固化过程[用固化剂甲基四氢苯酐(MeTHPA)、Novolak、DDM 分别在 125℃、150℃、150℃下预固化 2h，在 175℃下后固化 3h]，得到热固性环氧树脂。

表4-8是三种环线型热固性磷腈环氧树脂的LOI和UL-94垂直燃烧测试结果。从表中可以看到所有的热固性树脂在 UL-94 垂直燃烧试验中都达到 V-0 级。由于将膦腈环嵌入环线型环氧树脂的主干模式使热固性环氧树脂具有独特的磷、氮结构，这一结构使得这些热固性环氧树脂在垂直燃烧时无残余物滴落，从而证明该聚合物的结构稳定性良好，大多数测试在离开点火器 1s 或 2s 后自动熄灭，这表明该环线型磷腈环氧树脂具有几乎不燃的性质。

表 4-8　三种环线型热固性磷腈环氧树脂的燃烧性能表征

热固性磷腈环氧树脂	LOI/%	UL-94 垂直燃烧试验			
		UL-94 级别	滴落	总燃烧时间/s	最大火焰时间/s
CL-PN 树脂 [a]/MeTHPA	36.5	V-0	无	6.9	1.6
CL-PN 树脂/Novolak	38.7	V-0	无	5.5	1.2
CL-PN 树脂/DDM	39.2	V-0	无	3.7	0.9

a 合成的环线型磷腈环氧树脂。

4.3　含氨基环三磷腈衍生物的制备及其在阻燃材料中的应用

4.3.1　含氨基环三磷腈衍生物的合成

李莉等[9]将 17.4g 六氯环三磷腈和 150mL 甲苯加入 250mL 三口烧瓶中，用冰盐水浴将其冷却至 0℃左右，在搅拌条件下通入氨气反应约 24h 后过滤，滤饼晾干后得到白色粉末状固体，为六氨基环三磷腈与副产物氯化铵的混合物。反应原理如图 4-6 所示。

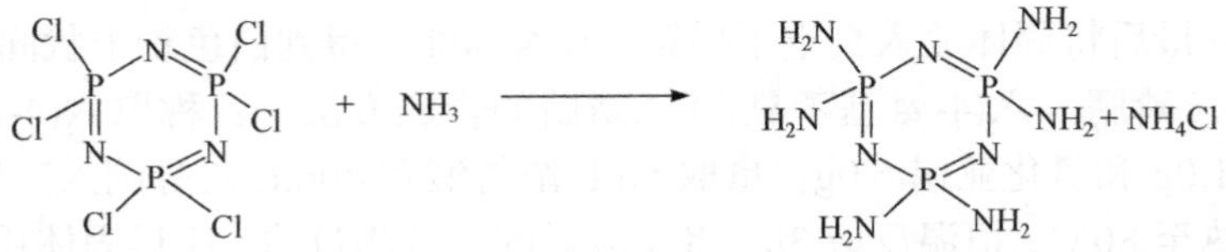

图 4-6　六氨基环三磷腈的合成路线

　　Krishnadevi 和 Selvaraj[10]将 15.65g 4-乙酰氨基酚和 21.09g K₂CO₃ 在无水丙酮中混合,室温搅拌 30min 后向混合液中加入六氯环三磷腈 5g 并在 60℃下回流 4d。反应液冷却至室温后过滤并用己烷纯化粗产物得到六(4-乙酰氨基苯氧基)环三磷腈。接着将 9g 六(4-乙酰氨基苯氧基)环三磷腈、180mL 甲醇和 108mL 硫酸混合,并在 80℃下回流 4h,冷却至室温后在冰浴条件下逐滴加入氨水直至体系 pH=8,得到灰色固体产物后过滤并用过量水洗涤,50℃真空干燥 48h 得到六(4-氨基苯氧基)环三磷腈(图 4-7)。

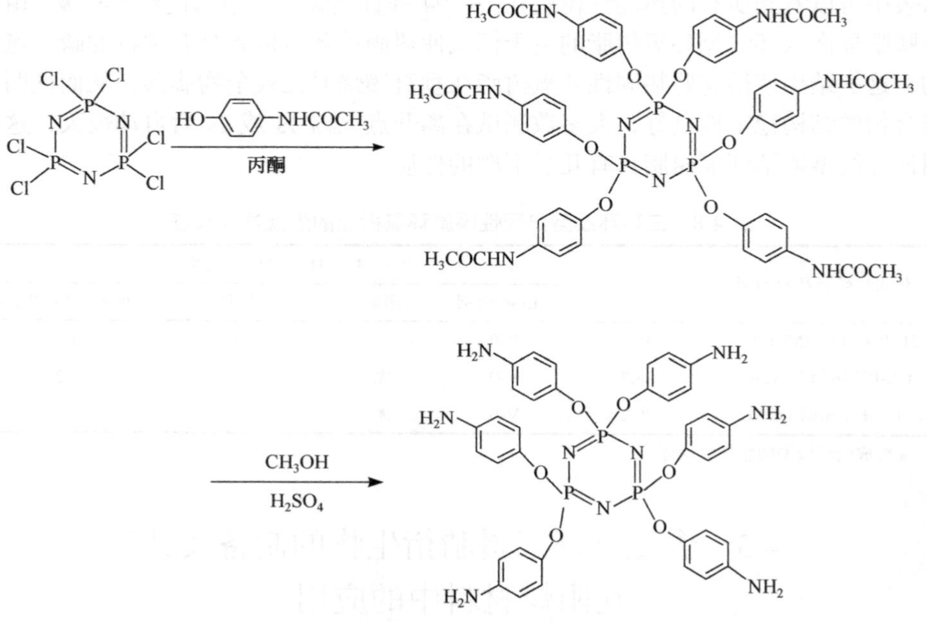

图 4-7　六(4-氨基苯氧基)环三磷腈的合成路线

　　李时珍等[11]利用六氯环三磷腈和对硝基苯酚在一定条件下生成六(4-硝基苯氧)环三磷腈,然后用还原剂将六(4-硝基苯氧)环三磷腈还原成六(4-氨基苯氧)环三磷腈(图 4-8)。具体操作步骤如下:称取六氯环三磷腈 2.0g、对硝基苯酚 4.8g、碳酸钾 2.4g,将其加入三口烧瓶中;再量取 100mL 丙酮作为反应溶剂加入三口烧瓶中;通氮气 5min,排除体系内的氧气,搅拌并加热至丙酮回流;2h 后,停止反应。将反应后的混合物趁热过滤。将滤渣依次用 80mL 的 0℃冰水、丙酮、甲醇、乙醚清洗,最后将固体放入真空干燥箱中干燥 48h,得到白色粉末状固体六(4-硝基苯氧)环三磷腈。六(4-氨基苯氧)环三磷腈的合成方法一:称取六(4-硝基苯氧)环三磷腈 1.0g 和氯化亚锡 6.0g。量取 5mL 浓盐酸和 40mL 乙醇倒入三口烧瓶中,搅拌并加热至 80℃,恒温反应 3h。将反应后的混合物过滤。所得固体用蒸馏水冲洗数次,抽滤,将滤渣真空干燥 48h,得到淡黄色粉末状固体六(4-氨基苯氧)环三

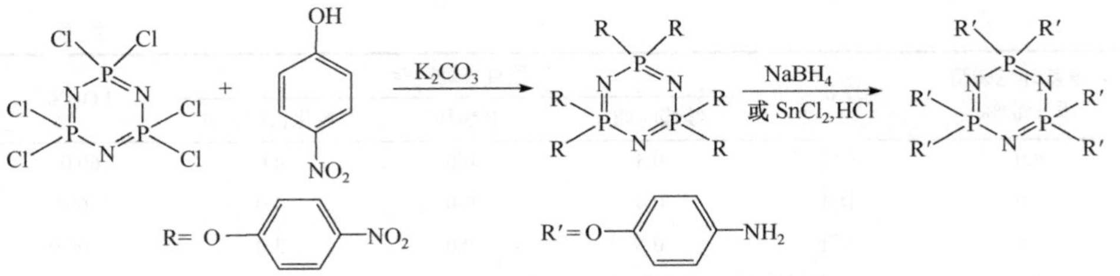

图 4-8　六(4-氨基苯氧)环三磷腈的合成路线

磷腈。合成方法二：称取六(4-硝基苯氧)环三磷腈 1.0g、硫酸铜 0.1g，将其加入三口烧瓶中，再将 0.25g NaBH₄ 溶于乙醇中并缓慢滴入三口烧瓶中，常温下搅拌反应 14h。将反应后的混合物过滤，所得固体用蒸馏水洗涤数次；再将滤渣溶于 N,N-二甲基甲酰胺(DMF)中，过滤，将滤液真空蒸馏脱去 DMF，真空干燥 48h，得到淡黄色粉末状固体六(4-氨基苯氧)环三磷腈。与文献[10]相比，李时珍等的合成方法在同等温度下反应时间有所缩短，同时他们还做了常温下进行反应的实验。

4.3.2　含氨基环三磷腈衍生物的应用

六氨基环三磷腈中磷、氮含量分别高达 40.3%、54.6%，磷氮含量共计约 95%，几乎全部是磷氮组成的化合物。因此，从磷、氮含量看，该化合物特别适合作为阻燃剂，特别是膨胀型阻燃剂。

鉴于六氨基环三磷腈中的氨基与纸纤维素分子中的羟基能形成氢键，因而制得的阻燃纸可能具有一定的耐水性和较好的强度，何为等[12]采用喷雾法，将六氨基环三磷腈配制成一定浓度的水溶液，用喷雾器均匀地将该水溶液喷到两种定量的纸上，然后将进行阻燃试验的纸在自然环境中晾晒 1～2h 后置于纸用干燥器中，先于 100℃左右干燥 1h，再于 140～150℃下固化约 10min，最后按要求切割成一定尺寸的试样，对六氨基环三磷腈单独阻燃纸进行了测试表征。表 4-9 为六氨基环三磷腈的添加量对纸或纸板的 LOI 和垂直燃烧性能的影响结果。

表 4-9　六氨基环三磷腈的添加量对纸的垂直燃烧性能和 LOI 的影响

六氨基环三磷腈添加量/%	洗涤状况	垂直燃烧性能			LOI/%
		续焰时间/s	灼燃时间/s	炭化长度/mm	
0.0	未洗	125.3	422.4	—	21.8
0.5	未洗	167.6	0.0	210.0	31.6
1.0	未洗	36.7	0.0	37.0	35.3
1.5	未洗	1.9	0.0	6.0	38.0
2.0	未洗	0.7	0.0	5.0	45.0
2.5	未洗	0.6	0.0	5.0	50.0
3.0	未洗	0.7	0.0	5.0	52.0

六氨基环三磷腈 添加量/%	洗涤状况	垂直燃烧性能			LOI/%
		续焰时间/s	灼燃时间/s	炭化长度/mm	
4.0	未洗	0.5	0.0	4.0	60.0
5.0	未洗	0.4	0.0	4.0	> 60.0
6.0	未洗	0.3	0.0	3.0	> 60.0
0.5	洗过	115.4	0.0	210.0	24.4
1.0	洗过	115.8	0.0	210.0	24.7
1.5	洗过	109.7	0.0	210.0	26.5
2.0	洗过	102.3	0.0	210.0	28.4
2.5	洗过	34.3	0.0	58.0	28.8
3.0	洗过	28.5	0.0	47.0	31.4
4.0	洗过	24.7	0.0	45.0	35.9
5.0	洗过	14.1	0.0	23.0	37.7
6.0	洗过	2.0	0.0	2.0	39.0

从测试结果看,六氨基环三磷腈对针叶木纸具有良好的阻燃效果。原纸的 LOI 为 21.8%,阻燃等级为易燃级别;当六氨基环三磷腈的添加量为 1.5%时,纸的 LOI 为 38.0%,已达到不燃级别,垂直燃烧的续焰时间已降至 1.9s,灼燃时间为 0s,炭化长度仅 6.0mm,符合阻燃纸板的燃烧试验要求。从水洗后纸的测试结果看,用六氨基环三磷腈制得的阻燃纸具有良好的耐水性,当六氨基环三磷腈的添加量为 6.0%时,水洗过后阻燃纸张的 LOI 为 39.0%,达到不燃级别,且垂直燃烧的续焰时间仅 2.0s,灼燃时间为 0s,炭化长度仅 2.0mm。

虽然六氨基环三磷腈的磷、氮含量较高,特别适合作为阻燃剂,但该化合物的水溶性大,碱性较强,与副产物氯化铵的分离困难,使其难以用于树脂阻燃。研究发现六氨基环三磷腈可通过缩聚自聚为难溶于水的聚氨基环三磷腈(PHACTPA),缩聚后经过水洗可将氯化铵从磷腈中分离出来,而且 PHACTPA 对聚乙烯、聚丙烯和环氧树脂具有良好的阻燃作用。

由于六(4-氨基苯氧基)环三磷腈在酸性条件下能溶于水并生成—NH_3^+,而羊毛的分子结构中含有—COO^-,因此六(4-氨基苯氧基)环三磷腈可能对羊毛产生吸附并发生离子键结合(图 4-9)。

王炜等[13]采用浸—轧—烘的工艺将六(4-氨基苯氧基)环三磷腈整理到羊毛织物上,研究该阻燃剂对羊毛织物阻燃性能的影响。在整理羊毛织物时先用蒸馏水将羊毛煮沸,1h 后用大量蒸馏水冲洗干净置于 80℃烘箱中干燥备用。将预处理后的羊毛织物浸入不同溶液浓度的六(4-氨基苯氧基)环三磷腈的水溶液中,采用一浸一轧(带液率 80%左右)工艺整理,100℃烘干,160℃焙烘 3min。表 4-10 为不同用

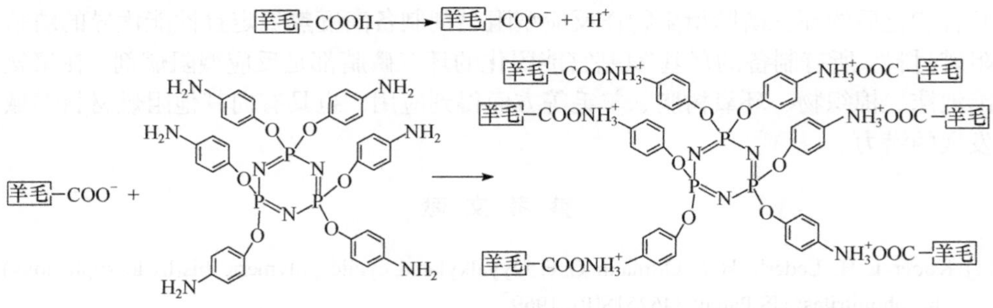

图 4-9　六(4-氨基苯氧基)环三磷腈与羊毛发生离子键结合的方式

量阻燃剂对羊毛织物阻燃性能影响的测试结果,表 4-11 是阻燃羊毛水洗后的燃烧性能。结合表 4-10 和表 4-11 可得出,经六(4-氨基苯氧基)环三磷腈衍生物整理后的羊毛织物,其阻燃性能得到了极大的提高,随着衍生物用量的增加,羊毛织物垂直燃烧的损毁长度迅速减少,LOI 急剧增加,当衍生物用量增加到一定值后,损毁长度和 LOI 的增加趋势变缓,考虑到生产成本和市场需求,可选择阻燃液用量为 80g/L。而经水洗后的羊毛织物其损毁长度降低且 LOI 得到了提高,说明经整理后的羊毛织物具有优异的耐水洗性能。

表 4-10　羊毛织物经不同用量阻燃液整理后的燃烧性能

阻燃液用量/(g/L)	燃烧性能	
	损毁长度/cm	LOI/%
原羊毛	全部烧毁	25.5
60	9.4	30.7
80	7.2	32.8
100	5.7	34.2
120	5.5	34.8
150	5.4	35.6

表 4-11　阻燃羊毛水洗后的燃烧性能

水洗次数/次	燃烧性能	
	损毁长度/cm	LOI/%
0	7.2	32.8
5	2.1	39.8
15	1.9	40.0

4.4　小　　结

本章介绍了环三磷腈衍生物与羟基/氨基基团的官能化过程,并使用羟基/氨基官能化后的环三磷腈衍生物作反应型阻燃剂制备高度热稳定且性能优异的磷腈阻燃材料。所有制备的羟基/氨基官能团化的环三磷腈都是反应型阻燃剂，在聚氨酯泡沫、棉织物、环氧树脂、羊毛等方面得到应用，也具有向其他阻燃材料领域发展的潜力。

参 考 文 献

[1] Kober E H, Lederle H F, Ottmann G F. Oyyalkylated cyclic polymeric bis(hydroxyphenoxy) phosphonitriles: US Patent 3462518[P]. 1969.

[2] Medici A, Fantin G, Pedrini P, et al. Functionalization of phosphazenes. 1. Synthesis of phosphazene materials containing hydroxyl groups[J]. Macromolecules, 1992, 25(10): 2569-2574.

[3] Liu R, Wang X. Synthesis, characterization, thermal properties and flame retardancy of a novel nonflammable phosphazene-based epoxy resin[J]. Polymer Degradation and Stability, 2009, 94(4): 617-624.

[4] 高岩立, 冀克俭, 刘元俊, 等. 环三磷腈衍生物的合成及其阻燃环氧树脂应用研究[J]. 化工新型材料, 2015, 43(10): 226-228.

[5] 高维全, 唐淑娟, 孙德, 等. 羟基环三磷腈衍生物阻燃剂的合成和性能研究[J]. 染整技术, 2008, (9): 11-14.

[6] Liu J, Tang J, Wang X, et al. Synthesis, characterization and curing properties of a novel cyclolinear phosphazene-based epoxy resin for halogen-free flame retardancy and high performance[J]. RSC Advances, 2012, 2(13): 5789-5799.

[7] 李雄杰, 何英杰, 邹国享, 等. 六(γ-氨丙基硅烷三醇)环三磷腈的制备及其在膨胀阻燃聚丙烯中的应用[J]. 复合材料学报, 2017, 34(6): 1221-1229.

[8] 贾积恒, 谢吉星, 田盛益, 等. HHPCP 与 DMMP 复配阻燃聚氨酯硬泡的研究[J]. 聚氨酯工业, 2015, (5): 22-25.

[9] 李莉, 李雪, 徐路, 等. 聚氨基环三磷腈的制备及性能分析[J]. 青岛科技大学学报: 自然科学版, 2014, 35(4): 350-354.

[10] Krishnadevi K, Selvaraj V. Development of halogen-free flame retardant phosphazene and rice husk ash incorporated benzoxazine blended epoxy composites for microelectronic applications[J]. New Journal of Chemistry, 2015, 39(8): 6555-6567.

[11] 李时珍, 徐伟箭, 黄远驹. 六-(氨基苯氧)环三磷腈的合成[J]. 内蒙古科技与经济, 2006, (19): 124-125.

[12] 何为, 毕伟, 柯杨, 等. 用六氨基环三磷腈制备阻燃纸[J]. 造纸科学与技术, 2015, (4): 28-30.

[13] 王炜, 刘玲玲, 俞丹. 六(4-氨基苯氧基)环三磷腈用于羊毛织物的阻燃研究[J]. 印染助剂, 2016, (12): 49-53.

第5章 含双键环三磷腈阻燃材料

5.1 引 言

环三磷腈是一类以磷氮单双键交替排列的无机杂环结构，其结构中氮、磷含量高，分解时可大量吸热，对下层物料起到冷却作用；受热分解生成的磷酸、偏磷酸和聚磷酸，在材料表面形成一层不挥发性保护膜，隔绝了空气；受热后放出 CO_2、NH_3、N_2、H_2O 气体，不但稀释了可燃物的浓度，而且阻断了氧的供应，实现了阻燃增效和协同的目的，且燃烧时有 PO· 自由基形成，它可与火焰区域中的自由基结合，起到抑制火焰的作用。如果将其引入树脂结构中，将会进一步提高材料的耐热、耐温性以及机械强度。环三磷腈化合物多以六氯环三磷腈为起始反应物，六氯环三磷腈上的六个氯原子很容易被不同的官能团取代，因此对环三磷腈的分子设计可多样化，得到含有不同基团且性能各异的环三磷腈衍生物，从而适用于多种聚合物基体，如环氧树脂、聚烯烃、聚酯等。

本章重点介绍含双键的环三磷腈衍生物，即把活泼的碳碳双键引入环三磷腈单体分子上，根据取代基类型的不同，详细介绍不同类含双键环三磷腈衍生物的合成、表征及其作为反应型阻燃剂在多种聚合物基体中的应用，着重介绍所得磷腈阻燃材料在阻燃性能方面的表现。

例如，丙烯醇与六氯环三磷腈反应，可将碳碳双键以侧基的形式引入磷腈环上，形成以活性基团为烯键的环三磷腈单体，受热达到某一温度时，碳碳双键发生自由基聚合反应而形成网状交联结构，从而制备得到热固性环三磷腈基体树脂，聚合期间只有活性基团发生反应，而环三磷腈结构依然保留着。

不饱和双键的环状磷腈可与丙烯酸酯类共聚得到阻燃涂层剂、黏合剂等。六(甲基丙烯酸羟乙酯)环三磷腈与不饱和化合物共聚产生阻燃聚合物母粒，如聚丙烯阻燃母粒、聚丙烯腈阻燃母粒等，其用于阻燃纤维的生产。

5.2 含双键环三磷腈衍生物的合成机理

膦腈主链上 P—N 键之间存在着 dπ-pπ 共轭稳定作用，所以主链的化学稳定性较高。六氯环三磷腈环上的磷原子有空 3d 轨道,具有亲电性,因此磷原子上的氯非常活泼,易于进行亲电取代反应。聚合型磷腈化合物本身就可以作为难燃材料使用,六氯环三磷腈上的六个氯原子很容易被不同的官能团取代,因此多以六氯环三磷腈为起始反应物制备具有各种不同类型侧基的聚合物,理论上几乎所有类型的有机基团、有机金属和无机基团都可以连接到聚磷腈主链上,包括卤素、芳基、烷基、氨基、芳氧基、烷氧基、有机硅单元、茂金属、硼烷、碳硼烷、过渡金属羰基、氨基酸、类固醇,以及糖类侧基[1]。

如图 5-1 所示,带活性双键基团的环三磷腈衍生物一般是通过双官能团化合物(一端是羟基或醇钠,另一端是其他活性基团如含烯丙基、乙烯基或丙烯酸酯的小分子化合物)与六氯环三磷腈进行亲核取代反应制得的。六氯环三磷腈(HCCTP)的亲核取代反应的难易程度取决于反应介质的选择和离去基团的性质。目前采用较多的是用金属钠或者氢化钠得到醇钠,然后再将其与 HCCTP 中的氯原子结合生成氯化钠和取代产物[2,3]。

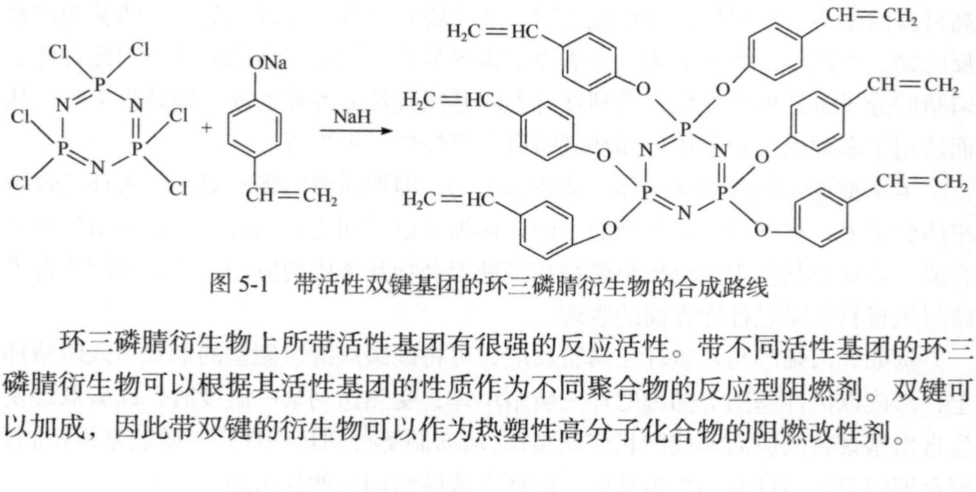

图 5-1　带活性双键基团的环三磷腈衍生物的合成路线

环三磷腈衍生物上所带活性基团有很强的反应活性。带不同活性基团的环三磷腈衍生物可以根据其活性基团的性质作为不同聚合物的反应型阻燃剂。双键可以加成,因此带双键的衍生物可以作为热塑性高分子化合物的阻燃改性剂。

5.3　含烯丙基的不饱和环三磷腈衍生物

5.3.1　烯丙基环簇磷腈均聚物及其共聚物的合成

郭雅妮[4]以环三磷腈为核,合成了两种含有可聚合双键的超枝化磷腈衍生物,它们的结构式见图 5-2。

化合物Ⅰ～Ⅳ的 FTIR 谱图如图 5-3、图 5-4 所示。化合物Ⅲ和Ⅳ的 ^{31}P NMR 谱图分别见图 5-5 和图 5-6。

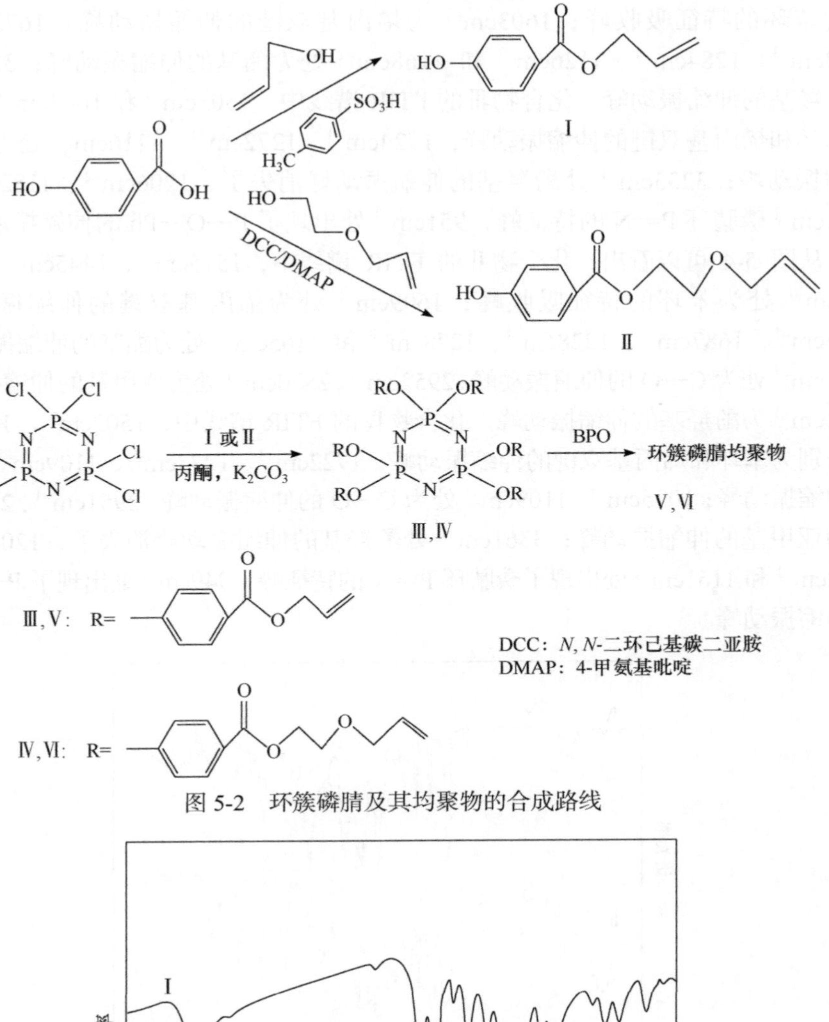

图 5-2　环簇磷腈及其均聚物的合成路线

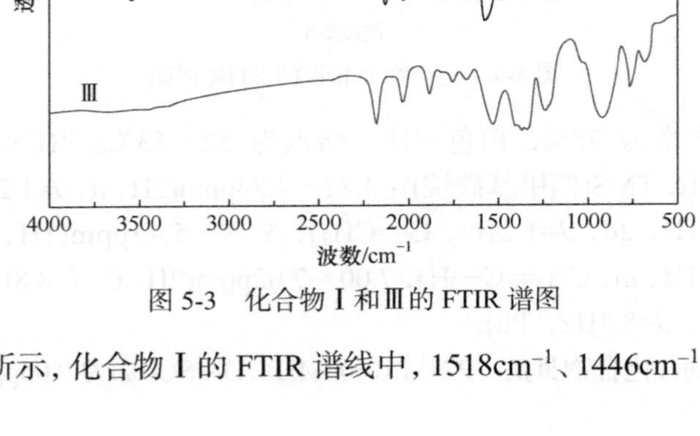

图 5-3　化合物Ⅰ和Ⅲ的 FTIR 谱图

如图 5-3 所示，化合物Ⅰ的 FTIR 谱线中，1518cm^{-1}、1446cm^{-1}、700～900cm^{-1}

处为苯环的特征吸收峰；1603cm⁻¹ 为烯丙基双键的伸缩振动峰；1672cm⁻¹、1232cm⁻¹、1284cm⁻¹、1126cm⁻¹ 和 1168cm⁻¹ 处为酯基的伸缩振动峰；3233cm⁻¹ 为酚羟基的伸缩振动峰。化合物Ⅲ的 FTIR 谱线中，1503cm⁻¹ 和 1603cm⁻¹ 处分别为苯环和烯丙基双键的伸缩振动峰；1724cm⁻¹、1272cm⁻¹、1116cm⁻¹ 处为酯基的伸缩振动峰；3233cm⁻¹ 处酚羟基的伸缩振动峰消失了，1206cm⁻¹、1182cm⁻¹ 和 1161cm⁻¹ 磷腈环 P=N 的特征峰，951cm⁻¹ 处出现了 P—O—Ph 的伸缩振动峰。

从图 5-4 可以看出，化合物Ⅱ的 FTIR 谱线中，1515cm⁻¹、1445cm⁻¹、700～900cm⁻¹ 处为苯环的特征吸收峰；1609cm⁻¹ 处为烯丙基双键的伸缩振动峰；1775cm⁻¹、1687cm⁻¹、1228cm⁻¹、1278cm⁻¹ 和 1165cm⁻¹ 处为酯基的伸缩振动峰；1097cm⁻¹ 处为 C—O 的伸缩振动峰；2952cm⁻¹、2870cm⁻¹ 处为亚甲基的伸缩振动峰；3361cm⁻¹ 为酚羟基的伸缩振动峰。化合物Ⅳ的 FTIR 谱线中，1502cm⁻¹、1602cm⁻¹ 处分别为苯环和烯丙基双键的伸缩振动峰；1722cm⁻¹、1273cm⁻¹、1109cm⁻¹ 为酯基的伸缩振动峰；1095cm⁻¹、1109cm⁻¹ 处为 C—O 的伸缩振动峰；2951cm⁻¹、2862cm⁻¹ 处为亚甲基的伸缩振动峰；3361cm⁻¹ 处酚羟基的伸缩振动峰消失了，1204cm⁻¹、1182cm⁻¹ 和 1161cm⁻¹ 处出现了磷腈环 P=N 的特征峰，949cm⁻¹ 处出现了 P—O—Ph 的伸缩振动峰。

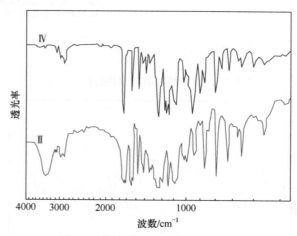

图 5-4　化合物Ⅱ和Ⅳ的 FTIR 谱图

化合物Ⅲ产率为 75%，白色固体，熔点为 52～53℃。¹H NMR 结果如下(400MHz，CDCl₃，TMS(四甲基硅烷))：4.82～4.84ppm(2H，tt，J=1.2Hz，O—CH₂)，5.28～5.31ppm(1H，dd，J=1.2Hz，C=CH₂)，5.38～5.43ppm(1H，m，C=CH₂)，5.99～6.09ppm(1H，m，CH₂=C—H)，7.00～7.02ppm(2H，d，J=8.8Hz，Ph)，7.89～7.91ppm(2H，d，J=8.8Hz，Ph)。

如图 5-5 所示，化合物Ⅲ的 ³¹P NMR(400MHz，DMSO-d₆)为 9.05ppm(s，3，P=N)。

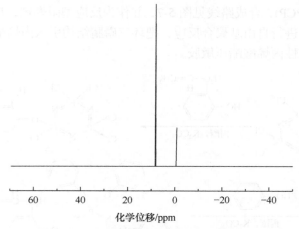

图 5-5 化合物Ⅲ的 ^{31}P NMR 谱图

化合物Ⅳ产率为 67%,其 ^1H NMR 结果如下(400MHz,DMSO,TMS):3.75ppm(2H, t, J=4.6Hz, CH_2—O), 4.03ppm(2H, t, J=4.6Hz, O—CH_2), 4.43ppm(2H, t, J=4.4Hz, COO—CH_2), 5.14ppm(1H, d, J=10.4Hz, C=CH_2), 5.26ppm(1H, d, J=17.2Hz, C=CH_2), 5.84~5.93ppm(1H, m, CH_2=C—H), 7.10ppm(2H, d, J=8.8Hz, Ph), 7.85ppm(2H, d, J=8.8Hz, Ph)。

如图 5-6 所示,化合物Ⅳ 的 ^{31}P NMR(400MHz, DMSO-d_6)为 8.65ppm(s, 3, P=N)。

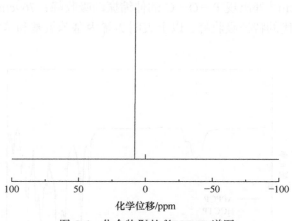

图 5-6 化合物Ⅳ的 ^{31}P NMR 谱图

5.3.2 (2-烯丙基苯氧基)五苯氧基环三磷腈的合成

元东海[5]合成了含烯丙基结构的环三磷腈单体——(2-烯丙基苯氧基)五苯氧

基环三磷腈(APPCP)，合成路线见图5-7，并作为反应型阻燃剂，与丙烯酸酯单体在引发剂作用下进行自由基聚合反应，把环三磷腈结构引入丙烯酸酯的交联结构中，用于阻燃改性丙烯酸酯压敏胶。

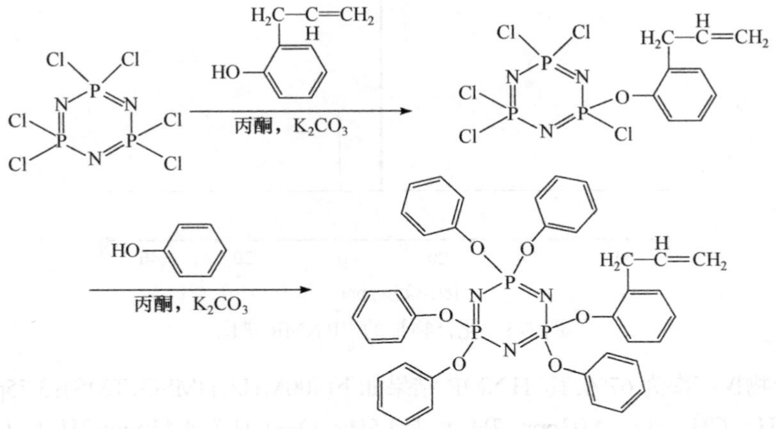

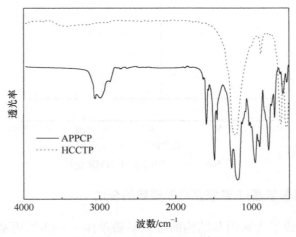

图 5-7　APPCP 的合成路线

　　APPCP 的 FTIR 谱图见图 5-8。由图可见，在 APPCP 的 FTIR 谱图中 P—Cl 伸缩振动峰消失，在 3065cm^{-1} 处出现苯环上 C—H 伸缩振动吸收峰；2965cm^{-1} 处出现—CH$_2$—伸缩振动吸收峰；1639cm^{-1} 处出现 C=C 极弱的伸缩振动吸收峰，1592cm^{-1}、1488cm^{-1} 和 1455cm^{-1} 处出现苯环的骨架振动吸收峰；1095cm^{-1}、1024cm^{-1} 和 951cm^{-1} 处出现 P—O—C 的伸缩振动吸收峰；769cm^{-1} 和 689cm^{-1} 处出现苯环上单取代的特征吸收峰，以上表明 2-烯丙基苯氧基和苯氧基已成功取代到 P 原子上。

图 5-8　APPCP 的 FTIR 谱图

目标产物 APPCP 的 ^{1}H NMR 谱图如图 5-9 所示。化学位移 $\delta = 7.00 \sim 7.22$ppm 处多重峰对应一取代苯环上的间位 b、对位 c 和二取代苯环上的间位 e、对位 f 的质子；$\delta = 6.86 \sim 6.99$ppm 处多重峰对应一取代苯环上的邻位 a 和二取代苯环上的邻位 d、g 的质子；$\delta = 5.81$ppm 对应 i 处质子的一单峰；$\delta = 4.93 \sim 4.98$ppm 对应 j 处质子的二重峰；$\delta = 3.21 \sim 3.23$ppm 对应 h 处质子的二重峰；$\delta = 7.25$ppm 处的峰是由所用溶剂 CDCl$_3$ 中微量的 CHCl$_3$ 造成的。此外，$\delta = 7.00 \sim 7.22$ppm 和 $\delta = 6.86 \sim 6.99$ppm 的峰面积之比与质子数之比基本一致(约为 3：2)，h、i、j 处的峰面积之比为 2：1：2，与质子数之比一致，说明氢核的化学位移符合 APPCP 分子结构特征。

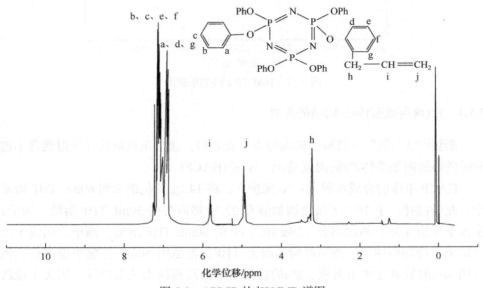

图 5-9　APPCP 的 ^{1}H NMR 谱图

5.3.3　六(烯丙氨基)环三磷腈的合成

Kuan 等[6]以六氯环三磷腈、烯丙基胺为原料，通过取代反应开发出含有活泼双键及氨基的反应型阻燃剂六(烯丙氨基)环三磷腈 (HACTP)，结构如图 5-10 所示。

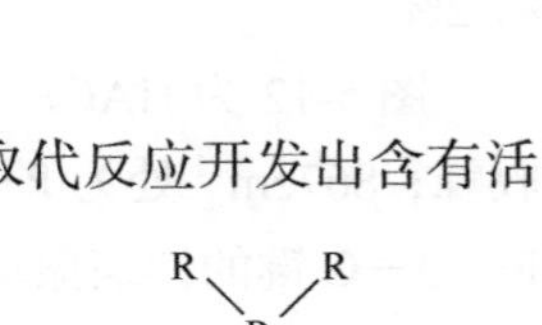

HACTP 的 FTIR 谱图如图 5-11 所示，在 3199.3cm^{-1} 处的 N—H 伸缩振动峰和 1641.9cm^{-1}、916.5cm^{-1} 处的 C=C 双键的振动峰均为 HACTP 的特征峰，P=C 振动峰移到 1181.9cm^{-1}。

R=NH—CH$_2$—CH=CH$_2$

图 5-10　HACTP 的结构式

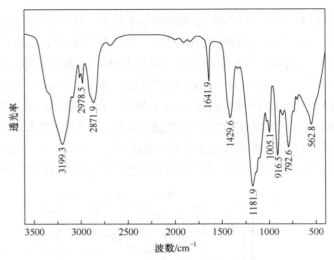

图 5-11　HACTP 的 FTIR 谱图

5.3.4　六(烯丙氧基)环三磷腈的合成

李毅[7]以六氯环三磷腈、烯丙醇为主要原料,通过亲核取代反应得到含不饱和键的磷腈阻燃单体六(烯丙氧基)环三磷腈(HACP)。

HACP 单体的合成步骤为:N_2 保护下,将 14.0g 氢化钠加到 60mL THF 溶液中,充分搅拌,于 10℃下缓慢滴加溶有 22.3g 烯丙醇的 30mL THF 溶液。滴毕,室温下反应 1.5h,滴加溶有 17.4g HCCTP 的 60mL THF 溶液。滴毕,回流至反应结束。冷却后抽滤,滤液经旋蒸除去 THF,粗品用 60mL 二氯甲烷溶解,依次用 4%的氢氧化钠水溶液、2%的盐酸水溶液及蒸馏水洗至中性。用无水硫酸钠干燥过夜,过滤,脱去二氯甲烷得 17.6g 淡黄色油状液体 HACP,其产率为87.2%。

图 5-12 为 HACP 的 FTIR 谱图,$1228cm^{-1}$、$1160cm^{-1}$ 处为 P≕N 键的特征吸收峰;$867cm^{-1}$ 处为 P—N 键的特征吸收峰;$1099cm^{-1}$、$1031cm^{-1}$ 和 $928cm^{-1}$ 处为P—O—C 键的伸缩振动吸收峰;$1649cm^{-1}$ 处尖锐的吸收峰为 C≕C 键的伸缩振动峰;$3084cm^{-1}$ 处出现烯烃中 C—H 键的吸收峰也证明分子结构中有双键存在;$2936cm^{-1}$、$2878cm^{-1}$ 处为—CH_2—的伸缩振动峰;$1457cm^{-1}$ 处出现的单峰为亚甲基的弯曲振动峰,证明亚甲基的存在。另外,烯丙醇结构中 $3300cm^{-1}$ 处—OH 缔合峰消失;六氯环三磷腈结构中 $601cm^{-1}$、$531cm^{-1}$ 处的 P—Cl 键强特征吸收峰基本消失,证明烯丙氧基已成功取代氯原子形成了 HACP。

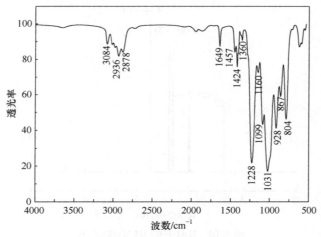

图 5-12　HACP 的 FTIR 谱图

图 5-13 为 HACP 的质谱图，由图可见，基峰值为 478.14，与 HACP 的理论分子量(M=477)加氢(1H)的值一致，次峰值 500 符合 HACP 理论分子量 M+23(Na) 的值，479.12 处的峰值即为 M+2 的值。

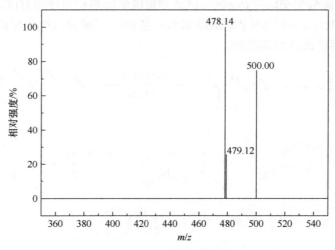

图 5-13　HACP 的质谱图

图 5-14 为 HACP 的 ^{1}H NMR 谱图，由图可见，δ=4.44～4.48ppm 处峰对应亚甲基的质子，δ=5.18～5.37ppm 处的两组峰对应端基烯烃的质子，δ=5.92～ 5.98ppm 处的峰对应烯烃非端基处的质子，δ=7.27ppm 处的峰是由微量的 CDCl$_3$ 造成的。此外，从低场到高场的峰面积之比与质子数之比基本一致(约 1∶1∶1∶ 2)，说明氢的化学位移符合 HACP 分子结构特征。

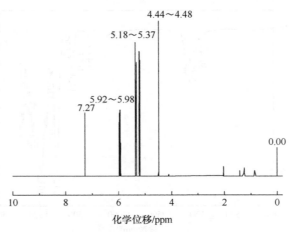

图 5-14　HACP 的 ^{1}H NMR 谱图

5.3.5　六(4-烯丙基碳酸酯基苯氧基)环三磷腈的合成

Herrera-González 等[8]合成了一种含有环三磷腈结构的新型聚碳酸酯单体六(4-烯丙基碳酸酯基苯氧基)环三磷腈，其合成路线见图 5-15，并利用本体聚合法聚合，所得聚碳酸酯交联度达 80%。该新型聚碳酸酯热稳定性能好($T_{onset}=250℃$)，LOI 高达 46.3%。六(4-烯丙基碳酸酯基苯氧基)环三磷腈是性能优异的聚碳酸酯单体，可用于阻燃改性聚碳酸酯。

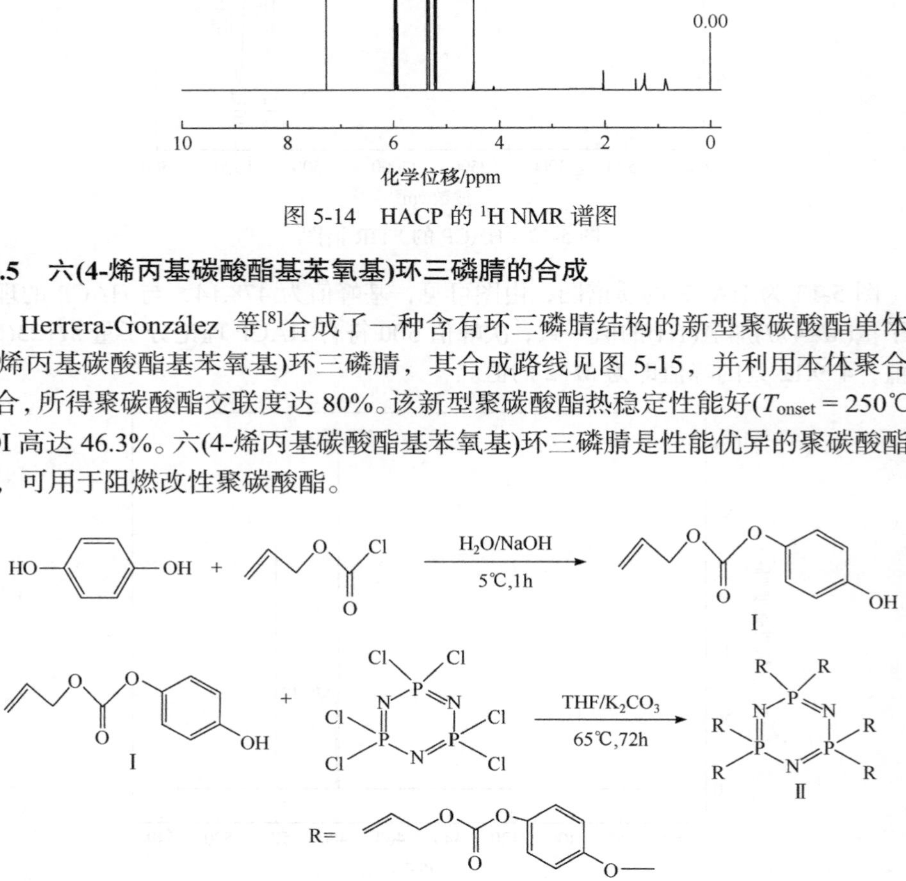

图 5-15　六(4-烯丙基碳酸酯基苯氧基)环三磷腈的合成路线

5.3.6　六(烯丙胺)环三磷腈的合成

Machotova 等[9]合成了六(烯丙胺)环三磷腈(图 5-16)，用于乳化水溶性涂层的阻燃处理可降低涂层的燃烧蔓延速率和烟释放量。

合成的六(烯丙胺)环三磷腈的 FTIR 谱图见图 5-17。P—N 环振动峰位于 1213cm^{-1} 和 1190cm^{-1}，3273cm^{-1} 和 1607cm^{-1} 对应 N—H 振动。C—H$_x$(x = 1~3)基

团的价振动在 2849～2932cm^{-1}，C—H$_x$($x = 1$～3)基团的弯曲振动带出现在 1508～1553cm^{-1} 的区域。551cm^{-1} 处的 P—Cl 振动峰消失，证实了 HCCTP 的完全亲核取代。通过质谱法检测 HACTP 的成功合成。六(烯丙胺)环三磷腈的质谱图如图 5-18

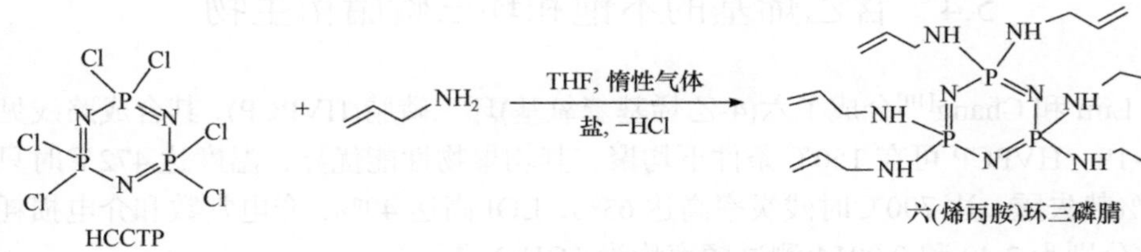

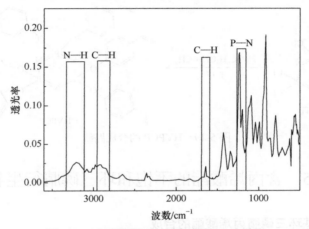

图 5-16　六(烯丙胺)环三磷腈的合成路线

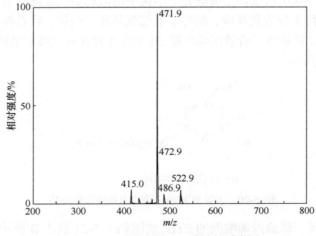

图 5-17　六(烯丙胺)环三磷腈的 FTIR 谱图

图 5-18　六(烯丙胺)环三磷腈的质谱图

所示。六(烯丙胺)环三磷腈的理论摩尔质量为 471.45g/mol。测试结果得到了几乎相同的值(471.9g/mol)，证明了 HCCTP 的完全取代。

5.4　含乙烯基的不饱和环三磷腈衍生物

Lim 和 Chang[10]合成了六(4-乙烯基苯氧基)环三磷腈(HVPCP)，其合成路线见图 5-19。HVPCP 可在 150℃条件下均聚，其均聚物性能优异，温度达 472℃时只有 5%热失重，达 700℃时残炭率高达 63%，LOI 高达 49%，介电常数和介电损耗因数分别为 2.40 和 0.0014(测试频率均为 1GHz)。

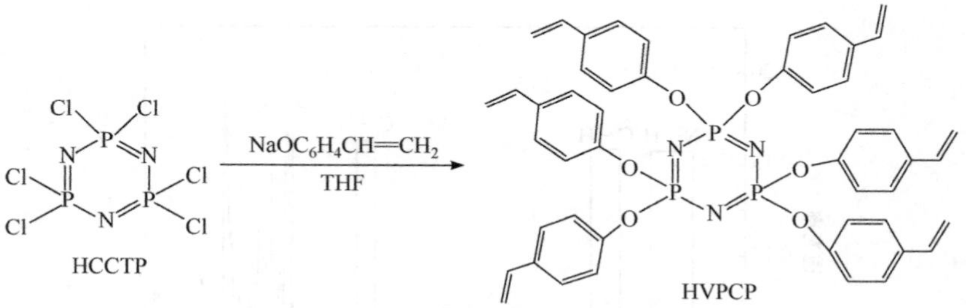

图 5-19　HVPCP 的合成路线

5.5　含丙烯酸酯的不饱和环三磷腈衍生物

5.5.1　五烷氧基环三磷腈丙烯酸酯的合成

林锐彬等[11]利用六氯环三磷腈分子结构中活泼的 P—Cl 键与亲核试剂脂肪族醇钠(RONa)进行亲核取代反应，制得了五烷氧基环三磷腈，后者再与丙烯酸羟乙酯反应得到五烷氧基环三磷腈丙烯酸酯,开发出 2 种含环三磷腈的丙烯酸酯单体，结构如图 5-20 所示。

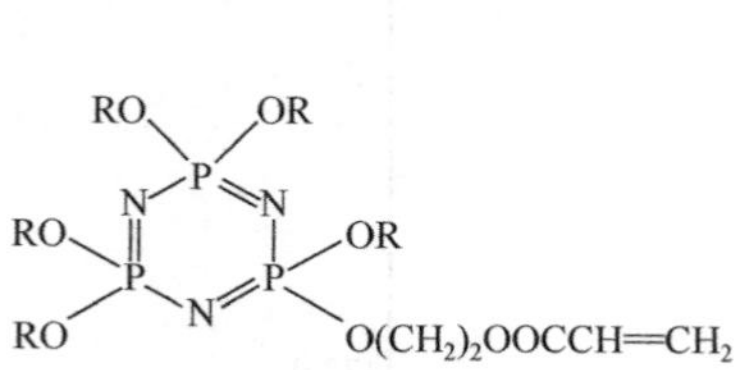

R=—CH₃或—CH₂CH₃

图 5-20　五烷氧基环三磷腈丙烯酸酯的结构

五甲氧基环三磷腈丙烯酸酯的 FTIR 谱图如图 5-21 谱线 B 所示，除保持有磷腈环骨架的特征吸收峰以外，P—Cl 键的强吸收峰基本消失，这表明取代反应基本完成。171.4cm⁻¹ 处出现的 C=O 吸收峰以及 1633.4cm⁻¹ 处出现的 C=C 吸收峰为丙烯酸羟乙酯的特征吸收峰，1040.3cm⁻¹、1212.1cm⁻¹ 处的宽峰对应 P—O—C 键，2995.3cm⁻¹ 处甲基醚的吸收峰证明产物分子结构中甲氧基(—OCH₃)的存在。

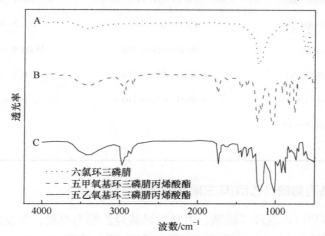

图 5-21　六氯环三磷腈、五烷氧基环三磷腈丙烯酸酯的 FTIR 谱图

五乙氧基环三磷腈丙烯酸酯的 FTIR 谱图如图 5-21 谱线 C 所示，1737.2cm⁻¹ 处出现 C=O 吸收峰，1634.9cm⁻¹ 处出现 C=C 吸收峰，为丙烯酸羟乙酯的特征吸收峰，1035.5cm⁻¹ 处的宽峰对应 P—O—C 键，结合 2983.5cm⁻¹ 处出现的 CH₂—O 的吸收峰，证明乙氧基被成功引入环三磷腈衍生物分子结构中。

5.5.2　六(丙烯酸酯)环三磷腈的合成

Ding 和 Shi[12]制备了六(丙烯酸酯)环三磷腈(HALCP)，其结构式如图 5-22 所示，对环氧丙烯酸酯进行阻燃改性。其红外吸收峰和核磁共振谱数据见表 5-1。

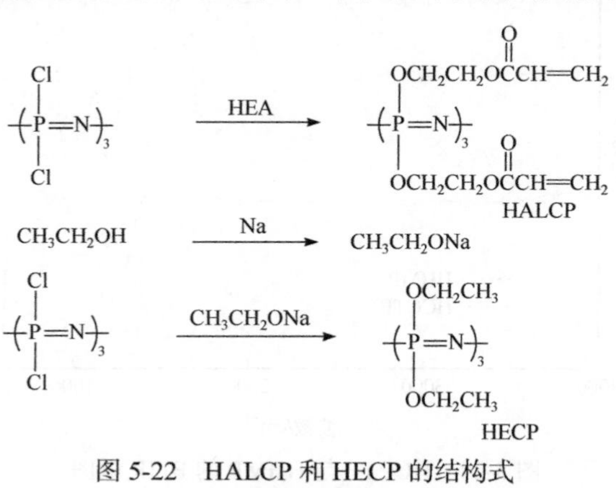

图 5-22　HALCP 和 HECP 的结构式

HEA 为丙烯酸羟乙酯

表 5-1　HALCP 的红外吸收峰和核磁共振谱数据

FTIR/cm⁻¹	¹H NMR/ppm	¹³C NMR/ppm
2850～2980(C—H)	3.9(—CH₂—)	62.0(—CH₂—)
1723(C=O)	4.2(P—O—CH₂)	66.3(P—O—CH₂)
1636(C=C)	5.8(CH—CH=CH₂)	128.0(CH—CH=CH₂)
1220～1250(P=N)	6.1(CH—CH=CH₂)	131.0(CH—CH=CH₂)
1170,1240(O—C=O)	6.4(CH—CH=CH₂)	166.0(C=O)
980,1030～1050(P—O—C)		
810(C=C)		

5.5.3　六(甲基丙烯酸羟乙酯)环三磷腈的合成

聂旭文等[13]以六氯环三磷腈、甲基丙烯酸羟乙酯为原料，开发出含双键的六(甲基丙烯酸羟乙酯)环三磷腈(HHMP)，其分子结构见图 5-23。通过六个丙烯酸酯基光固化，可得到本质阻燃的热固性丙烯酸树脂。

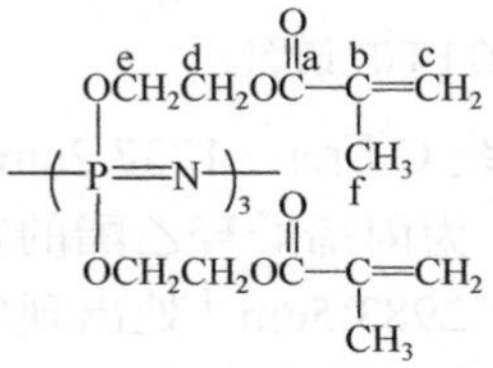

图 5-23　HHMP 的分子结构

图 5-24 为 HCCTP 与 HHMP 的 FTIR 谱图。图中 HCCTP 和 HHMP 共同的特征吸收谱带为 875cm⁻¹ 处 P—N 的吸收峰，1210cm⁻¹ 和 1370cm⁻¹ 处为 P=N 的吸收峰，代表磷腈杂环的存在。与 HCCTP 相比较，HHMP 在 520cm⁻¹ 和 590cm⁻¹

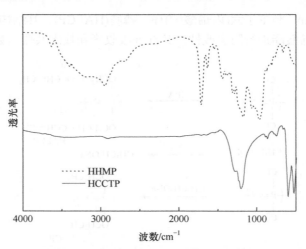

图 5-24　HCCTP 与 HHMP 的 FTIR 谱图

处的 P—Cl 的强吸收峰已基本消失，表明取代反应已经基本进行完全；在 $1719cm^{-1}$ 处出现 C=O 的强吸收峰，$1638cm^{-1}$ 处出现 C=C 的吸收峰，为甲基丙烯酸酯的特征吸收，在 $1030\sim1070cm^{-1}$ 出现的宽峰对应 HHMP 中的 P—O—C 键。以上表明了取代反应的成功进行。

HCCTP 的 ^{31}P NMR 谱图上仅 $\delta=19.43ppm$ 出现 1 个峰，这说明 HCCTP 中 P 的化学环境完全相同，仅有的 1 个特征峰表明纯度很高，四聚体等其他副产物已经通过重结晶升华完全去除。取代反应发生后该峰向高场方向移动，主峰出现在 $\delta=17.28ppm$ 处，但在 $\delta=19.08ppm$ 处仍然存在 1 个小的尖峰，说明产物中存在 P—Cl 的化学环境，这可能是产物中含有未被完全取代的 P—Cl，或者是在某些磷上有单取代。

图 5-25 是 HHMP 的 ^1H NMR 谱图，共有 7 个峰，$\delta=0ppm$ 处是标样 TMS 峰，$\delta=7.25ppm$ 处是溶剂氘代氯仿峰，α 峰（$\delta=6.09ppm$ 处）、β 峰（$\delta=5.54ppm$ 处）对应连接到 c 碳上的 H，其中 α 峰对应靠近酯基（a 碳）的 H，β 峰对应靠近甲基（f 碳）的 H，γ 峰（$\delta=4.32ppm$ 处）对应甲基（f 碳）上的 H，δ 峰（$\delta=2.25ppm$ 处）对应 d 碳上的 H，ε 峰（$\delta=1.92ppm$ 处）对应 e 碳上的 H。

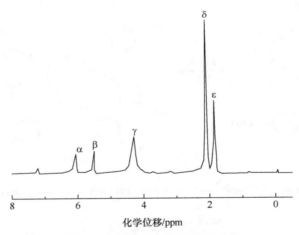

图 5-25　HHMP 的 ^1H NMR 谱图

图 5-26 是 HHMP 的 ^{13}C NMR 谱图，除 $\delta=77.8ppm$ 处为溶剂氯仿峰外，其余 6 个峰与取代侧基的 6 个碳原子一一对应，其各峰确认如下：a 峰（$\delta=167.62ppm$ 处）对应羰基碳（a 碳），b 峰（$\delta=135.93ppm$ 处）、c 峰（$\delta=125.99ppm$ 处）对应 2 个双键碳（b 碳、c 碳），d 峰（$\delta=66.45ppm$ 处）、e 峰（$\delta=60.61ppm$ 处）对应 2 个亚甲基碳（d 碳、e 碳），f 峰（$\delta=18.54ppm$ 处）对应甲基碳（f 碳）。

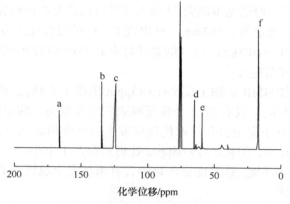

图 5-26　HHMP 的 ^{13}C NMR 谱图

5.5.4　六(4-丙烯腈基苯氧基)环三磷腈的合成

洪育林[14]以氯乙腈和三苯基膦为原料制备的膦叶立德试剂与六(4-醛基苯氧基)环三磷腈进行 Witting 反应，制备了六(4-丙烯腈基苯氧基)环三磷腈，其合成路线如图 5-27 所示。

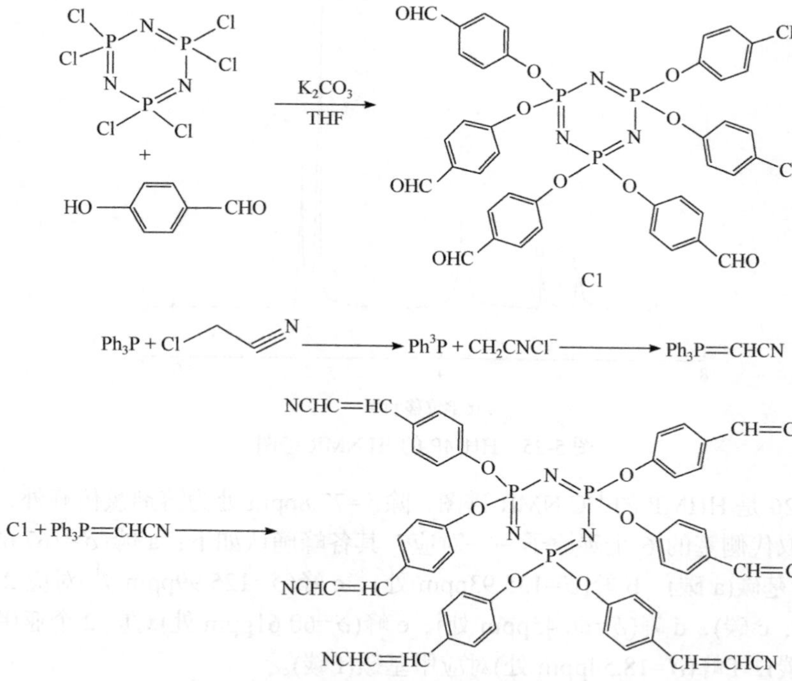

图 5-27　六(4-丙烯腈基苯氧基)环三磷腈的合成路线

六(4-丙烯腈基苯氧基)环三磷腈的 FTIR 谱图如图 5-28 所示，其中 3062.27cm^{-1}

是苯环—C—H 伸缩振动峰，2215.91cm^{-1} 是—CN 的特征伸缩振动吸收峰，1619.22cm^{-1} 为 C═C 的特征吸收峰，双键已被合成出来。1598.60cm^{-1}、1504.26cm^{-1}、1416.64cm^{-1} 是苯环骨架的伸缩振动峰，1272.40cm^{-1}、1165.72cm^{-1} 为环三磷腈的—P═N 的伸缩振动吸收峰，1107.68cm^{-1}、1015.09cm^{-1}、955.39cm^{-1} 为 P—O—C 的吸收峰，888.06cm^{-1} 为 P—N 的吸收峰。

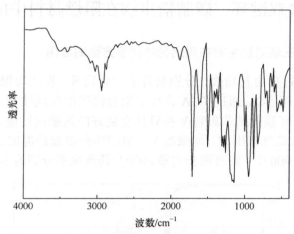

图 5-28　六(4-丙烯腈基苯氧基)环三磷腈的 FTIR 谱图

六(4-丙烯腈基苯氧基)环三磷腈的 ^{1}H NMR 谱图如图 5-29 所示，以氘代氯仿

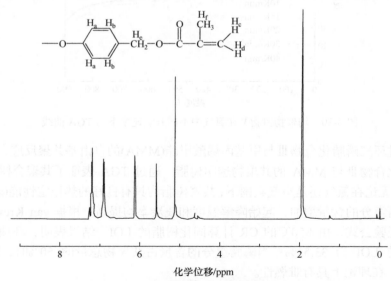

图 5-29　六(4-丙烯腈基苯氧基)环三磷腈的 ^{1}H NMR 谱图

(DCCl₃)为溶剂，TMS 为内标。其中 δ = 7.7ppm 到 δ = 6.8ppm 为苯环上氢的化学位移，δ = 5.8ppm 与 δ = 5.5ppm 处为双键处氢的化学位移，δ = 1.6ppm 与 δ = 1.2ppm 处为杂质的氢的化学位移，δ = 9.9ppm 处为未反应完全的—CHO 上的氢的化学位移。苯环上氢的积分面积与双键处氢的积分面积之和的比为 5：1。

5.6　含双键环三磷腈衍生物在阻燃材料中的应用

5.6.1　含双键环三磷腈衍生物在阻燃光学树脂方面的应用

郭雅妮[4]通过自由基均聚，分别制备了化合物Ⅲ、Ⅳ的均聚物树脂Ⅴ和Ⅵ，其分子结构式见图 5-2。通过 TGA 表征了聚合树脂的耐热性能，无论在氮气还是空气氛围下，环簇磷腈均聚物Ⅴ和Ⅵ具有良好的热稳定性能。如图 5-30 和图 5-31 所示，在氮气氛围中，均聚物Ⅴ、Ⅵ的热分解起始温度分别为 336.6℃、354.3℃，在 40～900℃ 主要有两步失重，900℃其残炭率分别为 34.33%、21.07%。

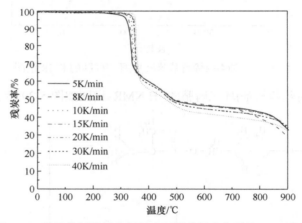

图 5-30　均聚物树脂Ⅴ在氮气中不同升温速率下的 TGA 曲线

通过环三磷腈化合物Ⅲ与甲基丙烯酸甲酯(MMA)的自由基共聚反应，制备了一系列化合物Ⅲ与 MMA 的共聚物透明树脂。通过 TGA 表征了共聚合树脂的耐热性能，无论在氮气还是空气氛围下，共聚树脂均具有良好的热稳定性能(表 5-2)，随着磷腈组分的含量增加，起始降解温度和残炭率均提高。根据 van Krevelen 提出的半经验公式，由 850℃的 CR 计算固化树脂的 LOI，结果表明，环簇磷腈均聚物Ⅴ 的 LOI 为 33.51%；当磷腈组分的含量占共聚物总量的 50%时，LOI 为25.54%，在理论上具有难燃性。

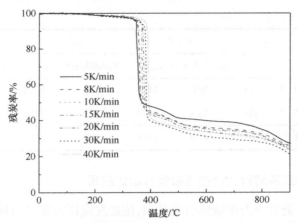

图 5-31　均聚物树脂Ⅵ在氮气中不同升温速率下的 TGA 曲线

表 5-2　PMMA 及不同树脂在氮气氛围中热分解情况

化合物		$T_{2\%}$/℃	第Ⅰ步		第Ⅱ步		残炭率/%		LOI/%
			质量损失率/%	T_{max}/℃	质量损失率/%	T_{max}/℃	900℃	850℃	
PMMA		186	27.4	301.7	72.6	374.3	0	0	17.50
化合物Ⅲ /MMA(质 量比)	10∶90	223	38.5	363.3	61.2	408.1	0.3	0.5	17.51
	25∶75	247	43.5	353.8	53.5	405.0	3.0	5.0	19.50
	50∶50	276	41.6	347.2	40.6	409.1	17.8	20.1	25.54
环簇磷腈均聚物Ⅴ		331	41.0	341.6	9.8	451.1	34.3	40.0	33.51

　　利用合成的环三磷腈化合物Ⅲ与苯乙烯的自由基共聚，制备了一系列透明树脂，通过 TGA、微分 TGA 表征了聚合树脂的耐热性能，环三磷腈结构单元的引入，使得共聚物的起始降解温度和残炭率均有所提高(表 5-3)。根据半经验公式算得的 LOI 表明，当环三磷腈化合物Ⅲ的含量大于 25%时，共聚树脂的 LOI 大于 22%，表明共聚树脂理论上具有阻燃性。

表 5-3　聚苯乙烯及不同树脂在氮气氛围中热分解情况

化合物		$T_{2\%}$/℃	第Ⅰ步		第Ⅱ步		残炭率/%		LOI/%
			质量损失率/%	T_{max}/℃	质量损失率/%	T_{max}/℃	900℃	850℃	
聚苯乙烯		261	100	411.3					17.50
化合物Ⅲ/苯乙烯 (质量比)	10∶90	261	12.8	343.7	77.8	438.4	0.3	0.3	17.63
	25∶75	314	17.4	341.7	66.3	436.1	12.6	12.8	22.61

续表

化合物	$T_{2\%}/℃$	第Ⅰ步		第Ⅱ步		残炭率/%		LOI/%
		质量损失率/%	$T_{max}/℃$	质量损失率/%	$T_{max}/℃$	900℃	850℃	
化合物Ⅲ/苯乙烯 50∶50	314	26.0	342.5	51.3	435.6	16.4	16.7	24.20
(质量比) 75∶25	321	33.4	340.7	33.7	423.6	21.8	24.0	27.09
环簇磷腈均聚物Ⅴ	331	41.0	341.6	9.8	451.1	34.3	40.0	33.51

5.6.2　含双键环三磷腈衍生物在压敏胶方面的应用

　　压敏胶是一类对压力极敏感的胶黏剂,施加轻度压力即可与被黏物黏结牢固。传统的丙烯酸酯压敏胶极易燃烧,耐高温性不足。元东海[5]在乙酸乙酯为溶剂,以偶氮二异丁腈(AIBN)为引发剂的条件下将自制含烯丙基结构的磷腈阻燃单体APPCP(结构式见图 5-7)与丙烯酸酯类单体进行自由基聚合反应,共聚物结构通过FTIR 测试表征结果表明,环三磷腈结构成功引入丙烯酸酯共聚物结构中,得到一种 P—N 协效的新型无卤环保的本质阻燃丙烯酸酯压敏胶。

　　APPCP 用量对改性阻燃丙烯酸酯的 TGA 曲线的影响如图 5-32 所示。由图 5-32 可知,在空气气氛中纯丙烯酸酯树脂的起始分解温度为 150℃,575℃时完全分解;而纯 APPCP 在空气气氛中的起始热分解温度为 248℃,700℃时其残炭率为 40.2%;经 APPCP 改性后的阻燃丙烯酸酯,其起始热分解温度均高于 200℃,并且其 600℃残炭率随 APPCP 用量增加而增大。

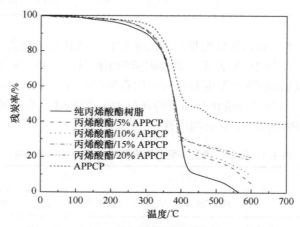

图 5-32　APPCP 改性阻燃丙烯酸酯的 TGA 曲线

　　在其他条件保持不变的前提下,APPCP 用量对丙烯酸酯压敏胶阻燃性能的影响如图 5-33 所示。随着 APPCP 用量的不断增加,胶带自熄时间逐渐缩短,LOI

逐渐提高；当 APPCP 用量质量分数为 20%时，压敏胶带自熄时间相对最短，并且不会引燃脱脂棉，其燃烧等级(UL-94)达到 V-0 级，LOI(31.2%)相对最大。

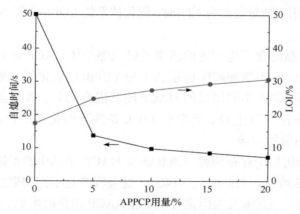

图 5-33　APPCP 用量对压敏胶阻燃性能的影响

性能研究表明：随着 APPCP 用量的增加，丙烯酸酯压敏胶耐热性和阻燃性均得到明显改善，当 APPCP 用量为 20%时，压敏胶在 600℃时的残炭率由 0%提高至 22.3%，胶带燃烧等级达 V-0 级，LOI 达 31.2%，属难燃材料。另外 APPCP 的加入使丙烯酸酯压敏胶的初黏力不断降低，但持黏力和 180°剥离强度呈先升后降态势，当 APPCP 用量为 10%时，压敏胶的综合性能最佳，此时初黏为 7#钢球，180°剥离强度为 17.6 N/25mm，80℃下仍能维持 2.5h。

5.6.3　含双键环三磷腈衍生物对不饱和聚酯的改性

Kuan 和 Lin[6]将合成的 HACTP(结构式见图 5-10)用于阻燃不饱和聚酯，图 5-34 为

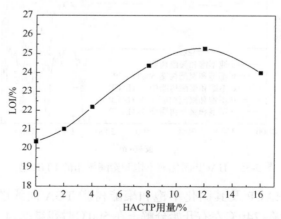

图 5-34　HACTP 固化的 UP/HACTP 树脂的 LOI 随 HACTP 用量的变化

HACTP 固化的 UP/HACTP 树脂的 LOI 随 HACTP 用量的变化。随着 HACTP 的用量增加，500℃时其残炭率增加。HACTP 的添加不仅能促进不饱和聚酯固化反应速率，而且其用量质量分数为 12%时，固化体系的 LOI 由 20.5%提升至 25.2%，之后将略有下降。

李毅[7]用自制的含不饱和键的新型磷腈阻燃单体 HACP 对不饱和聚酯树脂进行改性，将 130.0g 不饱和聚酯树脂和 1.5g TBPB(过氧化苯甲酸叔丁酯)混匀，50℃下充分搅拌，加入不同用量的 HACP 使其混合均匀，将混合物缓慢注入模具中，在 70℃条件下固化 1h，升温至 150℃条件下固化 4h，冷却至室温出料，制得阻燃不饱和聚酯树脂。

不饱和聚酯树脂中存在两种不饱和键与 HACP 单体中的不饱和键发生固化反应，由图 5-35 可见，978cm⁻¹、914cm⁻¹ 处吸收峰是不饱和聚酯树脂中参与固化的特征吸收峰，当其未发生固化时，随着 HACP 用量的增加，914cm⁻¹ 处吸收峰相对 978cm⁻¹ 处吸收峰增强。当 HACP 与不饱和聚酯树脂固化后，由图 5-36 可见，当 HACP 用量为 10%时，978cm⁻¹、914cm⁻¹ 处吸收峰减弱，说明 HACP 单体中不饱和键基本参与了固化反应，当 HACP 用量大于 10%时，978cm⁻¹ 处吸收峰进一步减弱但不能完全消失，914cm⁻¹ 吸收峰增强，说明 HACP 中的六个不饱和键不能完全参与固化。综上所述，HACP 可以和不饱和聚酯树脂发生固化，但当 HACP 用量大于 10%时，HACP 结构中的六个不饱和键不能完全固化。

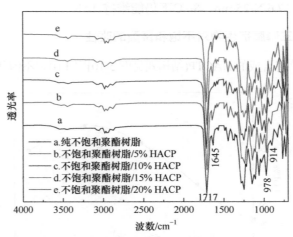

图 5-35　HACP 固化前不饱和聚酯树脂的 FTIR 谱图

图 5-37 为 HACP 及其固化不饱和聚酯树脂 TGA 曲线图。由图可见，纯不饱和聚酯树脂在 240℃左右开始分解，在 500℃时残炭率为 10%左右。HACP 在 183℃开始分解，小于 450℃失重比较严重，到 500℃时残炭率在 60%以上。

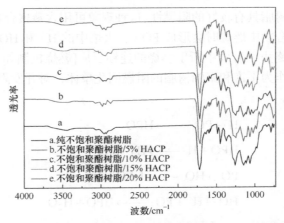

图 5-36　HACP 固化后不饱和聚酯树脂的 FTIR 谱图

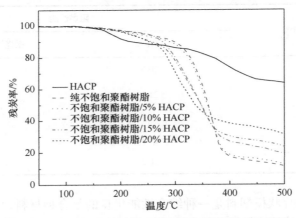

图 5-37　HACP 及其固化不饱和聚酯树脂的 TGA 曲线

随着 HACP 用量的增加，阻燃树脂的起始分解温度降低，这主要是升温时样品中的 HACP 先分解造成的。在 200～400℃，与纯不饱和聚酯树脂相比，HACP 的加入延缓了阻燃树脂的降解速度，高温下阻燃树脂的残炭增多，500℃时的残炭率提高至 30%以上。HACP 在不饱和聚酯树脂中分解，产生磷酸、焦磷酸、偏磷酸等，这些物质促使不饱和聚酯树脂脱水成炭，保护材料主体结构，因此，高温下阻燃树脂的残炭增多。由此可见，HACP 的引入有效提升了不饱和聚酯树脂热稳定性，同时也是阻燃性能提高的原因。

　　表 5-4 为不同用量的 HACP 固化不饱和聚酯树脂的阻燃性能数据。纯不饱和聚酯树脂的 LOI 约为 20.0%，其在空气中极易燃烧；不饱和聚酯树脂与 HACP 固化后，随着 HACP 用量增加，固化后样品的燃烧等级和 LOI 逐渐提高，当 HACP 用量为 20%时，树脂的燃烧等级达到 V-0 级，LOI 为 30.2%，这表明 HACP 对固

化后不饱和聚酯树脂具有较好的阻燃性。这种现象可用含磷聚合物燃烧机制解释：含磷化合物在聚合物中燃烧时会形成 PO·，火焰中的 H· 和 HO· 与 PO· 结合，致使自由基反应终止，有效中断了燃烧的连锁反应[燃烧机制如式(5-1)所示]。因此，HACP 可以作为不饱和聚酯树脂的阻燃固化单体，对开发阻燃不饱和聚酯树脂具有实用价值。

$$H\cdot + PO\cdot \longrightarrow HPO$$
$$HPO + H\cdot \longrightarrow H_2 + PO\cdot$$
$$PO\cdot + HO\cdot \longrightarrow HPO + O\cdot \tag{5-1}$$
$$HO\cdot + H_2 + PO\cdot \longrightarrow HPO + H_2O$$

表 5-4　不同用量的 HACP 固化不饱和聚酯树脂的阻燃性能数据

HACP 用量/%	阻燃性能	
	LOI/%	燃烧等级(UL-94)
0	20.0	—
5	21.3	—
10	24.1	V-2
15	27.3	V-1
20	30.2	V-0

　　不饱和聚酯片状模塑料是一种综合性能优良的复合型材料，已广泛应用于诸多领域。但是，其基体材料不饱和聚酯树脂 LOI 仅为 19.6%，属于易燃物质，燃烧时会产生大量的烟和有毒气体，限制了不饱和聚酯片状模塑料的应用，因此对不饱和聚酯片状模塑料进行阻燃研究极其重要。李毅[7]将含烯丙氧基环三磷腈应用于在不饱和聚酯片状模塑料中。表 5-5 为不同用量的 HACP 不饱和聚酯片状模塑料的阻燃性能数据。纯不饱和聚酯片状模塑料的 LOI 约为 22.8%，燃烧等级小于 V-1 级，当材料中引入单体 HACP，随着 HACP 用量的增多，材料的 LOI 逐渐提高，当 HACP 用量为 15%时，材料的 LOI 达到 36.0%，燃烧等级为 V-0 级，其原因是单体 HACP 分子基体为 P、N 交替结构，P 含量高达 19.5%，P、N 的协同作用使材料燃烧时基体发生氧化反应产生不燃烧的挥发性物质(CO_2、氮氧化物等)，很快在物质表面形成稳定的泡沫层，隔绝热量传入材料内部，阻止燃烧的进一步发生。以上研究表明 HACP 单体对不饱和聚酯片状模塑料具有很好的阻燃效果。

表 5-5　不同用量的 HACP 不饱和聚酯片状模塑料的阻燃性能数据

HACP 用量/%	阻燃性能	
	LOI/%	燃烧等级(UL-94)
0	22.8	<V-1
5	27.4	V-1
10	29.2	V-1
15	36.0	V-0
20	37.6	V-0

　　表 5-6 为不同用量的 HACP 固化不饱和聚酯片状模塑料材料的的力学性能和电学性能,由表可见,随着 HACP 用量的增加,材料的力学和电学性能增强,当 HACP 用量为 10%时,冲击强度和弯曲强度达到最大值,当 HACP 用量超过 15%时,材料的力学性能反而下降。这种现象可以通过红外光谱解释。从图 5-36 可以看出,HACP 的六个烯丙氧基不能全部反应,体系中含有过多的未参与固化的 HACP 单体,HACP 骨架为磷氮单双建交替的六元环,和苯环一样具有一定的刚性,致使混合后的阻燃材料柔性下降,故冲击强度和弯曲强度下降。另外,HACP 的引入对材料的电学性能影响不大,其均达到不饱和聚酯片状模塑料对电学性能的使用要求(绝缘电阻≥$1.0×10^{13}\Omega$,耐电弧≥180s,电气强度≥12.0mV/m)。HACP 单体结构对称,分子极化程度低,不易导电,因而制备的阻燃 HACP 不饱和聚酯片状模塑料有优良的电绝缘性。

表 5-6　不同用量的 HACP 固化不饱和聚酯片状模塑料材料的力学性能和电学性能

HACP 用量/%	冲击强度/(kJ/m²)	弯曲强度/MPa	绝缘电阻/Ω	耐电弧/s	电气强度/(mV/m)
0	104.20	205.70	$4.2×10^{14}$	182	16.0
5	109.33	218.23	$3.9×10^{14}$	182	16.0
10	112.50	219.10	$4.1×10^{14}$	183	15.0
15	106.23	214.63	$3.8×10^{14}$	185	15.0
20	99.70	203.25	$4.6×10^{14}$	181	15.0

5.6.4　含双键环三磷腈衍生物对环氧丙烯酸酯的改性

　　Ding 和 Shi[12]制备了六(丙烯酸酯)环三磷腈(HALCP)对环氧丙烯酸酯 EB600 进行阻燃改性。图 5-38 是空气中 EB600 和 HALCP 及其共混物的 TGA 曲线。由图可见,纯 EB600 薄膜在约 300℃时开始失重,并分两步降解。第一步发生在 300～450℃,减重约 50%。在第二步中,EB600 缓慢降解,并且在 640℃以上保留少量

残留物。HALCP 及其混合物薄膜的初始分解温度较低，大约在 160℃。HALCP
第一个小的降解发生在 160～260℃，减重约 10%，这归因于较不稳定的 P—O—
C 键。HALCP/EB600 薄膜和 HALCP 粉末/EB600 薄膜在 260～470℃具有相同的
降解行为，但是前者由于其相容性和与后者相比更高的交联密度，残留物更多。
纯 HALCP 薄膜在第一步中具有更快的降解速率和最高的残炭率。这归因于脂肪
链的易分解和 HALCP 分子中最高的磷含量。随着环磷腈含量的增加，HALCP 用
量为 20%的 EB600 的 TGA 曲线和 HALCP 用量为 40%的 EB600 显示出显著差异，
前者表现出更高的质量损失率。由于磷含量较低，炭产量较低，当 HALCP 质量
分数为 40%时，树脂自熄性能明显提升，LOI 达 28.5%。

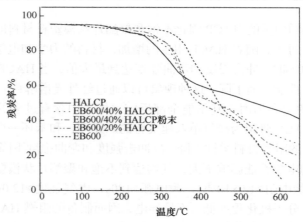

图 5-38　空气中 EB600 和 HALCP 及其共混物的 TGA 曲线

对固化环氧丙烯酸酯 EB600 进行阻燃改性，其 LOI 见表 5-7。紫外光固化的
共混物在相同温度下与纯 EB600 样品相比，表现出更好的热稳定性并具有更
高的残炭率。当 HALCP 质量分数为 40%时，树脂自熄性能明显提升，LOI 达
28.5%。HALCP 粉末表现出更好的阻燃性。HALCP 质量分数为 20%可使样品
在空气中自熄。燃烧后，样品在 HALCP/EB600 和 HALCP 粉末/ EB600 烧焦区
一些内部位置保持不变(没有燃烧迹象)，并形成一个黑色的覆盖炭层，防止样
品进一步燃烧。

表 5-7　EB600 和 HALCP/HALCP 粉末共混的 LOI　　　(单位：%)

样品	质量比						
	0：100	5：95	10：90	20：80	30：70	40：60	100：0
HALCP/EB600	21.0	21.0	22.0	24.0	26.5	28.5	33.0
HALCP 粉末/EB600	21.0	21.0	22.0	23.5	25.0	26.0	—

5.6.5　含双键环三磷腈衍生物在阻燃涂层方面的应用

Machotova 等[9]合成了 HACTP，其用自乳化水溶性涂层的阻燃处理可降低涂层的燃烧蔓延速率和烟释放量。

通过标准条件下的乳液聚合技术将制备的磷腈衍生物形成丙烯酸聚合物的结构，这可以通过 $^{31}P(^1H)$ NMR 和电感耦合等离子体-发射光谱(ICP-OES)得到证实。在乳液聚合过程中丙烯酸共聚单体 HACTP 作为高效的交联剂诱导形成微凝胶结构的胶乳颗粒。此外，评价了所制备的 HACTP 改性的乳液微凝胶自交联水性涂料的阻燃性，发现掺入 HACTP 的材料燃烧过程中产生的烟雾量明显减少，火焰蔓延速度减慢，并且不会影响涂层的透明度、柔韧性和黏合性。

具体燃烧测试结果如表 5-8 显示，包含 HACTP 的涂层表现出较低的平均放热速率、平均有效燃烧热和总放热量。随着 HACTP 含量的增加，这种现象更加明显，这表明掺入的 HACTP 导致火焰蔓延更慢。含有 HACTP 的样品燃烧过程中总烟雾释放值较低可反映出在磷化合物存在下烃链可以更有效地氧化。假设磷原子在 PO· 自由基起主要作用的气相中起反应，从总耗氧值看，不能证明 HACTP 存在显著影响。然而，可燃性评估最重要的标准之一是最大平均散热率(MARHE)，其在测试涂层材料中随着 HACTP 的含量的增加而显著降低。因此得出结论，HACTP 确实可在涂层材料中起到阻燃的作用。火焰稳定性主要受 HACTP 含量的影响，而乳液微凝胶内的 HACTP 位置并不是很重要。

表 5-8　基于涂附自交联结构化粒子不同含量和位置的 HACTP 用锥体量热计测得的燃烧结果

评估参数 [a]	C_0S_0 [b]	$C_{0.1}S_0$	$C_{0.2}S_0$	$C_{0.4}S_0$	$C_0S_{0.1}$	$C_0S_{0.2}$	$C_0S_{0.4}$
平均放热速率/[kW/(m²·g)]	52.8	46.2	34.1	29.3	32.8	32.4	25.4
平均有效燃烧热/[MJ/(kg·g)]	2.48	2.16	2.74	2.63	2.62	3.11	2.68
总放热量/[MJ/(m²·g)]	15.01	7.52	7.38	6.90	7.29	8.11	7.19
总耗氧量/(g/g)	1.44	1.62	1.61	1.55	1.57	1.63	1.49
总排烟量/[m²/(m²·g)]	141.1	78.6	64.5	58.5	75.0	71.8	68.8
最大平均散热率/[kW/(m²·g)]	45.9	33.6	32.2	31.9	37.7	33.8	31.4

a 所有评估的参数都与测试样品的初始质量有关。

b C 表示 HACTP 位于乳液微凝胶的核，S 表示 HACTP 位于乳液微凝胶的壳，右下角数字表示含量。

对比其他新型磷腈衍生物，涂膜的水敏感性降低。从而 HACTP 作为阻燃剂与热固性透明涂料形成的体系开拓出火焰稳定性和防水性增强的材料的新思路，具有作为底漆和面漆潜在的应用价值。

5.6.6　含双键环三磷腈衍生物均聚物和共聚物阻燃材料

Lim 和 Chang[10]合成了六(4-乙烯基苯氧基)环三磷腈(HVPCP)，其分子结构见图 5-19。

通过 ASTM(美国材料与试验协会) D2863 方法测量 LOI 来评价均聚物的阻燃性。HVPCP 的均聚物表现出高达 49%的 LOI。其和苯乙烯的共聚物，与聚苯乙烯(LOI 为 18.80%)相比显示出更好的阻燃性。它们的 LOI 随着 HVPCP 含量的增加而增加，HVPCP 聚合物的残炭率为 63%。

5.6.7　含双键环三磷腈衍生物在棉织物阻燃整理中的应用

林锐彬[11]合成了五甲氧基环三磷腈丙烯酸酯和五乙氧基环三磷腈丙烯酸酯，其结构式见图 5-20，其可用于棉织物阻燃整理的改性。线型丙烯酸酯共聚物乳液经二浸二轧整理的方法对棉织物进行整理，分析经共聚丙烯酸酯处理棉织物表面的红外光谱，并与未处理棉织物进行比较可知，整理后织物的 FTIR 谱图在 1740cm^{-1} 处出现了—C=O 强吸收峰，在 1230cm^{-1} 位置可以看到 P—N 特征峰，经乳液共聚后将其用于棉织物阻燃，整理后的棉织物表面覆盖了一层聚合物膜，并在纤维之间相互粘连。这说明阻燃剂已部分交联形成网状结构并覆盖于纤维表面，从而使纤维具有阻燃性。燃烧测试显示甲氧基取代环三磷腈丙烯酸酯阻燃效果优于乙氧基取代环三磷腈丙烯酸酯。测试的阻燃棉织物的阻燃性能结果表明甲氧基取代环三磷腈丙烯酸酯共聚物整理棉织物续燃时间为 6.3s，阴燃时间为 0s，损毁炭长为 7cm，断裂强力(纬向)为 198.2N，白度为 80.41%；乙氧基取代环三磷腈丙烯酸酯共聚乳液用于棉织物阻燃整理，续燃时间为 8.9s，阴燃时间为 0s，损毁炭长为 25cm，断裂强力(纬向)为 198.2N，白度为 75.89%。当共聚物磷含量基本相同时，甲氧基环三磷腈聚合物用于棉织物整理阻燃效果更好。

5.6.8　含双键环三磷腈衍生物在光固化树脂方面的应用

洪育林等[14]制得的六(4-甲基丙烯酸甲酯基苯氧基)环三磷腈在紫外灯下间歇照射 10min、5min，得到坚固的、浅黄色光固化树脂。对固化后的产物进行 DSC 以及 TGA 测试，从 DSC 图中看出在 335℃有一明显的吸热峰；从空气中的 TGA 曲线看出质量下降 5%时的温度为 322℃，下降 10%时的温度为 348℃，温度到 750℃仍然有 48%的残炭率，说明本产物具有很好的耐热性；利用 van Krevelen 推导的物质热分解时残炭率与 LOI 之间的经验公式，计算得到固化后的产物的

LOI 为 35.4%，说明本产物具有优异的阻燃性能。

5.7　小　　结

随着阻燃材料环保和性能要求的提高，双键取代型磷腈衍生物由于高效率、多功能性等优势而获得广泛的应用和发展。双键型磷腈衍生物的活性双键可均聚或共聚为阻燃树脂，其结构多样和反应类型丰富使该类化合物在不饱和聚酯改性、阻燃光学树脂及阻燃涂层的制备等方面具有独特的优势，这进一步促进了磷腈阻燃材料的发展和应用。

参 考 文 献

[1] 胡富贞. 具有光电活性聚磷腈的合成与性能研究[D]. 武汉: 华中科技大学, 2005.

[2] Allcock H R, Kim C. Liquid crystalline phosphazenes bearing biphenyl mesogenic groups[J]. Macromolecules, 1990, 23(17): 3881-3887.

[3] Kurachi Y, Shiomoto K, Kajiwara M. Synthesis and properties of poly(organophosphazenes) electrolyte[NP(NHC$_6$H$_5$)$_{2x}$(NHC$_6$H$_4$SO$_3$H-p)$_x$]$_n$[J]. Journal of Materials Science, 1990, 25(4): 2036-2038.

[4] 郭雅妮. 基于环三磷腈的无卤阻燃光学树脂的制备与性能[D]. 武汉: 华中科技大学, 2011.

[5] 元东海. 新型磷腈阻燃单体的合成与应用研究[D]. 绵阳: 西南科技大学, 2012.

[6] Kuan J F, Lin K F. Synthesis of hexa-allylamino-cyclotriphosphazene as a reactive fire retardant for unsaturated polyesters[J]. Journal of Applied Polymer Science, 2004, 91(2): 697-702.

[7] 李毅. 新型磷腈阻燃环氧树脂的合成及应用研究[D]. 绵阳: 西南科技大学, 2014.

[8] Herrera-González A M, García-Serrano J, Pelaez-Cid A A, et al. Efficient method for polymerization of diallycarbonate and hexa (allylcarbonate) monomers and their thermal properties[C]. The Third Congress on Materials Science and Engineering, Mexico City, 2013: 1-4.

[9] Machotova J, Zarybnicka L, Bacovska R, et al. Self-crosslinking acrylic latexes with copolymerized flame retardant based on halogenophosphazene derivative[J]. Progress in Organic Coatings, 2016, 101: 322-330.

[10] Lim H, Chang J Y. Thermally stable and flame retardant low dielectric polymers based on cyclotriphosphazenes[J]. Journal of Materials Chemistry, 2010, 20(4): 749-754.

[11] 林锐彬, 李战雄, 赵言, 等. 环三磷腈丙烯酸酯合成及其在棉织物阻燃整理中的应用[J]. 印染助剂, 2010, 27(4): 25-28.

[12] Ding J, Shi W. Thermal degradation and flame retardancy of hexaacrylated/hexaethoxyl cyclophosphazene and their blends with epoxy acrylate[J]. Polymer Degradation and Stability, 2004, 84(1): 159-165.

[13] 聂旭文, 崔燕军, 唐小真. 一种无机有机聚合物中间体——六(甲基丙烯酸羟乙酯)三聚膦腈的合成[J]. 应用化学, 2003, 20(4): 385-387.

[14] 洪育林. 六氯环三磷腈及其衍生物的合成及性能研究[D]. 武汉: 华中科技大学, 2007.

第6章　含环氧基环三磷腈阻燃材料

6.1　引　　言

　　环氧树脂泛指含有两个或两个以上环氧基，以脂肪族、脂环族或芳香族链段等有机化合物为主链并能通过与固化剂反应形成有实用价值的热固性树脂高分子预聚物。环氧树脂是应用最广泛的热固性树脂材料，有着优异的黏结性、耐磨性、化学稳定性、电绝缘性能、耐高低温性，以及收缩率低、易加工成型和成本低廉等优点[1-6]。根据环氧树脂的商业应用，可分为非结构应用和结构应用，非结构应用包括涂料、油漆、地坪漆等，结构应用包括铸件、工具以及复合材料的增强黏结剂等，这些应用所涉及领域包括电子封装、轻工、建筑、机械、航天航空等[7-10]。但环氧树脂同样也存在着诸多缺陷，这限制了其应用。例如，环境树脂固化后交联密度高，存在很大的内应力，质脆，耐冲击性能差；容易燃烧，阻燃性能差；耐水性能较差，易吸水[11,12]等。而随着尖端技术领域对材料性能要求的不断提高，传统的环氧树脂面临着巨大的挑战，因此对环氧树脂进行各种改性以及开发新型高性能环氧树脂显得尤为重要[13]。

　　六氯环三磷腈可以在真空聚合管中发生高温聚合反应后生成聚二氯磷腈，聚二氯磷腈又可通过亲核取代反应生成具有不同取代基的磷腈，是一种最常见的聚磷腈化合物。六氯环三磷腈结构特殊，具有很多其他化合物所没有的性质。首先，由于磷、氮主链的共轭效应，其性质非常稳定，放置在空气中很难被氧化，且又具备有机化合物的物理性质和溶解能力，如不溶于水，易溶于乙醚、苯和四氯化碳等有机溶剂。同时环上与磷原子相连的氯原子又具有强化学反应活性，在一定的条件下易被各种亲核试剂取代，得到含有各种不同取代基团的环磷腈化合物，取代后的衍生物既具有 P=N 无机主链，又有各种取代的有机官能团，故兼具无机物和有机物的性质，在一定条件下可以发生聚合反应，生成聚磷腈高分子。

　　六氯环三磷腈通过不同的亲核取代反应可以得到含有不同取代基团的磷腈化合物，并且取代后对 P=N 主链的稳定性影响较小。根据取代基性质的不同可以合成各种聚磷腈衍生物，这些衍生物可以广泛用于阻燃材料、高温润滑材料、疏水材料等，具有非常广阔的研究和应用价值。

　　环交联型聚磷腈材料是另一大类从六氯环三磷腈出发合成的聚磷腈材料。这类材料的合成是将六个活性氯一次性地与双官能团或多官能团的化合物进行缩合，因此得到的是高度交联的体型聚合物结构。基于高度交联的结构，环交联型聚磷腈都是不溶不熔的树脂，难以加工，因此，目前关于环交联型聚磷腈的研究大多是将它作为胶黏剂、热固性树脂、聚合物基材的填充材料，利用其中高含量的磷氮结构来提高聚合物基体的热性能和阻燃性能。

　　基于以上的综述，聚磷腈作为一种有机无机杂化的分子，已受到越来越多的关注，磷氮主链结构的特殊性以及分子的可设计性使得它在许多领域得到应用。正是由于聚磷腈的优越性能，许多研究者提出了用聚磷腈改性环氧树脂的设想。环氧树脂有着广泛的应用，同时，它的缺点也十分明显，但聚磷腈材料的诸多优点可以弥补环氧树脂的缺陷，并且通过分子设计，可以改变将聚磷腈分子结构引入环氧树脂基体的手段，以更加灵活地调控环氧树脂材料的各种性能，这正是聚磷腈相对于其他改性材料的优势之一。

　　本章将对以六氯环三磷腈为母体，对各类环氧基为取代基的含环氧基环三磷腈阻燃剂进行阐述，主要介绍其合成、表征、固化和固化后的性能及其应用。

6.2　环氧基环三磷腈常用制备方法及反应机理

　　磷腈环上的氯原子和氮原子的电负性均比磷原子大，电子云偏离磷原子使其呈现亲电性质，因此环三磷腈上的氯原子容易被取代。在合成烷氧基环三磷腈时，通常有两种制备方法：第一种是用烷氧基直接取代磷腈环上的氯原子；第二种是先在磷腈环上引入其他官能团，再与烷氧基二次反应形成混合型的烷氧基环三磷腈化合物。

　　烷氧基直接取代常用 2,3-环氧-1-丙醇直接取代环三磷腈上的氯原子。

　　醇羟基中的氧原子采用 sp^2 杂化的方式成键，在其 p 轨道上有一对孤对电子，因此它是一种亲核试剂，可以亲核取代环三磷腈上的氯原子。环三磷腈的取代反应主要是有机亲核试剂进攻磷原子，取代磷原子上的氯原子，反应机理属于 S_N2 取代反应。环氧基环三磷腈的反应机理如图 6-1 所示。

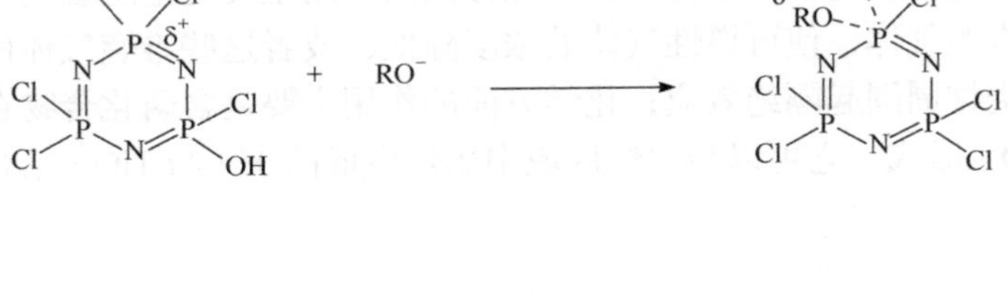

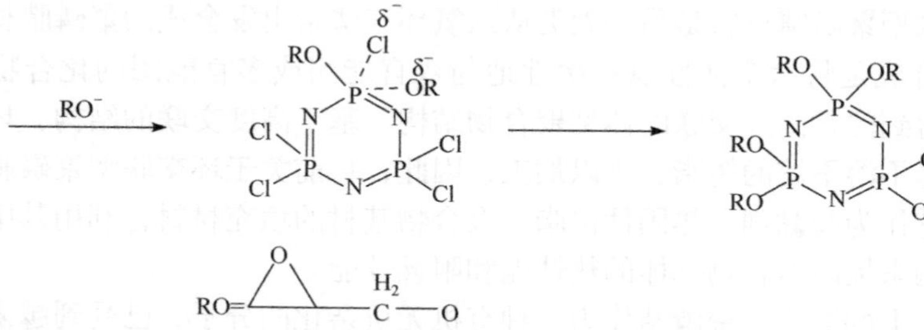

图 6-1　环氧基环三磷腈的反应机理图

在磷腈环上引入其他官能团，再与烷氧基二次反应的制备方法如下。

由于首次可引入的官能团多种多样，在二次反应中的机理也是多样化的。就目前的研究而言，常用的反应有以下两种。

(1) 3-氯-1,2-环氧丙烷与酚羟基在强碱作用下发生取代反应，该过程为 S_N2 取代。酚羟基具有弱酸性，在强碱如 NaOH 的作用下形成氧负离子，具有强亲核性。3-氯环氧丙烷中与氯原子相邻的碳原子电负性比氯小，呈缺电子的状态，即具有亲电性，因此在强碱作用下，酚羟基与 3-氯-1,2-环氧丙烷通过发生取代反应形成酚醚键。

(2) 二链端环氧乙基与苄基醇发生开环加成反应。由于苄基碳正离子为 sp^2 杂化，其空的 p 轨道与苯环形成 p-π 共轭，可以稳定存在，因此苄基醇在酸性条件下很容易脱水形成具有强亲电性的苄基碳正离子中间体。环氧乙基中的氧电负性大于碳原子，呈现亲核性，苄基碳正离子攻击氧原子，发生开环加成反应形成醚键。

6.3　环氧基环三磷腈的固化及阻燃机理

磷系阻燃剂的阻燃作用机理分为凝聚相机理和气相机理。凝聚相机理主要表现为该阻燃剂在燃烧反应过程中生成具有强脱水性的聚偏磷酸，使含氧有机物迅速脱水炭化，其生成的炭化物具有三维空间的致密结构而且不易燃烧；聚偏磷酸除了可以有效抑制聚合物固相中碳的氧化外，本身又是一种不易挥发的稳定化合物，非常黏稠，覆盖于可燃物表面，形成一层良好的薄膜状物质，从而阻碍氧气，起了隔绝效应；还改变某些可燃物的热分解途径，减少可燃性气体的生成，同时可以促使焦炭生成。

气相机理分物理和化学两个方面：物理方面的作用主要是指阻燃剂在高温下会分解出某些难燃气体，使可燃性气体的浓度降低，或者这些难燃气体由于比例大，笼罩在燃烧物周围起隔绝效应；化学方面的作用主要是含磷化合物在聚合物燃烧时都有 PO· 形成。它可以与火焰区域中燃烧生成的 H· 与 HO· 结合，改变热氧化分解反应的能量，从而使燃烧的连锁反应得以中断，反应如下：

$$H_3PO_4 \longrightarrow HPO_2 + HPO + PO \cdot$$

$$H \cdot + PO \cdot \longrightarrow HPO$$

$$HPO + H \cdot \longrightarrow H_2 + PO \cdot$$

$$PO \cdot + HO \cdot \longrightarrow HPO + O \cdot$$

$$HO \cdot + H_2 + PO \longrightarrow HPO + H_2O$$

　　将阻燃元素磷引入环氧树脂的方法有两种：一种是通过物理共混的方法引入聚合物中，即添加型阻燃剂，阻燃剂和聚合物之间不发生化学反应，仅仅是一种单纯的共混与分散过程，对于工业应用来说，这种方法最大的优点就是经济、方便，但是它又存在着阻燃剂和聚合物的相容性差、聚合物的力学性能降低等缺点，这限制了它的进一步应用；另一种是通过化学键方式将磷引入环氧树脂体系中，即反应型阻燃剂，这种方法的主要优点是在达到持久阻燃效果的同时可以很大程度上保持树脂原有的热学性能，如玻璃化转变温度、力学性能等。反应型的含磷阻燃剂可以分为两大类：一类是含磷化合物的活性基团与树脂的环氧基发生开环反应引入磷基团，形成的含磷环氧树脂；另一类是用含磷的固化剂来固化环氧树脂得到的含磷环氧树脂。含磷固化剂组有胺类含磷固化剂、含磷羟基类固化剂、亚磷酸醋类固化剂。它们大部分都是基于含磷化合物经过一系列化学修饰，合成出带有氨基等可以固化环氧树脂的固化基团(作固化剂)或环氧基的含磷有机物达到有效阻燃的。

1. 磷酸醋类环氧树脂和固化剂

　　其中含磷的固化剂中磷与氮之间可发生磷-氮协同效应。将磷引入环氧树脂体系中(尤其是以磷酸醋的形式引入)，其会在较低的温度下分解，形成耐热的残炭层，从而起到阻燃作用。

　　典型的磷酸醋类环氧树脂和固化剂如下：

2. DOPO 系列环状磷酸酯

目前研究较为成熟的是含有 DOPO 结构的环氧树脂，同含有其他含磷结构的环氧树脂相比，其综合性能较优异。

典型的以 DOPO 为基础的环氧化合物及固化剂如下：

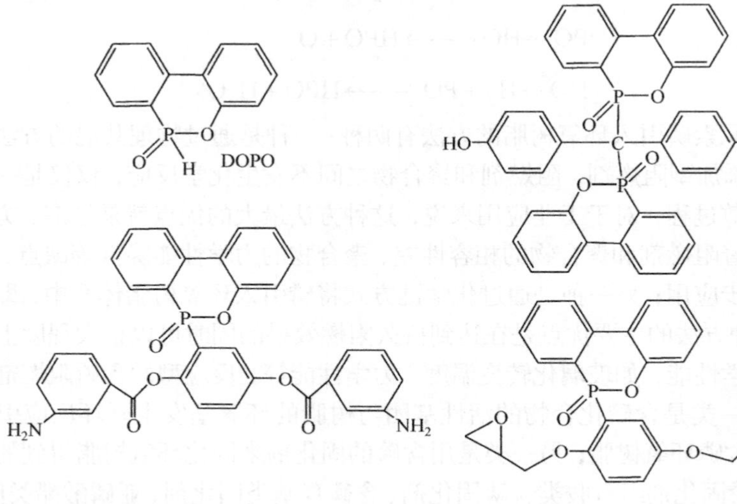

3. 含磷酚醛固化剂

含磷酚醛固化剂具有较好的热稳定性、较高的残炭率和极限氧指数，当磷含量超过 2%时，燃烧等级达到 V-0 级。

典型的含磷酚醛固化剂如下：

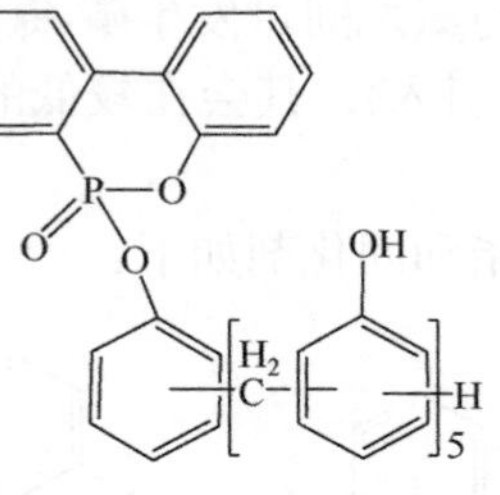

4. 用三氯氧磷和间苯二酚合成的高度支化的磷酸盐 HHPP

用 HHPP(超支化聚(3-羟基甲苯)磷酸酯)固化后的环氧树脂具有非常优异的热稳定性和阻燃性。

5. 双螺环水解后与二胺类化合物反应

反应生成的离子型或高分子阻燃固化剂能有效地阻燃环氧树脂体系。例如，双螺环水解后与三聚氰胺反应生成双螺环的三聚氰胺盐。把磷引入环氧树脂中，提高了环氧树脂的阻燃性和热稳定性，更重要的是，避免了溴化环氧树脂在使用及回收过程中对环境造成污染，为环氧树脂的发展开辟了一条新的道路。

6.4　环氧基环三磷腈的制备与表征

6.4.1　直接引入环氧基型环三磷腈的制备与表征

1. 六缩水甘油基环三磷腈(HGCP)的合成及表征

1) HGCP 的合成

在干燥箱中，在室温下将 4g 2,3-环氧-1-丙醇溶解于三乙胺甲苯溶液(5.41g 三乙胺溶于 28.5mL 甲苯形成的溶液)中。将混合物用冰水浴冷却。在剧烈搅拌下，3h 内将六氯环三磷腈的甲苯溶液(3g 六氯环三磷腈溶于 15mL 甲苯)非常缓慢地滴入，同时保持反应混合物冷却状态。滴完后，在室温下继续搅拌 45h。过滤反应混合物以除去三乙胺盐酸盐沉淀，通过旋转蒸发除去甲苯溶剂，然后将所得产物溶于二氯甲烷中，用水洗涤，用 Na_2SO_4 干燥。在真空下除去二氯甲烷后最终得到棕色黏稠产物，其产率约为 73%。

将环氧树脂 HGCP、DGEBA 和二者的共混物加热至熔融时加入固化剂并混合均匀。然后将树脂-硬化剂混合物倒入预热的模具中并在强制对流烘箱中固化以制备样品[14]，HGCP 的合成路线见图 6-2。

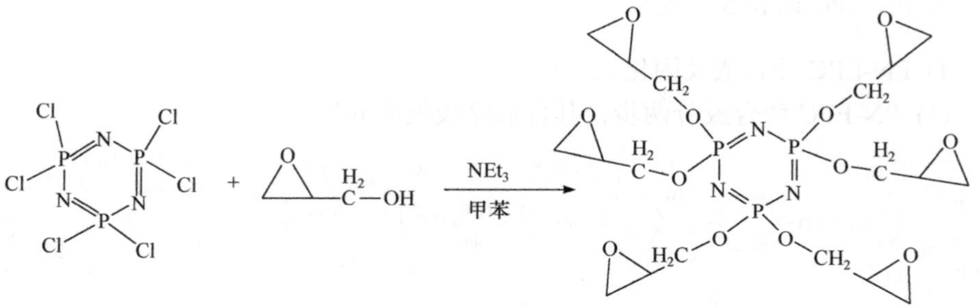

图 6-2　HGCP 的合成路线

根据 Levan[15]采用的方案，在交联前将环氧树脂与 4,4′-亚甲基-二苯胺(MDA)固化剂进行混合。

2) HGCP 的表征

(1) NMR 与 FTIR 分析。

由 HGCP 环氧树脂的表征数据(表6-1)可以看出，HGCP 的 ^{31}P NMR 在 9.32ppm 显示单线峰，表明在合成过程中磷腈环没有被破坏；^{1}H NMR 和 ^{12}C NMR 证实了环三磷腈取代基的化学结构，并表明环三磷腈核上有环氧基团。

表 6-1　HGCP 环氧树脂的表征数据

NMR/ppm			FTIR/cm^{-1}
^{31}P	^{1}H	^{13}C	
+9.32(s)	2.7(dd,2H,CH$_2$)(a,b)	44.6(s,CH$_2$)(a)	2950(CH$_2$)
	3.38(m,1H,CH)(c)	49(s,CH)(b)	2911(C—H)
	4(dd,2H,CH$_2$)(d,e)	69.5(s,POCH$_2$)(c)	852(△O)
	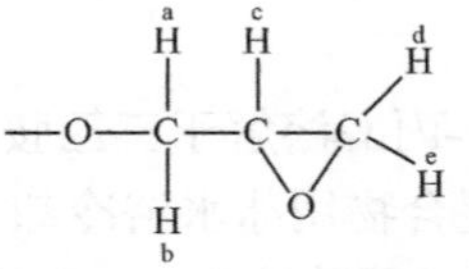	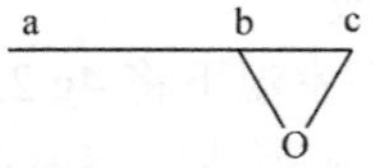	1013(P—O—C)
			1196(P=N)

(2) 性能分析。

添加 HGCP 可有效提高 DGEBA 在高温下的热稳定性，其原因是 P—O—C 键的断裂使共混物的初始分解温度降低。混合物中 HGCP 的存在可以提高共混物总体的不可燃性，即增强共混环氧树脂的阻燃性。研究数据表明混合物中含有 20% HGCP 时有明显的阻燃性，这是由于燃烧时产生了保护性炭层，该保护性炭层抑制了共混物的整体燃烧。

2. PN-EPC 的合成与表征

1) PN-EPC 的合成及固化。

(1) PN-EPC 的合成分两步，其合成路线见图 6-3。

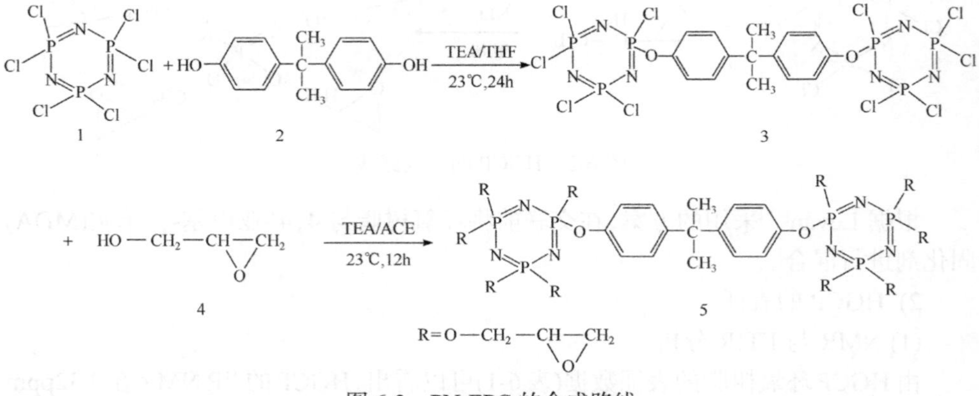

图 6-3　PN-EPC 的合成路线

化合物 3 的合成：取 10g 提纯好的 HCCTP 置于 250mL 的三口烧瓶中，量取 50mL THF 溶解 HCCTP，并加入 1.16g 三乙胺(TEA)，将该混合溶液置于冰浴中强烈搅拌；称取 1.31g 提纯好的双酚 A 于小烧杯中，并用 15mL THF 溶解；将含双酚 A 的 THF 溶液逐滴加到烧瓶里(<2h)；滴加完毕，反应恢复到室温，继续搅拌 24h；反应完全后，过滤除去三乙胺盐酸盐。然后旋蒸除去 THF，加入 50mL 正庚烷使剩余的 HCCTP 沉淀。过滤，旋蒸除去正庚烷；所得产物用适量二氯甲烷溶解，用加有少量盐酸的去离子水溶液洗涤 2 次，再用去离子水洗涤 3 次，随后在溶液中加入适量的无水 Na_2SO_4，对溶液进行除水干燥；干燥后对溶液进行过滤，通过层析柱法对产物进行分离提纯，得到化合物 3。提纯过程中所用的淋洗剂为石油醚和乙酸乙酯，比例为 4：1。将纯化合物 3 置于真空干燥箱中干燥，其称质量为 4.0g，产率为 80%。

化合物 5 的合成：称取 3.83g 环氧丙醇置于 100mL 的三口烧瓶中，用 10mL 丙酮(ACE)溶解，并加入 4.75g 三乙胺，将该混合溶液置于冰浴中强烈搅拌；称取 4g 化合物 3 于小烧杯中，用 20mL 丙酮溶解；将化合物 3 溶液逐滴加到烧瓶中(90min)；滴加完毕，体系恢复到室温，继续搅拌 12h；反应完成后，过滤除去三乙胺盐酸盐，旋蒸除去丙酮后加入适量二氯甲烷溶解；用含有少量盐酸的水溶液洗涤 2 次，再用去离子水洗涤 3 次，加入无水 Na_2SO_4 进行干燥；最后，经过滤旋蒸除去溶剂，将产物置于真空干燥箱中干燥，得棕褐色黏稠液体，即最终产物化合物 5(PN-EPC)。

(2) 磷腈环氧化合物的固化。

将所合成的目标产物(PN-EPC)与 E51 通用 DGEBA 以不同比例进行混合，其中 PN-EPC 在体系中的含量分别为 0%、5%、10%、15%、20%。选用三种不同的固化剂，即 DICY、DDM 和 MeTHPA，并以 DMP-30(0.2%)为促进剂，混合后加入适量的丙酮进行超声溶解，于 50℃下旋蒸除去丙酮，转移到真空烘箱中 90℃下保温 3h，150℃下保温 2h，180℃下保温 3h 后，关闭烘箱，温度自然冷却至室温，得到目标产物与通用环氧树脂共混的固化产物[16]。

2) PN-EPC 的结构表征

(1) 核磁共振分析。

图 6-4 为原料、中间产物和目标产物的 ^{31}P NMR 谱图。从谱图可以看出，六氯环三磷腈只在 20.03ppm 处出现了单峰，验证了六氯环三磷腈中的磷元素只有一种化学结构，表明使用的原料已经被提纯干净，没有掺杂其他含磷的化合物。当六氯环三磷腈上的一个氯被双酚 A 基团取代时，δ=22.15～22.53ppm 处的双峰为

氯原子未被取代的磷原子(P—Cl₂)的化学位移，$\delta=11.97\sim12.82$ppm 处的三峰所对应的为氯原子被取代后的磷原子(P—OCl)的化学位移。对峰进行积分可知，此双峰和三峰的面积比约为 2：1，与中间产物所对应的磷原子比例相符。当环三磷腈中的磷原子被环氧基团取代时，高场磷原子的双峰移到了 14.69～15.23ppm，低场的三峰移到了 15.64～16.48ppm。

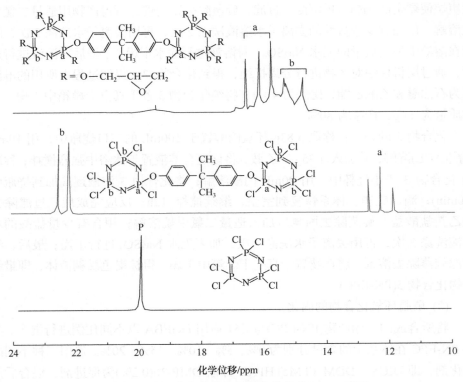

图 6-4　原料、中间产物和目标产物的 ³¹P NMR 谱图

中间产物和目标产物的 ¹H NMR 谱图如图 6-5 所示。由中间产物的 ¹H NMR谱图可以得知，出现在$\delta=1.69$ppm 处强烈的磁信号对应甲基质子(—CH₃)。同时，氘代氯仿溶剂峰附近的两处双峰($\delta=6.6\sim7.3$ppm)，归属为苯环基团上的质子峰。对比目标产物和中间产物的 ¹H NMR 谱图，双酚 A 基团上的甲基和苯环基团上的质子峰的化学位移前后变化并不明显。在甲基与苯环基团的质子峰之间出现了几处多重峰，其对应环氧基团上的质子，对其进行了一一归属，结果表明环氧基团已经连接到磷腈分子链上。

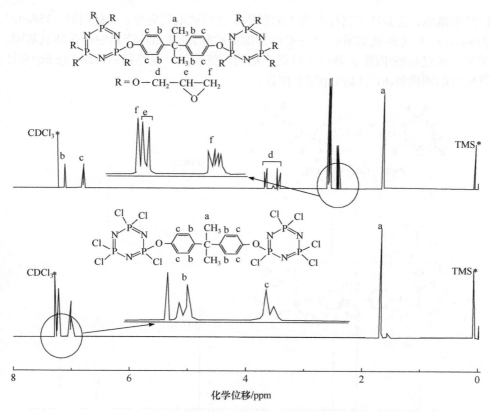

图 6-5　中间产物和目标产物的 ¹H NMR 谱图

如图 6-6 所示，采用 ¹³C NMR 进一步对产物进行了定性分析。因测试时对 ¹³C NMR 进行了宽带去偶，所得测试产物的 ¹³C NMR 谱均为单峰。相比中间产物，目标产物的 ¹³C NMR 谱图出现在甲基与溶剂峰碳信号之间的为环氧基团的碳，同样，也对谱图中所出现的峰值进行了归属。

通过 ¹³P、¹H 和 ¹³C 三种核磁共振表征，初步表明所设计的目标产物已成功合成。

(2) FTIR 分析。

中间产物和目标产物的 FTIR 谱图如图 6-7 所示。在中间产物的 FTIR 谱图中，951cm⁻¹ 和 1172cm⁻¹ 处为 P—O—C 吸收峰，1105cm⁻¹ 处为 P—N 特征吸收峰，在 1210～1290cm⁻¹ 处出现的强吸收峰为 P—N 的伸缩振动，这两处的吸收峰说明中间产物中磷腈结构的存在。在 689cm⁻¹、762cm⁻¹、1477cm⁻¹、1596cm⁻¹ 和 3066cm⁻¹ 处的吸收峰对应双酚 A 上苯氧基团的 C—C 骨架振动以及 C—H 伸缩弯曲的吸收峰。中间产物在 500cm⁻¹ 附近出现的 P—Cl 键强烈吸收峰，在目标产物的谱图中已经很微弱，这验证了目标产物上的氯原子已经被取代完全。与此同时，758cm⁻¹和947cm⁻¹处为环氧基团C—O—C的伸缩振动峰，证实目标产物中存在环氧基团。随后，通过盐酸/丙酮法测试了目标产物的环氧当量，最终结果(628.74g/Eq)与计算所得的理论值(613.12g/Eq)结果相近。

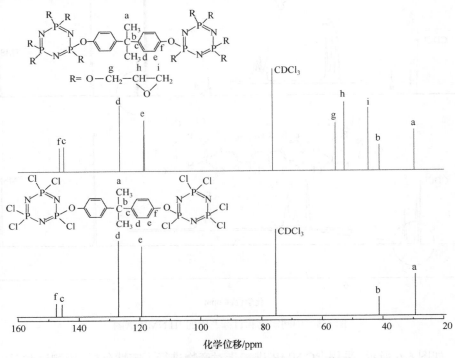

图 6-6　中间产物与目标产物的 ¹³C NMR 谱图

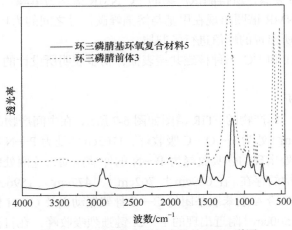

图 6-7　中间产物与目标产物的 FTIR 谱图

3) PN-EPC 的性能分析

通过两步法，成功地合成了一种新型的磷腈环氧化合物——PN-EPC。该化合物的化学组成，通过 ^1H、^{13}C 和 ^{31}P 的核磁共振以及 FTIR 分析、元素分析、质谱分析得到了证实。对含有不同质量比的 PN-EPC/DGEBA 体系和 DICY、DDM、MeTHPA 三种固化剂的固化动力学进行了探究，并得到了各个组分下非等温固化动力学的参数。当 DGEBA 与 PN-EPC 混合固化后，材料的玻璃化转变温度比纯DGEBA 体系有较大的提高，并且材料在高温下的残炭率增大，热稳定性良好。磷腈环中独特的磷氮交替结构，使得环氧树脂与 PN-EPC 混合固化后获得了优异的阻燃性能，该性能通过 LOI 和 UL-94 燃烧测试得到了证实。尤其是在体系中添加了 20%的 PN-EPC 后，材料的阻燃等级达到了 V-0 级。材料阻燃机理研究结果表明磷腈环在阻燃中起到了凝聚态阻燃和气态阻燃的双重阻燃效果。作为一种反应型的无卤阻燃剂，PN-EPC 的成功合成及其所具有的优异的阻燃性和耐热性能使其在环氧体系中具有广阔的应用前景。

6.4.2　间接引入环氧基型环三磷腈的制备与表征

1. 环三磷腈环氧树脂(CPEP)的合成及表征

1) CPEP 的制备

(1) 二氯四苯氧基环三磷腈的制备。

在氮气保护下，在带有温度计、搅拌器和冷凝管的四口烧瓶中加入金属钠(2.4g，0.104mol)和 200mL THF，将苯酚(9.4g，0.1mol)溶于 50mL THF，并将其缓慢滴入四口烧瓶中，混合物在常温下反应 6h，使得溶液变透明。在带有温度计、搅拌器和冷凝管的四口烧瓶中加入 HCCTP(8.7g，0.025mmol)和 100mL THF，在冰水浴条件下将苯酚钠液缓慢滴入上述四口烧瓶中，室温搅拌反应12h。反应结束后，旋转蒸发除去 THF，接着将产物溶于 250mL 的二甲基醚中，并用 250mL 的去离子水洗 3 次，用硫酸镁干燥，接着旋转蒸发除去二甲基醚得到 DCPPZ。

(2) 二(4-羟基-4,4-二苯砜)基四苯氧基环三磷腈的制备。

在带有温度计、搅拌器和冷凝管的四口烧瓶中加入 4,4′-二羟基二苯砜(BPS，15g，60mmol)、三乙胺(TEA，7.07g，70mmol)和 150mL THF，称取 DCPPZ(15.21g，30mmol)溶于 100mL THF 中，然后将其缓慢滴入上述四口烧瓶中。滴加完毕后，混合物在 70℃下回流反应 12h。接着经冷却高速离心(3000r/min)将沉淀固体离心除去。旋转蒸发除去 THF，并用 3%的 NaOH 水溶液和去离子水分别洗涤滤出物3 次。将产物在 40℃下真空干燥 24h，即得二(4-羟基-4,4-二苯砜)基四苯氧基环三磷腈(HSPPZ)。

(3) CPEP 的合成。

在带有温度计、搅拌器和冷凝管的四口烧瓶中加入 HSPPZ(15.08g，15mmol) 和环氧氯丙烷(13.88g，150mmol)，搅拌加热到 65℃时，将 10mL 30%的 NaOH 在约 0.5h 内滴加完毕。反应 2h 后升温到 75℃继续反应 1.5h。反应完冷却到室温，加入 50g 去离子水和 30mL 甲苯萃取产物，取上层甲苯相溶液，110℃以下真空蒸馏去除溶剂甲苯和过量的环氧氯丙烷，得到淡黄色黏稠液产物，即 CPEP，其合成路线见图 6-8[17]。

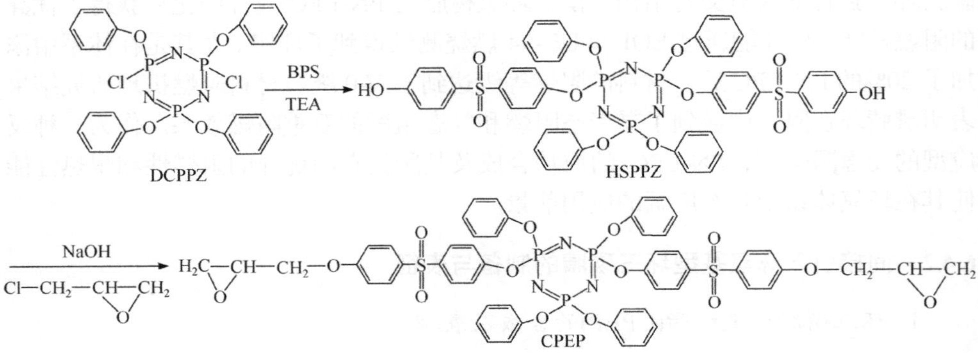

图 6-8　CPEP 的合成路线

(4) 磷腈环氧树脂的固化。

以 DDM 为固化剂，将环氧树脂和固化剂 DDM 按摩尔比 1∶1.2 均匀混合后倒入加热的模具中，在 120℃下保持 1h，再在 180℃下固化 3h。固化结束后，样品慢慢冷却到室温，即得固化后样品。

2) CPEP 的结构表征

(1) FTIR 分析。

图 6-9 为 HCCTP 和 DCPPZ 的 FTIR 谱图。从图 6-9 可以看出，两条谱线均在 $1260cm^{-1}$ 处出现一宽峰(P=N 的特征吸收峰)。在 HCCTP 的谱图中，$520cm^{-1}$ 和 $605cm^{-1}$ 处的两个峰是 P—Cl 键的特征峰。在 DCPPZ 的谱图中，$520cm^{-1}$ 和 $605cm^{-1}$ 处的两个峰明显减弱，而 $1590cm^{-1}$ 和 $1480cm^{-1}$ 处出现苯环 C=C 的伸缩振动峰；$910cm^{-1}$ 处对应 P—O—Ph 的共振吸收峰，这表明苯酚钠与 HCCTP 的 P—Cl 发生了充分的亲核取代反应。

图 6-10 为制备的 HSPPZ 的 FTIR 谱图，在 $1260cm^{-1}$ 和 $1290cm^{-1}$ 处分别是 P=N 和 O=S=O 的特征吸收峰；$1590cm^{-1}$、$1480cm^{-1}$ 处是苯环上 C=C 的伸缩振动峰；$910cm^{-1}$ 处是 P—O—Ph 的特征吸收峰，而羟基的吸收峰则位于 $3416cm^{-1}$ 处。结果说明 4,4′-二羟基二苯砜(MSDS)已被成功引入环三磷腈中。

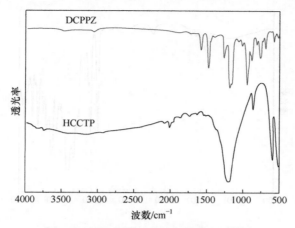

图 6-9　HCCTP 和 DCPPZ 的 FTIR 谱图

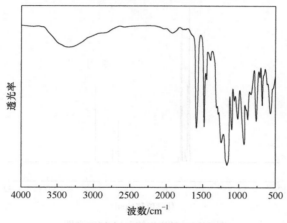

图 6-10　HSPPZ 的 FTIR 谱图

图 6-11 为制备的 CPEP 的 FTIR 谱图,3416cm^{-1} 处的羟基吸收峰消失,910cm^{-1} 处环氧基团的特征吸收峰也将 P—O—Ph 的吸收峰覆盖,这说明双羟基环三磷腈与环氧氯丙烷发生了充分的环氧化反应。

(2) 核磁共振分析。

图 6-12 为 CPEP 的 ^{1}H NMR 谱图,CPEP 的氢元素的化学位移分别为 3.62ppm(单重峰, 环氧丙基 1 位上的—CH$_2$—)、3.33ppm(单重峰, 环氧丙基 2 位上的—CH—)、2.45ppm(单重峰, 环氧丙基 3 位上的—CH$_2$—)、7.4~6.68ppm(多重峰, 在苯环上)。

通过凝胶渗透色谱法(GPC)测出产物 CPEP 的数均分子量是 1198,分子量分布为 1.2078。产物 CPEP 的环氧值由盐酸-丙酮法测得, 为 0.169mol/100g,与理论值 0.167mol/100g 非常接近。CPEP 的这些表征结果证明成功制备出了双官能团环三磷腈环氧树脂。

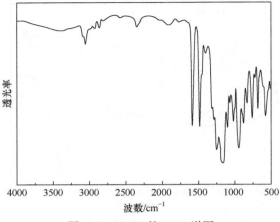

图 6-11　CPEP 的 FTIR 谱图

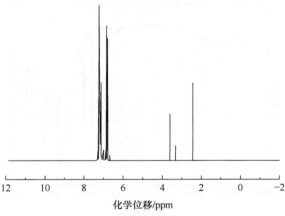

图 6-12　CPEP 的 ¹H NMR 谱图

3) CPEP 的性能分析

通过 FTIR、NMR 和 GPC(凝胶渗透色谱法)进行表征测试,结果表明所制得的产物符合预期结构。将新型磷腈环氧树脂 CPEP 和通用型环氧树脂 E51 以不同质量比例混合,作为基体,经过固化剂 DDM 固化后,对它们的热性能、阻燃性能、力学性能、电性能和疏水性能分别进行了测试比较。结果表明,随着 CPEP 含量的增加,环氧树脂的 T_g 升高,热稳定性、疏水性、阻燃性能得到明显改善。当磷腈环氧树脂 CPEP 和通用型环氧树脂 E51 混合质量比达到 1:1 时,其固化产物的 T_g 为 159.7℃,其在氮气气氛下 750℃高温时残炭率高达 28.7%,阻燃测试通过 UL-94 V-0 级测试,具有优良的热稳定性和阻燃性。另外在冲击试验中,CPEP 的加入虽然导致环氧树脂冲击强度略有下降,但其依然可以保证在 20kJ/m 以上,重要的是 CPEP 的加入并没有破坏环氧树脂的电绝缘性,电阻率均保持在 10^{15} 数量级，这充分说明制备的磷腈环氧树脂有着优良的综合性能。

2. PN-EP 的合成与表征

1) PN-EP 的合成

(1) 六(醛基苯氧基)环三磷腈的合成。

称取 1.41g NaH(70%油液分散)，投入装有螺旋搅拌桨、蛇形冷凝管和氮气管的四口烧瓶中，加入 50mL THF，混合搅拌均匀。将 4.9g 4-羟基苯甲醛(p-HBA)溶在 50mL THF 中，逐滴加入四口烧瓶中。将体系温度升至 THF 的沸点(65℃)，同时把 1.75g HCCTP 溶于 40mL THF，待固体完全溶解后，逐滴加入四口烧瓶中，1h 滴加完毕。体系在 65℃下反应 48h。取出四口烧瓶内的反应体系，过滤，将过滤后的清液减压蒸馏除去溶剂，用乙酸乙酯进行二次重结晶，得到的浅褐色固体粉末即为产品，将其命名为 PN-CHO。

(2) 六(4-羟基亚甲基苯氧基)环三磷腈的合成。

室温下，在装有螺旋搅拌桨、蛇形冷凝管、氮气管的三口烧瓶中加入 1g PN-CHO 和 50mL THF/甲醇混合溶剂，搅拌溶解。缓慢加入 0.28g NaBH₄，继续搅拌 14h。反应完毕，取出三口烧瓶中的液体，减压蒸馏除去溶剂。用体积分数为 90% 的乙醇溶液进行二次重结晶，得到的白色固体粉末即为产品，将其命名为 PN-OH。

(3) 磷腈环氧树脂的合成。

将 20g DGEBA(环氧当量为 196g/Eq)加入装有螺旋搅拌桨和氮气管的三口烧瓶中，120℃下搅拌 2h。加入 1.06g PN-OH 和适量三苯基膦(0.3%)，升温至 130℃，保温 1h。体系升温至 175℃，反应 5h。将生成物趁热倒出，冷却后得到的米黄色胶状物即产品，将其命名为 PN-EP，其合成路线见图 6-13。

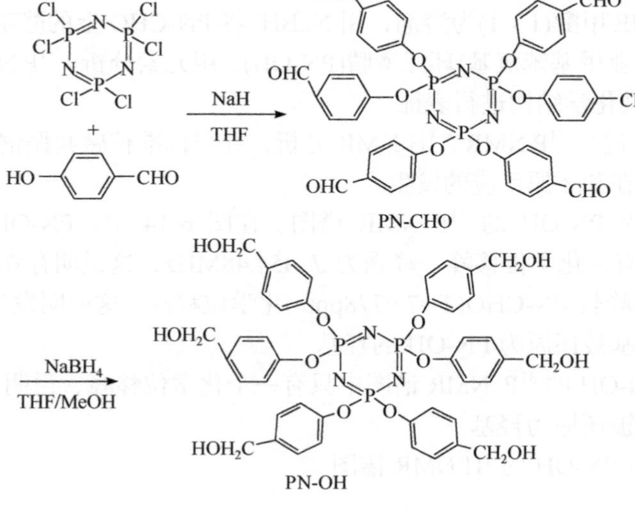

PN-CHO

PN-OH

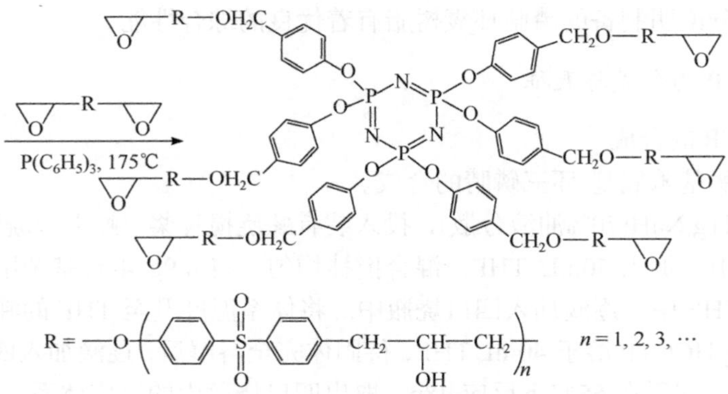

$$R = \text{—O—}\langle benzene\rangle\text{—}S(O)_2\text{—}\langle benzene\rangle\text{—CH}_2\text{—CH—CH}_2\text{—}]_n \qquad n = 1, 2, 3, \cdots$$

图 6-13　PN-EP 的合成路线

(4) 磷腈环氧树脂的固化。

将合成的磷腈环氧树脂分别用 DDM、DICY、Novolak 和 PMDA 四种固化剂进行固化，固化过程如下。

将 PN-EP 溶解在适量的丙酮中，加入等当量的固化剂以及固化促进剂 2-甲基咪唑(0.2%)。将体系连续搅拌直至完全溶解，然后置于真空干燥箱中，60℃下恒温以除去溶剂。升温至 150℃，固化 1.5h；再升温至 180℃，固化 3.5h。待完全固化后，令固化物随炉冷却至室温，防止应力开裂。

原料 DGEBA 也作为对比样用上述四种固化剂进行固化[18]。

2) PN-EP 的表征

(1) 以 THF 作溶剂，在 NaH 存在的条件下，用 4-羟基苯甲醛(p-HBA)取代六氯环三磷腈上的氯原子，合成了六(醛基苯氧基)环三磷腈(PN-CHO)，用元素分析、^{31}P NMR、^{1}H NMR 以及 FTIR 对其化学结构进行表征。

(2) 以 THF/甲醇(1:1)为溶剂，用 NaBH₄ 将 PN-CHO 上的醛基还原为羟基，得到六(4-羟基亚甲基苯氧基)环三磷腈(PN-OH)，用元素分析、^{31}P NMR、^{1}H NMR 以及 FTIR 对其化学结构进行表征。

对 PN-EP 进行 ^{31}P NMR、^{1}H NMR 分析，并与标准核磁共振谱图对比，证明磷腈结构的存在和还原反应的发生。

图 6-14 为 PN-OH 的 ^{31}P NMR 谱图。在图 6-14 中，PN-OH 的谱图在 $\delta=$ 9.2517ppm 处有一化学位移峰，峰强为 $J=454.48$MHz，这说明存在磷腈单元。另外，PN-OH 的峰较 PN-CHO($\delta=7.9778$ppm)化学位移高，这说明发生了还原反应，PN-CHO 的醛基被还原为 PN-OH 的羟基。

另外，PN-OH 的 ^{31}P NMR 谱图中只有一个化学位移峰，说明 PN-CHO 中的所有醛基都已被还原为羟基。

图 6-15 为 PN-OH 的 ^{1}H NMR 谱图。

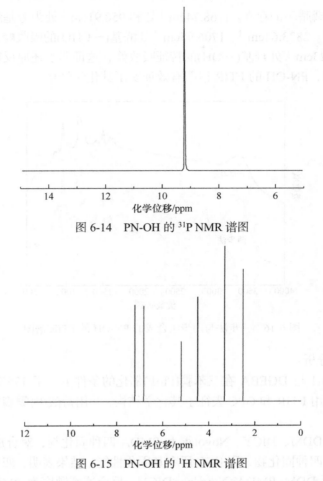

图 6-14　PN-OH 的 ^{31}P NMR 谱图

图 6-15　PN-OH 的 ^{1}H NMR 谱图

在 PN-OH 的 ^{1}H NMR 谱图中，四个苯环(—C₆H₄—)氢原子的化学位移分别对应着 δ=6.831ppm(d，12H) 和 δ=7.217ppm(d，12H) 处的双峰，峰强分别为 J=185.59MHz和J=183.54MHz。羟基(—OH)氢原子的化学位移峰出现在δ=5.208ppm(t，6H)处，峰强为 J=119.52MHz。在δ=4.478～4.487ppm(d，12H)处出现双峰，峰强为J=201.37MHz，这是亚甲基(—CH₂—)氢原子的化学位移峰。δ=3.314ppm 和 δ=2.515ppm 处的化学位移峰，分别为溶剂二甲基亚砜(DMSO)和重水(D₂O)的位移峰。

在一步法与两步法合成的 PN-OH 的 FTIR 谱图(图 6-16)中，3074.95cm^{-1} 处为苯环上 C—H 键的伸缩振动吸收峰；1605.91cm^{-1}、505.23cm^{-1} 和 1460.78cm^{-1} 处为苯环 C—C 键的弯曲振动吸收峰；804.13cm^{-1} 处为苯环上 C—H 键的弯曲振动吸收峰，这些特征吸收峰证实了苯环的存在。1200.80cm^{-1} 处为 P=N 的伸缩振动吸收峰，证明了磷腈环的存在。1168.24cm⁻¹处和958.91cm⁻¹处为芳基醚(P—O—Ph)的特征吸收峰。2823.64cm⁻¹、1706.95cm⁻¹处醛基(—CHO)的吸收峰消失，取而代之的是3383.23cm⁻¹处羟基(—OH)的特征吸收峰，这证明了还原反应的完成。由以上结论可知，PN-OH的FTIR谱图有效证实了其化学结构。

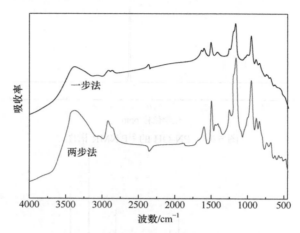

图6-16　一步法与两步法合成的PN-OH的FTIR谱图

3) 性能分析

(1) PN-OH与DGEBA在三苯膦(Ph₃P)催化的条件下，于175℃反应5h，合成了PN-EP，用FTIR和GPC表征了其化学结构，并用盐酸/丙酮滴定法测定了其环氧当量。

(2) 使用DDM、DICY、Novolak和PMDA四种固化剂，对合成的PN-EP进行固化，得到四种固化物，用DSC研究其固化性能。结果表明，四种固化物的反应活性顺序为DDM<PMDA<Novolak<DICY，反应速率顺序为PMDA<Novolak<DDM<DICY。

(3) 使用四种不同的固化剂时，PN-EP固化物的热稳定性均比相应的DGEBA固化物的要高。合成的这些磷腈型环氧树脂的分解温度均大于130℃，这表明它们都可应用于FR-4型覆铜板。

(4) TGA结果表明，DICY、Novolak、DDM作固化剂时，固体物的热重曲线有一个台阶，而PN-EP/PMDA固化物表现出两步失重。与DGEBA固化物相比，PN-EP失重3%和10%时的温度较低。然而，PN-EP固化物的最快失重温度比DGEBA固化物的高，而且PN-EP固化物的残炭率比DGEBA固化物高。四种固化物热稳定性顺序为PMDA<DDM<DICY<Novolak，残炭率顺序为DDM<DICY<PMDA<Novolak。

(5) 对热重分析得到的残炭进行 FTIR 分析。结果表明，PN-EP 固化物残炭的主要成分是磷的氮氧化合物和芳环的交联网状结构。

(6) 四种 PN-EP 固化物均表现出优异的阻燃性。其中，PN-EP/DDM 固化体系达 UL-94 V-1 级，LOI 为 28.5%；而使用 Novolak、DICY、PMDA 的 PN-EP 固化物均可达到 UL-94 V-0 级，LOI 在 30%以上。这种环境友好的无卤阻燃环氧树脂在电子电工领域有广泛的应用。

3. 环氧基团修饰的聚磷腈纳米管(EPPZT)的合成与表征

1) EPPZT 的合成

(1) 富含羟基聚磷腈纳米管(PZT)的制备。

称取 0.25g HCCTP 和 0.54g BPS 于 50mL 烧瓶中，加入 50mL THF，振荡均匀。常温下，将烧瓶置于超声波清洗器中水浴，然后立即加入 0.6525g TEA，在超声波清洗器(50W，40kHz)水浴中反应，反应 3h 后将溶液离心，并用 THF 和水分别洗涤离心物 3 次，最后在 40℃真空烘箱中干燥一昼夜，得到的白色固体物就是富含羟基聚磷腈纳米管，其产率为 86%。

(2) EPPZT 的制备。

将上一步反应得到的富含羟基聚磷腈纳米管 0.3g 加入 250mL 三口烧瓶中，加入 THF 150mL，加入 3%的 NaOH 溶液，加入 3g 环氧氯丙烷(过量)，磁力搅拌下，升温至回流，反应 5h。将得到的浊液离心，取下层白色固体，用 THF 和水各洗涤 3 次，最后在 40℃真空烘箱中干燥一昼夜，得到的白色固体物就是 EPPZT，其产率为 95%，合成路线见图 6-17。

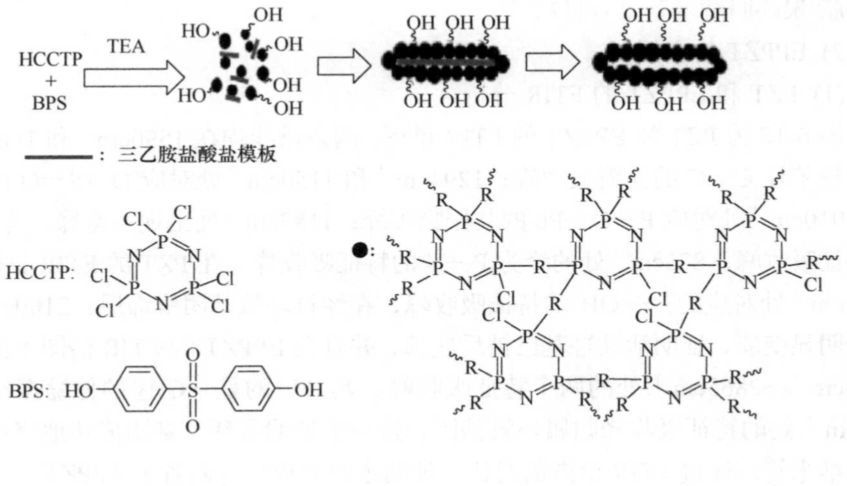

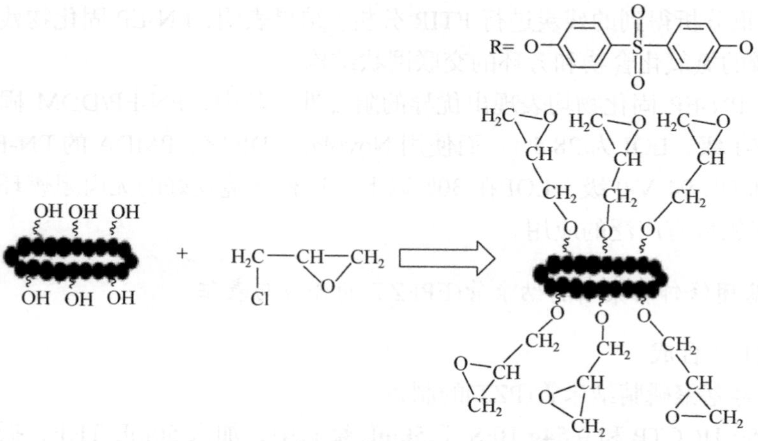

图 6-17　环氧基团修饰聚磷腈纳米管的合成路线

(3) 环氧树脂/聚磷腈纳米管复合材料的制备。

将上述方法得到的环氧基团修饰的聚磷腈纳米管 0.0275g 加入 250mL 单口烧瓶中，加入丙酮 100mL，加入 E618 环氧树脂 40g，在超声波清洗器(250W, 40kHz)水浴中分散 2h，将溶液倒入表面皿中，40℃真空烘箱中干燥去除溶剂。将 15g 固化剂 DDM 和上述溶液在 90℃烘箱中预先加热，固化剂熔化成液体后，将固化剂与环氧树脂混合，搅拌均匀，趁热倒入铁质模具，固化。固化条件为 100℃下 2h，150℃下 3h，250℃下 3h，固化后缓慢冷却，得到的棕色透明固体就是聚磷腈纳米管含量为 0.05%的环氧树脂/磷腈纳米管复合材料。改变聚磷腈纳米管的质量为 0.055g、0.275g、1.1g，即可分别得到聚磷腈纳米管含量为 0.1%、0.5%、2%的环氧树脂/聚磷腈纳米管复合材料[19]。

2) EPPZT 的表征

(1) PZT 和 EPPZT 的 FTIR 分析。

图 6-18 为 PZT 和 EPPZT 的 FTIR 谱图。两条谱线均在 1590cm⁻¹ 和 1480cm⁻¹ 处出现苯环 C=C 的伸缩振动峰；1294cm⁻¹ 和 1150cm⁻¹ 处对应 O=S=O 的振动峰；910cm⁻¹ 处对应 P—O—Ph 的共振吸收峰；1187cm⁻¹ 处出现一宽峰，为 P=N 的特征吸收峰；875cm⁻¹ 处的峰为 P—N 的特征吸收峰。在 PZT 的 FTIR 谱图上，3100cm⁻¹ 处对应的是—OH 的特征吸收峰，在经过环氧基团修饰后，3100cm⁻¹ 处的峰明显变弱，证明活性羟基已被反应掉，并且在 EPPZT 的 FTIR 谱图上出现了 2925cm⁻¹、2865cm⁻¹ 处的两个特征吸收峰，其对应的是—CH₂ 的伸缩振动，而 908cm⁻¹ 处的特征吸收峰归属环氧基团，进一步证明了环氧基团成功地修饰了聚磷腈纳米管。通过 FTIR 谱图的对比，证明本研究成功地制备了 EPPZT。

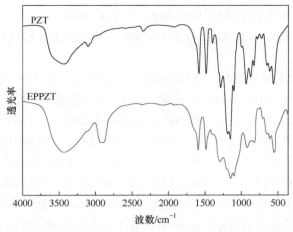

图 6-18　PZT 和 EPPZT 的 FTIR 谱图

(2) 环氧树脂/聚磷腈纳米管复合材料的性能分析。

合成新颖的环氧基团修饰的聚磷腈纳米管,并用它来增强增韧环氧树脂基体,确定了复合材料的制备工艺条件为: 100℃下 2h, 150℃下 3h, 250℃下 3h。从而成功制备了新颖的聚磷腈纳米管环氧树脂复合材料。当聚磷腈纳米管添加量为 0.1%时, 所得到的复合材料的冲击强度和拉伸强度分别达到最高值 53kJ/m^2 和 84MPa, 比纯环氧树脂材料分别提高了 76.7%和 25.4%。研究发现, 复合材料的力学性能与聚磷腈纳米管在基体中的分散情况关系密切, 其均匀分散有利于提高复合材料的力学性能。同时, 随着聚磷腈纳米管的加入, 复合材料在 800℃的残炭率有所提高, 最大失重温度也逐步提高, 并且最大失重率明显降低, 这将使材料的阻燃性能有所提升。

4. 环线型磷腈环氧树脂的合成与表征

1) 环线型磷腈环氧树脂的合成

(1) (2,4-氯-2,4,6,6-苯氧基)环三磷腈[N$_3$P$_3$(OC$_6$H$_5$)$_4$Cl$_2$]的合成。

将六氯环三磷腈(25.00g, 0.072mol)溶于 100mL 的 THF 中, 将苯酚(31.00g, 0.330mol)溶于 100mL THF 中, 缓慢滴加到溶于 100mL THF 中的 NaH(11.40g, 0.332mol)悬浮液中, 混合物在室温下反应 24h。将反应得到的钠溶液在冰浴中滴加到溶有六氯环三磷腈的 THF 溶液中, 混合物混合均匀后升温至室温, 恒温反应 12h。反应结束后,用旋转蒸发仪除去溶剂, 得到油状液体, 然后溶于 500mL CH$_2$Cl$_2$ 中, 溶液用含 3% NaHCO$_3$ 水溶液洗 4 次, 再用无水硫酸钠干燥以除去少量的水, 并用真空旋转蒸发仪除去有机溶剂和少量的水。采用柱层析分离法, 用二氯甲烷和正己烷(体积比 45 : 55)的混合物作为淋洗剂, 分离得到的四取代产物

$N_3P_3(OC_6H_5)_4Cl_2$ 为无色油状液体(15.60g，产率 37.6%)。

(2) [2,4-(4-甲醚基苯氧基)]-2,4,6,6-苯氧基环三磷腈[$N_3P_3(OC_6H_5)_4$ $(OC_6H_5OCH_3)_2$] 的合成。

将 4-羟基苯甲醚(13.65g，0.110mol)溶于 200mL 的 THF 中，滴加到装有 NaH(3.95g，0.115mol)和 200mL 新蒸馏的 THF 三口烧瓶中，搅拌，在水浴中室温反应 24h。反应混合物滴加到溶有 $N_3P_3(OC_6H_5)_4$(31.20g，0.055mol)的 200mL THF 溶液中，继续搅拌，室温反应 24h，然后升温维持在 63℃回流 48h。完全反应后，用旋转蒸发仪除去溶剂，剩下的产物溶于 CH_2Cl_2，用水洗除去产生的盐，最后用旋转蒸发仪除去 CH_2Cl_2。以 CH_2Cl_2 和正己烷(体积比 20∶80)为淋洗剂，采用柱层析法分离得到完全取代产物，其为黄色油状物(21.25g，产量 51.3%)。

(3) [2,4-(4-羟基苯氧基)]-2,4,6,6-苯氧基环三磷腈[$N_3P_3(OC_6H_5)_4$ $(OC_6H_5OH)_2$] 的合成。

将三溴化硼(14.15g，0.05mol)溶于 150mL THF 中，用滴液管缓慢滴加到溶有 $N_3P_3(OC_6H_5)_4(OC_6H_5OCH_3)_2$(21.25g，0.028mol)的 150mL THF 中。混合物在室温下反应 3h，之后再倒到 100mL 水里，得到絮状固体，用水洗三次，最后用旋转蒸发仪减压蒸发除去溶剂。得到棕色的黏性油状液体，其产率为 83% (16.85g)。

(4) 环线型磷腈环氧树脂的合成。

环氧氯丙烷(99mL，1.260mol)和 $N_3P_3(OC_6H_5)_4(OC_6H_5OH)_2$(75.0g，0.105mol) 混合在一个提供搅拌回流的三口烧瓶中，一口通氮气，一口搅拌，一口接冷凝管。先将催化剂 2%十六烷基三甲基溴化胺加入，混合物在 90℃下反应 2h，然后缓慢滴加氢氧化钠溶液(12.60mL，40%)，升温至 98℃继续连续搅拌反应 3h。反应后的混合产物溶于甲苯，用蒸馏水清洗三次。取上层有机层，用无水硫酸镁干燥，用旋转蒸发仪除去溶剂，最后用真空蒸馏彻底除去溶剂，得到的浅黄色油状物为环线型磷腈环氧树脂，合成路线见图 6-19。

(5) 环线型磷腈环氧树脂固化研究。

用 MeTHPA、DDM 和 Novolak 作固化剂，固化合成的环线型磷腈环氧树脂溶于适量丙酮，然后和固化剂以环氧当量比 1∶1 添加到混合液中。2-二甲基咪唑(0.2%)作为一个固化加速剂也加入混合液中，不断搅拌使溶液均匀，注塑到模具里，放在一个真空烘箱中，在 90℃恒温 3h 除去溶剂。采用两步固化过程进行固化得到热固性环氧树脂。用固化剂 MeTHPA、Novolak、DDM 分别在 125℃、150℃、150℃下进行预固化 2h，然后在 175℃下后固化 3h。最后固化程序是将固化体系逐渐冷却到室温，可以避免应力裂纹[20]。

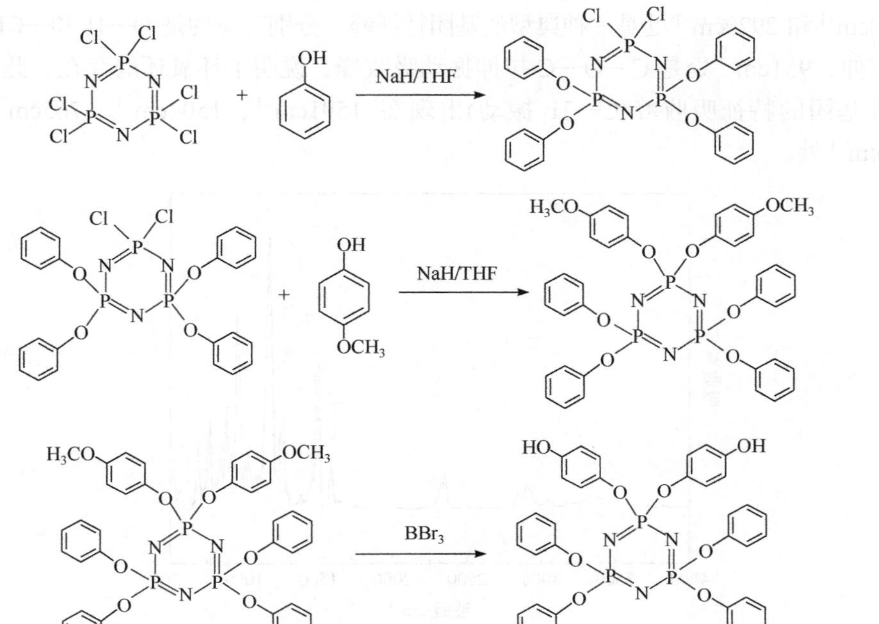

图 6-19　环线型磷腈环氧树脂的合成路线

2) 环线型磷腈环氧树脂的表征

(1) FTIR 分析

图 6-20 显示出合成的环线型磷腈环氧树脂的一个独特的吸收峰,即 1265cm^{-1} 处对应 P=N 拉伸振动峰,表明了磷腈环的存在。1174cm^{-1} 和 880cm^{-1} 处的特征峰对应 P—O—C 拉伸振动,1026cm^{-1} 处是 C—O—C 不对称拉伸振动峰。在

3360cm^{-1} 和 2920cm^{-1} 处是一种典型的基团特征峰，分别对应的是 O—H 和—CH$_2$—的拉伸，951cm^{-1} 处是 C—O—C 拉伸振动吸收峰，说明了环氧环的存在。此外，芳香基团的特征吸收峰(C—H 振动)出现在 1591cm^{-1}、1504cm^{-1}、765cm^{-1} 和 688cm^{-1} 处。

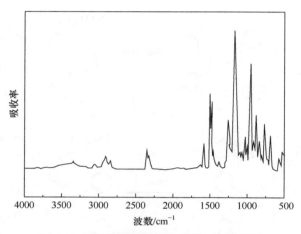

图 6-20　环线型磷腈环氧树脂的 FTIR 谱图

(2) 核磁共振分析

N$_3$P$_3$(OC$_6$H$_5$)$_4$(OC$_6$H$_5$OH)$_2$ 与环氧氯丙烷缩聚合成新型环线型磷腈环氧树脂。图 6-21 中的 ^{1}H NMR 谱图显示了环氧树脂分子链上的 ^{1}H NMR 谱图。在 3.90ppm 和 4.29ppm 附近的两重吸收峰对应环氧乙烷环上亚甲基的 H 质子，2.69ppm 和 2.41ppm 附近的两重吸收峰对应的是环氧乙烷中的亚甲基质子吸收峰，3.32ppm 附近(标记 b)对应的是环氧乙烷上次甲基的质子峰。然而，4.22ppm、4.09ppm 和 3.58ppm 处稍弱的峰分别是—CH$_2$—CH(OH)—CH$_2$—、—CH$_2$—CH(OH)—CH$_2$—上的氢质子吸收峰以及—CH$_2$—CH(OH)—CH$_2$—羟基质子吸收峰。

图 6-22 中的 ^{31}P NMR 谱图表征了合成的环氧树脂的化学结构，并且磷原子化学变化与 N$_3$P$_3$(OC$_6$H$_5$)$_4$(OC$_6$H$_5$OH)$_2$ 很一致。

3) 性能分析

(1) 以 MeTHPA、DDM 和 Novalak 为固化剂，制备了环线型磷腈热固性环氧树脂，合成的热固性环氧树脂具有很高的热阻，其玻璃化转变温度达到 150℃以上，并且有高的残炭率，具有良好的稳定性。

(2) 合成的环线型磷腈环氧树脂达到高 LOI 和 UL-94 V-0 级，由于磷腈环的磷-氮结构协同效应,将磷腈环加到主链的结构使合成的环氧树脂达到高阻燃效果。

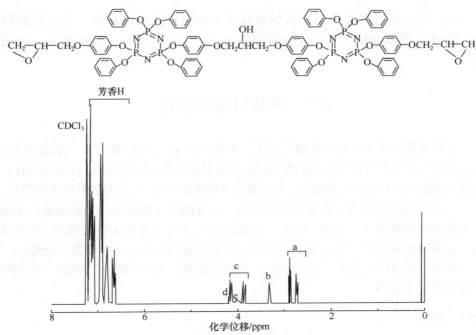

图 6-21　环线型磷腈环氧树脂的 ^{1}H NMR 谱图

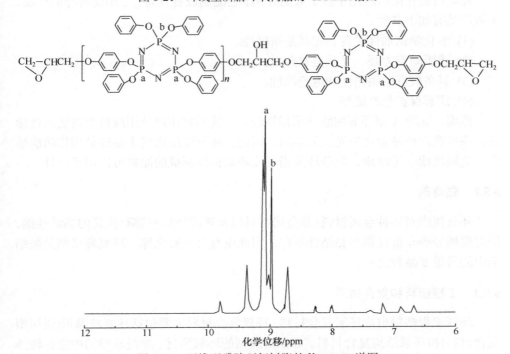

图 6-22　环线型磷腈环氧树脂的 ^{31}P NMR 谱图

　　(3) 制备的热固性磷腈环氧树脂可作为绿色环保功能材料，有良好的耐火、耐热、阻燃性能，被广泛地应用于电子、微电子领域，性能优良，使用安全。

6.5　环氧树脂的应用

　　含环氧基的环三磷腈衍生物主要用于制备阻燃 EP，磷腈基的磷、氮成分通过凝聚相和气相两个方面发挥阻燃作用，赋予热固塑料良好的阻燃性；环氧基的存在使其与树脂基体有良好的相容性，对树脂力学性能影响很小，具有较好的应用前景。

　　环氧树脂优异的力学性能和电绝缘性、良好的黏结性能及其工艺的灵活性是其他热固性塑料所不具备的，因此，它在国民经济的各个领域中得到了广泛的应用。在环氧树脂中引入环磷腈，不仅可以提高其物理性能如力学性能、绝缘性、黏结性等，还可以克服其易燃的性质，有利于拓宽环氧树脂的应用范围。常规环氧树脂有以下应用。

6.5.1　涂料

　　环氧树脂在涂料应用中占很大的比例，它能制成各具特色、用途各异的产品，多数产品有如下共性：

　　(1) 耐化学试剂性优良，尤其是耐碱性。

　　(2) 漆膜附着力强，尤其是对金属。

　　(3) 具备较好的耐热性和电绝缘性。

　　(4) 漆膜保护色性能好。

　　然而，双酚 A 型环氧树脂的耐候性较差，其不宜作户外用涂料及高装饰性涂料，漆膜在户外易粉化失光又欠丰满。因此，环氧树脂涂料主要还是用作防腐蚀漆、金属底漆、绝缘漆，但杂环及脂环族环氧树脂制成的涂料可以用于户外。

6.5.2　黏结剂

　　环氧树脂对各种金属材料、非金属材料以及热固性塑料都有优良的黏结性能，但对聚烯烃等非极性塑料黏结性不好，因此也有万能胶之称。环氧黏结剂是黏结剂中的最重要品种之一。

6.5.3　工程塑料和复合材料

　　环氧工程塑料也称环氧复合材料。环氧复合材料主要包括环氧玻璃钢(通用型复合材料)和环氧结构复合材料，如拉挤成型的环氧型材、缠绕成型的中空回转体制品等。

环磷腈环氧树脂除了上述应用外，由于其阻燃性能和耐高温性能的提高，环氧复合材料也已经成为化工及航空、航天、军工等高技术领域的一种重要的结构材料和功能材料，并受到越来越多的关注。

6.6 小 结

本章主要讨论了几种含环氧基的环三磷腈衍生物的制备及应用。通过各种反应在环三磷腈环上引入环氧基团，使其具有反应性。含环氧基的环三磷腈衍生物可以作为各类环氧树脂的反应型阻燃剂使用，对环氧树脂的力学性能影响小且阻燃性能持久。另外，由于本身含有环氧基团，含环氧基的环三磷腈衍生物也可以用普通环氧树脂的固化剂将其固化，固化后的树脂含氮量和含磷量都相当高，具有无可比拟的阻燃性能。通过对含环氧基的环三磷腈衍生物结构的调控和利用并添加剂改性，有望得到综合性能更加优异的环氧树脂基复合材料，其具有广泛的应用前景。

参 考 文 献

[1] Clayton A. Epoxy Resins-Chemistry and Technology[M]. New York：Marcel Dekker, 1988.

[2] Decker C, Nguyen T V T, Pham T H. Photoinitiated cationic polymerization of epoxides[J]. Polymer International, 2001, 50(9): 986-997.

[3] Mimura K, Ito H. Characteristics of epoxy resin cured with *in situ* polymerized curing agent[J]. Polymer, 2002, 43(26): 7559-7566.

[4] Park S J, Jin F L. Thermal stabilities and dynamic mechanical properties of sulfone-containing epoxy resin cured with anhydride[J]. Polymer Degradation and Stability, 2004, 86(3): 515-520.

[5] 焦剑, 蓝立文, 陈立新. 环氧树脂的增韧[J]. 化工新型材料, 2000, (5): 7-10.

[6] 陈平, 程子霞, 郭昕昕, 等. 环氧树脂与氰酸酯共固化反应的研究[C]. 中国科协首届学术年会, 杭州, 1999.

[7] 付东升, 朱光明, 韩娟妮. 环氧树脂的改性研究发展[J]. 热固性树脂, 2002, (5): 33-35, 40.

[8] 钱军民, 李旭祥. 聚乙烯增强增韧改性进展[J]. 工程塑料应用, 2000, 28(12): 42-45.

[9] 石宁. 高性能环氧树脂的开发和应用趋势[J]. 热固性树脂, 2000, (2): 30-33.

[10] Hauk A, Sklorz M, Bergmann G, et al. Analysis and toxicity testing of combustion gases 2. Characterisation of combustion products from halogen-free flame-retardant duroplastic polymers for electronics[J]. Journal of Analytical and Applied Pyrolysis, 1995, 31(94): 141-156.

[11] 张斌, 刘伟区. 有机硅改性环氧树脂[J]. 化工新型材料, 2001, (8): 14-18.

[12] 白雪萍. 磷腈的磷酸酯化研究[D]. 上海：上海交通大学, 2008.

[13] 时虎. 聚磷腈化合物的应用研究[J]. 化工科技市场, 2002, (5): 32-35.

[14] Gouri M E, Bachiri A E, Hegazi S E, et al. Thermal degradation of a reactive flame retardant

based on cyclotriphosphazene and its blend with DGEBA epoxy resin[J]. Polymer Degradation and Stability, 2009, 94(11): 2101-2106.

[15] Levan Q. Thèse de docteur-Ingénieur[D]. Toulouse: Institut National Polytechnique de Toulouse, 1981.

[16] Liu H, Wang X, Wu D. Synthesis of a novel linear polyphosphazene-based epoxy resin and its application in halogen-free flame-resistant thermosetting systems[J]. Polymer Degradation and Stability, 2015, 118: 45-58.

[17] Liu F, Wei H, Huang X, et al. Preparation and properties of novel inherent flame-retardant cyclotriphosphazene-containing epoxy resins[J]. Journal of Macromolecular Science, Part B: Physics, 2010, 49(5): 1002.

[18] Liu R, Wang X. Synthesis, characterization, thermal properties and flame retardancy of a novel nonflammable phosphazene-based epoxy resin[J]. Polymer Degradation and Stability, 2009, 94(4): 617-624.

[19] Gu X, Huang X, Wei H, et al. Synthesis of novel epoxy-group modified phosphazene-containing nanotube and its reinforcing effect in epoxy resin[J]. European Polymer Journal, 2011, 47(5): 903-910.

[20] Liu J, Tang J, Wang X, et al. Synthesis, characterization and curing properties of a novel cyclolinear phosphazene-based epoxy resin for halogen-free flame retardancy and high performance[J]. RSC Advances, 2012, 2(13): 5789-5799.

第7章 含羧基/酯基环三磷腈阻燃材料

7.1 引 言

本章主要讨论以六氯环三磷腈为基体，与各种烷基和羧基化合物所合成的羧基环三磷腈以及酯基环三磷腈。该类环三磷腈衍生物由于磷腈环的存在而具有较好的阻燃性能，经过一定的处理可作为阻燃剂，提高树脂阻燃性能[1]，或者由于自身特殊基团的存在可以在紫外光下进行本体固化，得到一种感光性的阻燃材料。此外，通过乳液聚合研究了该类衍生物在不同磷含量的情况下对棉织物的阻燃效果的影响。

7.2 含羧基/酯基环三磷腈的制备

7.2.1 六(对羧基苯氧基)环三磷腈的制备

以对羟基苯甲醛和 NaH 为主要原料，在四氢呋喃(THF)溶液和氮气条件下首先制得中间产物六(对醛基苯氧基)环三磷腈，然后加入 KMnO₄ 和 NaOH，在四氢呋喃溶液中制得目标产物，通过洗涤和干燥得终产物六(对羧基苯氧基)环三磷腈(HCPCP)[1]，其合成路线如图 7-1 所示。并且其后续产物六(对甲酰胺乙酸甲酯苯氧基)环三磷腈表现出了优异的耐热性和良好的稳定性[2]，在树脂、弹性体、纤维、

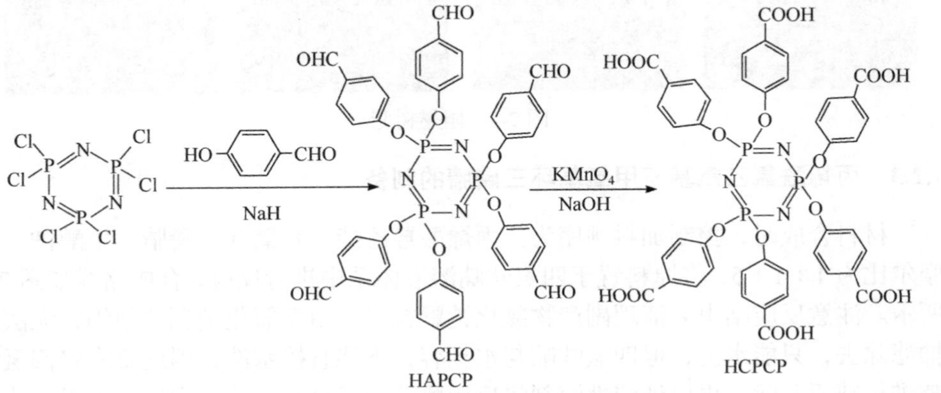

图 7-1 HCPCP 的合成路线

薄膜、涂料、工程塑料、各种助剂、药物释放载体[3,4]、组织工程支架等[5,6]生物材料和高分子药物[7-9]领域均有广泛应用。

7.2.2 酯基和苯氧基环三磷腈衍生物的制备

首先，羟基苯甲酸乙酯和苯酚分别与六氯环三磷腈反应合成环三磷腈的对羟基苯甲酸乙酯衍生物和苯酚衍生物，并将其作为两种反应型阻燃剂(A 和 B)，其分子结构如图 7-2 所示。将甲基丙烯酸甲酯(MMA)和一定比例的阻燃剂混合，以偶氮二异丁腈(AIBN)为引发剂进行阻燃树脂的预聚，预聚完成后将其倒入玻璃模具内并置于真空干燥箱进行固化，固化完成后冷却至室温即可取出，得到无色片状树脂[10-12]，如图 7-3 所示。

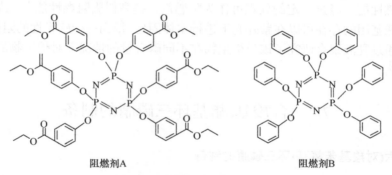

阻燃剂A 阻燃剂B

图 7-2 两种阻燃剂的分子结构

图 7-3 阻燃树脂

7.2.3 丙烯酰氧乙氧基五甲氧基环三磷腈的制备

材料合成时，控制加料顺序为：丙烯酸羟乙酯、六氯环三磷腈、甲醇钠，其摩尔比为 1∶1∶5，将原料置于四氢呋喃溶液体系中进行反应，合成路线如图 7-4 所示。注意反应结束后清理副产物氯化钠颗粒时，由于氯化钠颗粒很细，无法用抽滤除去，只能水洗，但四氢呋喃与水相容，不能直接水洗，因此要先将四氢呋喃进行减压蒸除，再以油溶性溶剂将反应物溶解后进行水洗。水洗、干燥、旋蒸后得到目标产物[13-15]。

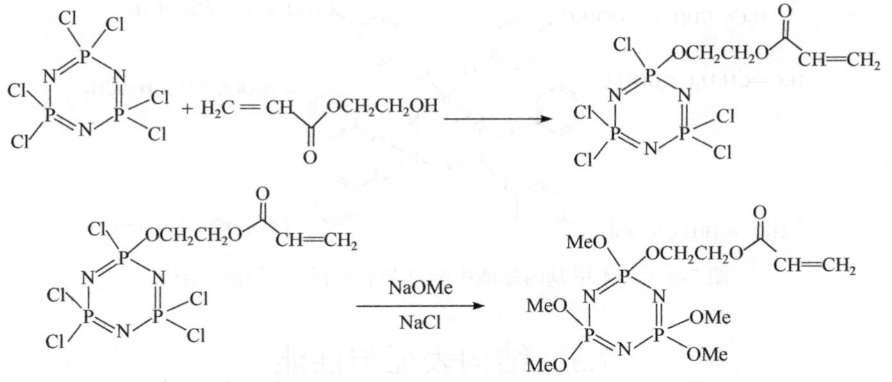

图 7-4　丙烯酰氧乙氧基五甲氧基环三磷腈的合成路线

7.2.4　丙烯酰氧乙氧基五乙氧基环三磷腈的制备

以丙烯酸羟乙酯、六氯环三磷腈、乙醇钠为原料，丙烯酸羟乙酯：六氯环三磷腈：乙醇钠按照摩尔比 1∶1∶5 进行合成[3]，合成路线如图 7-5 所示。

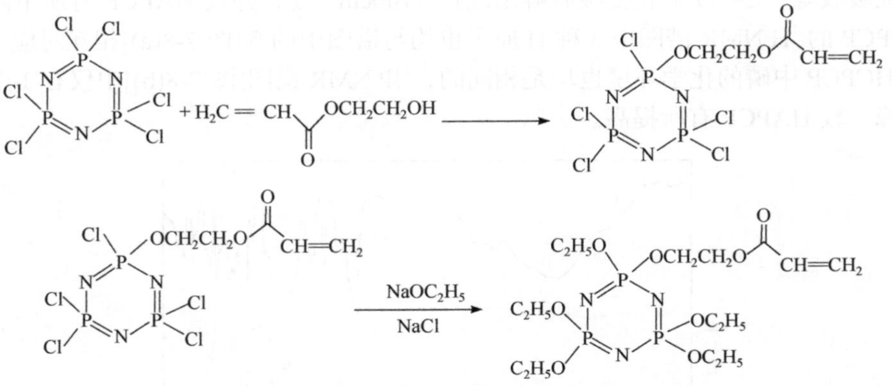

图 7-5　丙烯酰氧乙氧基五乙氧基环三磷腈的合成路线

7.2.5　六(4-甲基丙烯酸甲酯基苯氧基)环三磷腈的制备

先用氢氧化钾和甲基丙烯酸在甲醇的环境下合成甲基丙烯酸钾盐，然后通过甲基丙烯酸钾盐、六(4-溴代甲基苯氧基)环三磷腈、对苯二酚、丙酮、四丁基溴化铵混合反应一定时间，冷却后减压蒸馏得初产物，先后通过甲苯、弱碱水、蒸馏水进行洗涤，最后通过加入无水硫酸钠过夜、干燥、减压蒸馏得到终产品[16-18](图 7-6)。此外，云南师范大学的毕韵梅等[19]也合成了类似结构，其相应的水解产物制成的水凝胶可用于多态、蛋白质药物的控制释放载体。

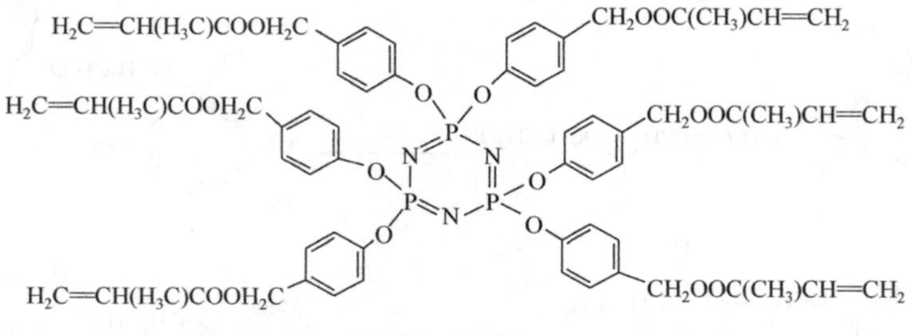

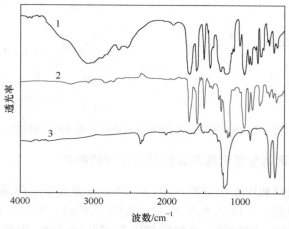

图 7-6 六(4-甲基丙烯酸甲酯基苯氧基)环三磷腈的结构

7.3 结构表征与性能

7.3.1 六(对羧基苯氧基)环三磷腈的结构表征和性能测试

1. 结构表征

由 HCPCP 的 FTIR 谱图(图 7-7 谱线 1)可见 2500～3330cm^{-1} 处出现—OH 的特征吸收峰，C=O 的特征吸收峰出现在 1700cm^{-1} 处，并较 HAPCP 有所下降。HCPCP 的 ^{1}H NMR 谱图中 3 种 H 原子也均与谱图中的峰[图 7-8(a)]相互对应。由于 HCPCP 中磷的化学环境也均是相同的，^{31}P NMR 谱图[图 7-8(b)]中仅有 1 个特征峰，较 HAPCP 有所提高。

图 7-7 HCPCP(1)、HAPCP(2)和 HCCTP(3)的 FTIR 谱图

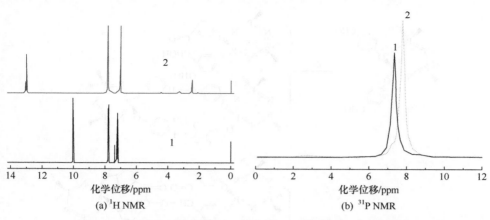

图 7-8 HAPCP(1)和 HCPCP(2)的 ¹H NMR 谱图和 ³¹P NMR 谱图

(a) ¹H NMR

(b) ³¹P NMR

2. 热分析

HCPCP 在 300℃时发生质量损失(28%)，可能是生成分子间或分子内的酸酐结构并发生交联所致(图 7-9)，但同时也有羧基的脱除，使得其交联程度比 HAPCP 的交联程度(图 7-10)差，因此其在 800℃时的残炭率也达到 43%。由图 7-11(a)也可以看出，在对羟基苯甲醛引入后，HAPCP 和 HCPCP 较 HCCTP 的热失重温度提高近 200℃。在 DSC[图 7-11(b)]曲线上，HCCTP 在 113℃出现熔融峰，该温度与其熔点温度一致，160℃后开环裂解。HAPCP 的熔点在 160℃左右，HCPCP 没有出现明显的熔融峰。

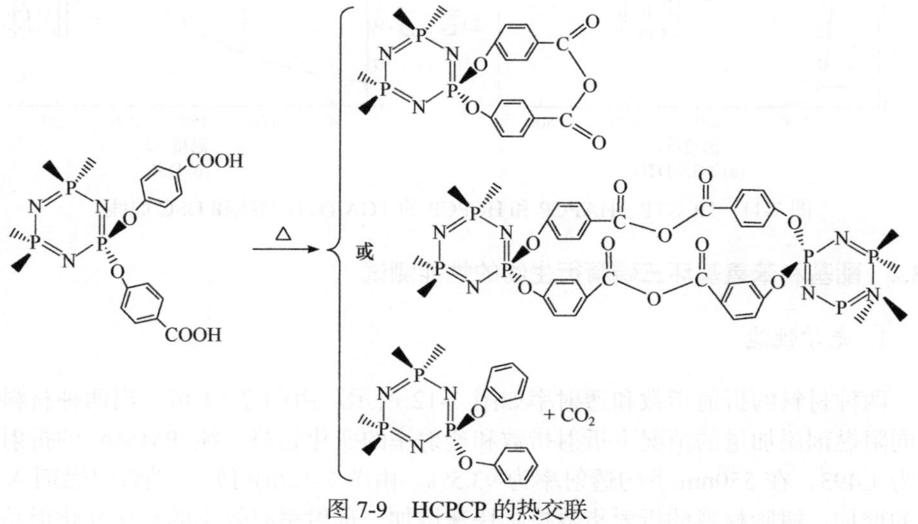

图 7-9 HCPCP 的热交联

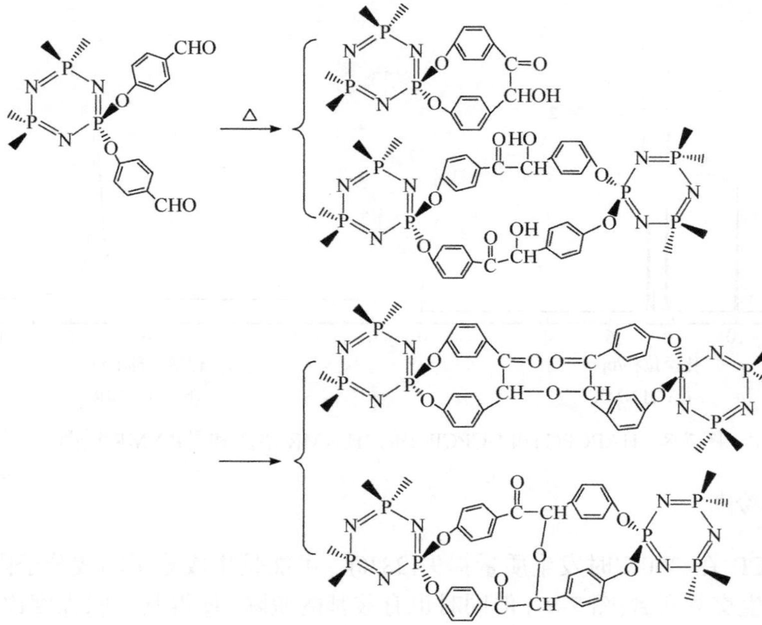

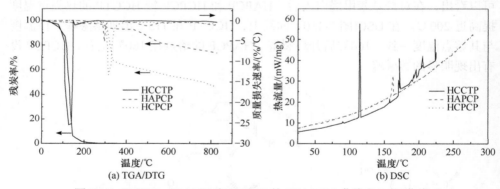

图 7-10　HAPCP 的热交联

(a) TGA/DTG　　(b) DSC

图 7-11　HCCTP、HAPCP 和 HCPCP 的 TGA/DTG 曲线和 DSC 曲线

7.3.2　酯基和苯氧基环三磷腈衍生物的性能测试

1. 光学性能

两种材料的折射指数和透射率如图 7-12 所示。由图 7-12 可看出两种材料在不同阻燃剂添加量的情况下折射指数和透射率的变化趋势。纯 PMMA 的折射指数为 1.493，在 550nm 下的透射率为 93.5%。由图 7-12(a)可知，随着阻燃剂 A 含量的增加，树脂材料的折射指数持续快速增加，透射率有较小的起伏变化但总体

变化区域稳定，当阻燃剂 A 的含量增加至 70%时，折射指数增加到 1.525，透射率不低于 90%。由图 7-12(b)可知，随着阻燃剂 B 含量的增加，材料的折射指数同样快速持续增加，但透射率缓慢持续下降，当阻燃剂 B 的含量增加至 50%时，折射指数高于 1.530，透射率降至 86.6%。

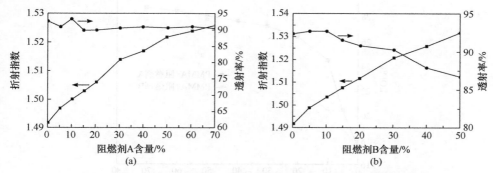

图 7-12　阻燃剂与 PMMA 的不同比例对样品的折射指数和透射率的影响

2. 热性能

由材料的 TGA 曲线(图 7-13)可看出，两种阻燃剂的热性能明显高于纯PMMA，两种阻燃剂分别在 345℃和 376℃出现质量的急剧下降，到 900℃时，阻燃剂 B 残炭率为 1.92%，阻燃剂 A 残炭率为 27%。阻燃剂 A 含量为 30%的阻燃树脂材料在 900℃的残炭率为 4.5%，阻燃剂 B 含量为 30%的阻燃树脂材料在 900℃几乎没有残炭。

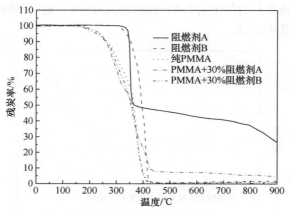

图 7-13　材料的 TGA 曲线

3. 阻燃性能

由图 7-14 可以看出，阻燃剂 A 或者阻燃剂 B 加入后，材料的阻燃性能都有

了明显提高，当阻燃剂的添加量小于 50%时，含阻燃剂 A 的阻燃树脂材料的 LOI
高于含阻燃剂 B 的阻燃树脂材料。当阻燃剂含量高于 50%时，含两种阻燃剂的阻
燃树脂材料的 LOI 变化几乎相同，均高于 28%。

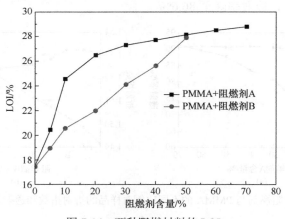

图 7-14　两种阻燃材料的 LOI

7.3.3　丙烯酰氧乙氧基五甲氧基环三磷腈的结构表征和性能测试

1. 红外光谱分析

如图 7-15 所示，六氯环三磷腈谱线在 1217cm^{-1} 处出现了磷腈骨架中 P=N 键
的特征吸收峰。873.6cm^{-1} 处为磷腈骨架中 P—N 键的吸收峰，602.9cm^{-1} 和
525.2cm^{-1} 处则为 P—Cl 键的吸收峰。丙烯酰氧乙氧基五甲氧基环三磷腈的 FTIR
谱图中除保持有磷腈环骨架的特征吸收峰以外，P—Cl 键的强吸收峰基本消失，
这表明取代反应基本完成。

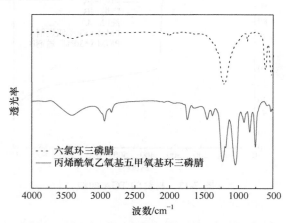

图 7-15　磷腈单体与丙烯酰氧乙氧基五甲氧基环三磷腈的 FTIR 谱图

2. 热分析

由图 7-16 可以看出，丙烯酰氧乙氧基五甲氧基环三磷腈在 120～170℃的失重比较大，因此可以选择 70～100℃作为此单体的聚合温度。

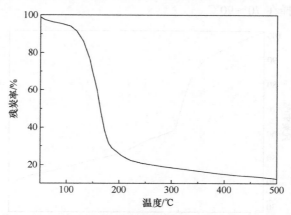

图 7-16　丙烯酰氧乙氧基五甲氧基环三磷腈的 TGA 曲线

7.3.4　丙烯酰氧乙氧基五乙氧基环三磷腈的结构表征和性能测试

1. 红外光谱分析

如图 7-17 所示，六氯环三磷腈谱线在 1217cm^{-1} 处出现了磷腈骨架中 P≡N 键的特征吸收峰，873.6cm^{-1} 处为磷腈骨架中 P—N 键的吸收峰，602.9cm^{-1} 和 525.2cm^{-1} 处则为 P—Cl 键的吸收峰。图中产物丙烯酰氧乙氧基五乙氧基环三磷腈的 FTIR 谱图显示，除保持了磷腈环骨架的特征吸收峰以外，P—Cl 键的强吸收峰基本消失，这表明取代反应已经基本完成。

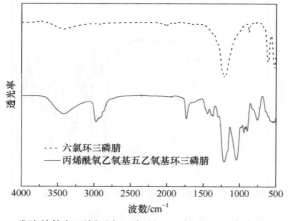

图 7-17　磷腈单体与丙烯酰氧乙氧基五乙氧基环三磷腈的 FTIR 谱图

2. 热分析

丙烯酰氧乙氧基五乙氧基环三磷腈的 TGA 曲线如图 7-18 所示。由图可看出阻燃剂在 150~200℃失重较大，200℃以上失重明显减缓。因此该阻燃剂单体的聚合温度可以选择在 70~90℃。

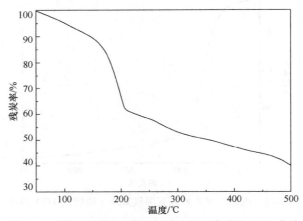

图 7-18　丙烯酰氧乙氧基五乙氧基环三磷腈的 TGA 曲线

7.3.5　六(4-甲基丙烯酸甲酯基苯氧基)环三磷腈的结构表征

1. 红外光谱分析

六(4-甲基丙烯酸甲酯基苯氧基)环三磷腈的 FTIR 谱图如图 7-19 所示，1718.45cm^{-1} 处为酯键中 C=O 的吸收峰，1632.68cm^{-1} 处为 C=C 的伸缩振动吸收峰，1611.14cm^{-1}、1507.85cm^{-1}、1452.86cm^{-1} 处为苯环骨架的伸缩振动峰，1210.54cm^{-1}

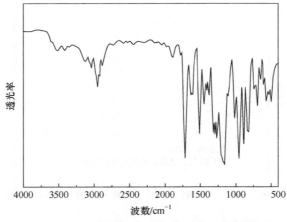

图 7-19　六(4-甲基丙烯酸甲酯基苯氧基)环三磷腈的 FTIR 谱图

处为 C—O—C 吸收峰，1267.53cm⁻¹、1154.99cm⁻¹ 处为环三磷腈的 P=N 的吸收峰，1109.96cm⁻¹、1014.03cm⁻¹、953.36cm⁻¹ 处为 P—O—C 的吸收峰，888.22cm⁻¹ 处为 P—N 的吸收峰[4]。

2. 核磁共振氢谱分析

六(4-甲基丙烯酸甲酯基苯氧基)环三磷腈的核磁共振氢谱如图 7-20 所示，以氘代氯仿(DCCl₃)为溶剂，以 TMS 为内标。其中 δ=7.2ppm、δ=6.9ppm、δ=6.1ppm、δ=5.6ppm、δ=5.2ppm、δ=2.0ppm 六种化学位移的 H 数目之比为 2∶2∶1∶1∶2∶3。δ=7.2ppm 为 H_a 的化学位移，δ=6.9ppm 为 H_b 的化学位移，δ=6.1ppm 为 H_c 的化学位移，δ=5.6ppm 为 H_d 的化学位移，δ=5.2ppm 为 H_e 的化学位移，δ=2.0ppm 为 H_f 的化学位移[12]。

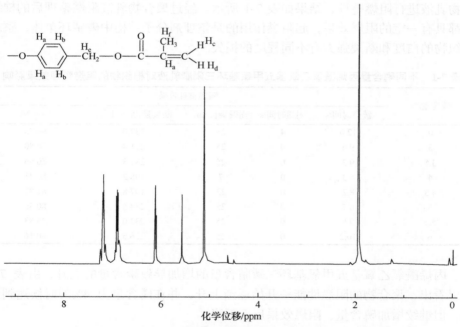

图 7-20　六(4-甲基丙烯酸甲酯基苯氧基)环三磷腈的核磁共振氢谱

7.4　应　　用

7.4.1　六(对羧基苯氧基)环三磷腈的应用

1. 阻燃 ABS 树脂加工及其阻燃性能测试

按比例称取一定量的 HCPCP 和 ABS 树脂，经高速混合和干燥后，将其置于平板硫化机上成型，脱模制样后，采用极限氧指数测试方法对其阻燃性能进行测试。

2. 阻燃性能测试结果

纯 ABS 树脂在空气中极易燃烧，其极限氧指数仅为 18%；而当 HCPCP 的质量分数为 30%时，阻燃 ABS 树脂的极限氧指数达到 25%。

7.4.2　丙烯酰氧乙氧基五甲氧基环三磷腈的应用

采用预乳化工艺，将阻燃剂单体丙烯酰氧乙氧基五甲氧基环三磷腈、MMA、丙烯酸丁酯(BA)和丙烯酰胺混合及乳化。乳化剂采用十二烷基硫酸钠(SDS)和 Span60 的阴/非复合乳化剂，引发剂为过硫酸钾[11]。

由于不同磷含量的聚合物对棉织物的阻燃效果不同，用 7 种不同磷含量的聚合物乳液进行阻燃整理，结果如表 7-1 所示。经过聚合物乳液阻燃整理后的棉织物都具有一定的阻燃效果，起阻燃作用的是整理剂分子结构中磷腈环单体，整理后织物的白度和断裂强力有不同程度的损失。

表 7-1　不同磷含量丙烯酰氧乙氧基五甲氧基环三磷腈乳液对棉织物的阻燃整理效果影响

磷含量/%	阻燃整理效果				
	续燃时间/s	阴燃时间/s	损毁炭长/cm	断裂强力/N(纬向)	白度/%
0	12.0	4	25	337.0	86.76
3	9.6	0	25	231.4	78.80
3.5	9.3	0	25	237.3	80.56
4	6.3	0	7	198.2	80.41
4.5	8.2	0	23	197.8	81.82
5	8.7	0	25	234.6	80.36
5.5	9.5	0	25	232.0	75.83
6	10.2	0	25	236.5	80.16

丙烯酰氧乙氧基五甲氧基环三磷腈含量的增加导致磷含量的上升，由表 7-1 可以看出，聚合物的阻燃性能一开始逐渐上升，并在磷含量为 4%的时候达到最佳，但继续增加磷含量，阻燃效果反而下降。

7.4.3　丙烯酰氧乙氧基五乙氧基环三磷腈的应用

采用乳液聚合的方法，将单体丙烯酰氧乙氧基五乙氧基环三磷腈与其他丙烯酸酯单体共聚合，然后使用共聚乳液对棉织物进行阻燃整理。聚合反应方程式如图 7-21 所示。

同表 7-1 一样，选用 7 个不同磷含量的聚合物乳液进行阻燃整理，整理结果如表 7-2 所示。由表 7-2 中数据可看出，一开始随着磷含量的增加，材料的阻燃效果呈现增强的趋势并在磷含量为 4%的时候达到最佳阻燃效果。但此后继续增加磷含量，材料的阻燃效果明显下降。

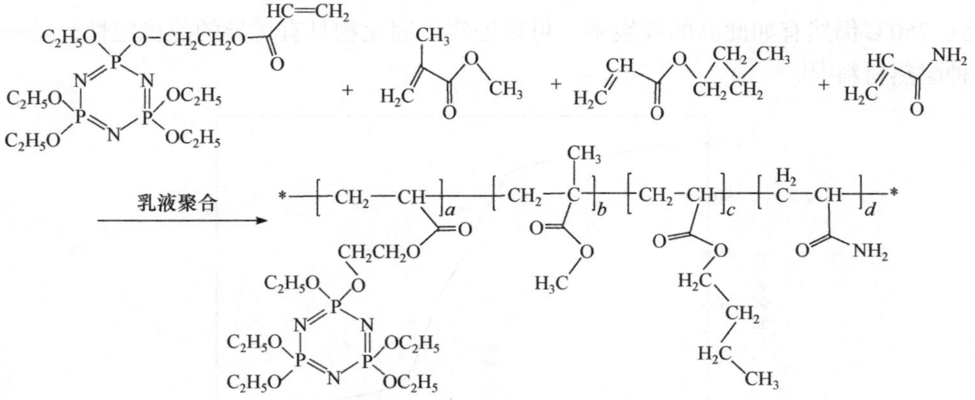

图 7-21　聚合反应方程式

表 7-2　不同磷含量丙烯酰氧基五乙氧基环三磷腈乳液对棉织物的阻燃整理效果影响

磷含量/%	阻燃整理效果				
	续燃时间/s	阴燃时间/s	损毁炭长/cm	断裂强力/N(纬向)	白度/%
0	12	4.2	25	337.0	86.76
3	9.5	0	25	231.4	82.35
3.5	9.3	0	25	237.3	81.63
4	8.9	0	25	198.2	75.89
4.5	9.2	0	25	197.8	80.92
5	9.6	0	25	234.6	83.65
5.5	10	0	25	232.0	81.33
6	10.1	0	25	236.5	81.16

7.4.4　六(4-甲基丙烯酸甲酯基苯氧基)环三磷腈的应用

六(4-甲基丙烯酸甲酯基苯氧基)环三磷腈在紫外光照射下，15min 后即可形成一坚固、浅黄色树脂状固体。

1. 热稳定性

图 7-22 为六(4-甲基丙烯酸甲酯基苯氧基)环三磷腈固化后树脂产物的 TGA 图，从图中可看出，在 322℃处开始出现质量的明显下降，一直持续到 497℃，失重为 45%，之后虽然趋于平缓，但仔细观察可发现当温度升到 673℃时出现另一个较为明显的降幅，这恰好是含磷化合物过热分解的一个特征：随着温度的升高，当温度达到 497℃拐点的时候，固化物中的含磷组分分解为覆盖在固化物表面上的一层含磷量较高的残留物，而该层残留物对表层以下的固化物起到了延缓热分

解的作用，随着温度进一步升高，表面的残留物不断分解，当到达 673℃时，残留物分解完全，这时，残留物中的固化物的热分解就产生了第二个降幅。温度升到 750℃仍然有如此高的残炭率，可以证实该固化物具有优异的热稳定性，是一种耐热材料[12]。

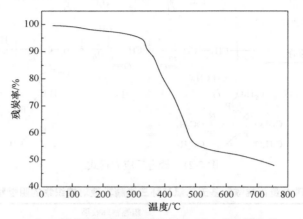

图 7-22　六(4-甲基丙烯酸甲酯基苯氧基)环三磷腈树脂的 TGA 图

2. 阻燃性

由于本研究合成的固化树脂没有制备成测试 LOI 试样，而且环状磷腈聚合物自身的 LOI 很难测定，因此通过 van Krevelen 推导的物质热分解时残炭率与 LOI 之间的经验公式，计算出固化树脂的 LOI。

首先将 700～750℃对应数据用一元线性拟合得到 $Y=(75.35669-0.03601X)/100$（$X$ 为温度，Y 为残炭率），可以初步计算出在 850℃的残炭率(CR)为 44.75%；再根据 van Krevelen 经验公式：LOI=17.5%+0.4CR 进行计算，得到该固化后树脂产物的 LOI 为 35.4%，其属于难燃类物质，足以满足材料的阻燃要求[12]。

7.5　小　　结

综上所述，环三磷腈的羧基/酯基衍生物能显著提高材料的阻燃性能，并且使其在光学和力学性能上都有一定程度的提升，且其制备过程并不复杂，实验条件易满足，材料也具备无卤、无毒、无公害的环境友好特性。可以预见，在未来，羧基/酯基环三磷腈的发展必然受到重视并被进行重点开发。

参 考 文 献

[1] 邴柏春, 李斌, 贾贺. 六对羧基苯氧基环三磷腈的合成及其热性能[J]. 应用化学, 2009,

　　26(7): 753-756.

[2] 邴柏春, 李斌. 一种新星型大分子——六对甲酰胺乙酸甲酯苯氧基环三磷腈的合成及其热性能、水解性能的表征[J]. 中国科学(B 辑: 化学), 2009, (12): 48-57.

[3] Lakshmi S, Katti D S, Laurencin C T. Biodegradable polyphosphazenes for drugdelivery applications[J]. Advanced Drug Delivery Reviews, 2003, 55(4): 467-482.

[4] Veronese F M, Marsilio F, Caliceti P, et al. Polyorganophosphazene microspheres for drug release: Polymer synthesis, microsphere preparation, *in vitro* and *in vivo* naproxen release[J]. Journal of Controlled Release, 1998, 52(3): 227-237.

[5] Nair L S, Bhattacharyya S, Bender J D, et al. Fabrication and optimization of methylphenoxy substituted polyphosphazene nanofibers for biomedical applications[J]. Biomacromolecules, 2004, 5(6): 2212-2220.

[6] Laurencin C T, El-Amin S F, Ibim S E, et al. A highly porous 3-dimensional polyphosphazene polymer matrix for skeletal tissue regeneration[J]. Journal of Biomedical Materials Research, 1996, 30(2): 133-138.

[7] Allcock H R, Fuller T J. Phosphazene high polymers with steroidal side groups[J]. Macromolecules, 1980, 13(6): 1338-1345.

[8] Allcock H R, Neenan T X, Kossa W C. Coupling of cyclic and high-polymeric [(aminoaryl) oxy]phosphazenes to carboxylic acids: Prototypes for bioactive polymers[J]. Macromolecules, 1982, 15(3): 693-696.

[9] Allcock H R, Austin P E, Rakowsky T F. Diazo coupling reactions with poly (organophosphazenes) [J]. Macromolecules, 1981, 14(6): 1622-1625.

[10] Guo Y N, Qiu J J, Tang H Q, et al. High transmittance and environment-friendly flame-resistant optical resins based on poly(methyl methacrylate) and cyclotriphosphazene derivatives[J]. Journal of Applied Polymer Science, 2011, 121(2): 727-734.

[11] Shin Y J, Ham Y R, Kim S H, et al. Application of cyclophosphazene derivatives as flame retardants for ABS[J]. Journal of Industrial and Engineering Chemistry, 2010, 16(3): 364-367.

[12] Pohlein M, Bertran R U, Wolf M, et al. Preparation of reference materials for the determination of RoHS-relevant flame retardants in styrenic polymers[J]. Analytical and Bioanalytical Chemistry, 2009, 394(2): 583-595.

[13] 赵言. 环磷腈丙烯酸酯乳液聚合及棉织物阻燃整理[D]. 苏州: 苏州大学, 2009.

[14] 袁小红, 殷薇. 阻燃技术的现状及在家纺领域中的应用[J]. 现代纺织技术, 2008, 1: 65-66.

[15] 雷同宝, 王京红. 阻燃剂及阻燃织物的发展前景[J]. 纺织科学研究, 2001, 2: 16-18.

[16] 洪育林. 六氯环三磷腈及其衍生物的合成及性能研究[D]. 武汉: 华中科技大学, 2007.

[17] Allcock H R. Chemistry and Applications of Polyphosphazenes[M]. New York: John Wiley & Sons, 2003: 1-100.

[18] 牟莉, 孙德. 六氯环三磷腈的合成与分离[J]. 长春大学学报, 2006, 16(3): 55-57.

[19] 毕韵梅, 遇丽, 杨海燕, 等. 六(4-乙氧羰苯氧基)三聚磷腈的合成研究[J]. 云南大学学报: 自然科学版, 2005, 27(5): 421-423.

第 8 章 其他磷腈阻燃材料

8.1 引 言

前面几章介绍了含羟基/氨基环三磷腈、含双键环三磷腈、环氧基环三磷腈及含羧基/酯基环三磷腈及其他反应型的环三磷腈衍生物,这些衍生物都是通过本身带有氨基或者羟基并且同时带有其他官能团的分子与六氯环三磷腈反应,利用氨基或者羟基取代六氯环三磷腈上的氯原子,从而把官能团接磷腈环上,通过这些官能团参与聚合反应,从而把三磷腈环引入聚合物分子结构中,达到阻燃的目的。而烷氧基环三磷腈和苯氧基环三磷腈衍生物是直接利用醇或酚的羟基取代六氯环三磷腈的氯原子,本身不带官能团,但是芳环或者脂肪链的引入,增强了环三磷腈衍生物与聚合物的相容性,可以通过共混的方式加入聚合物中,也能达到阻燃的目的。

本章介绍的其他磷腈阻燃材料,仍是通过一些有机化合物上的羟基或者氨基取代六氯环三磷腈上的氯原子,从而生成环三磷腈衍生物。采用单官能团化合物与六氯环三磷腈反应,磷腈环上的六个氯原子都被取代,得到的是环三磷腈的六元衍生物;如果采用双官能团化合物,则双官能团化合物上的两个官能团分别取代同一个 P 原子上的两个氯原子,形成环状结构,从而得到三元衍生物。此外,一些双官能团或者多官能团化合物本身能够通过其官能团取代六氯环三磷腈的氯原子聚合而形成高分子化合物,即聚磷腈。

8.2 磷腈六元衍生物阻燃材料

8.2.1 磷腈六元衍生物的合成及表征

1. 六苯胺环三磷腈的合成及表征

由苯胺与六氯环三磷腈在一定的条件下可以一步反应生成六苯胺环三磷腈(HPACP)[1],如图 8-1 所示。

Yang 等[2]将 5g 六氯环三磷腈、8mL 苯胺、12mL 三乙胺、80mL THF 放入 250mL 三口烧瓶中,并在回流温度(75℃)下搅拌。在氮气气氛中搅拌,在回流温度(约 75℃)下反应 13h。之后,通过真空蒸发 THF 浓缩混合物,获得棕色黏性产物,并在 60℃

真空干燥(压力小于 10mmHg，1mmHg=1.33322 × 10²Pa)6h。取代反应是有机亲核试剂进攻磷原子。

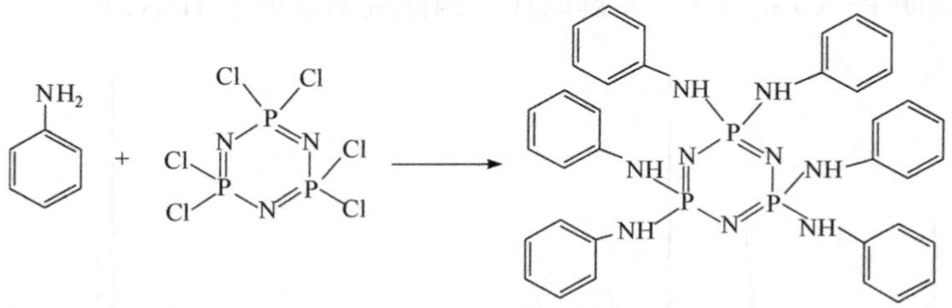

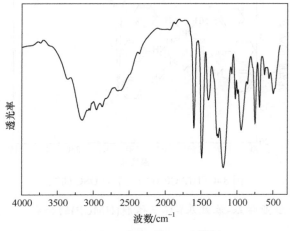

图 8-1　苯胺与六氯环三磷腈的取代反应

Chen 等[3]将 Jamie 等[1]的方法进行了改进。在室温下，将 10g HCCTP 溶解到 200mL 甲苯和 100mL 三乙胺的混合溶液中，然后在搅拌下加入 345mmol 苯胺。白色沉淀物的形成表明反应开始。将溶液加热至回流，直到置换完成，冷却后过滤。在氢氧化钾溶液中中和滤渣，从滤渣中获得 HPACP。通过过滤分离 HPACP 并用水洗涤。产物在真空下干燥，得到 16.8g(产率 89.9%)白色粉末；熔点 279.2℃(DSC)[3]。

图 8-2 为 HPACP 的 FTIR 谱图。从图 8-2 可以看出，3200～3500cm⁻¹ 处为 N—H 的拉伸振动吸收峰；1602.14cm⁻¹、1498.28cm⁻¹、1404.91cm⁻¹ 处为苯的骨架振动吸收峰；1209.16cm⁻¹ 处为 P＝N 拉伸振动吸收峰；1078.30cm⁻¹、1031.99cm⁻¹、1000.98cm⁻¹ 处为 P—N—P 的环振动吸收峰；692.01cm⁻¹ 处为 P—N—P 的对称拉伸振动吸收峰。以上表明合成的产物为 HPACP。

图 8-2　HPACP 的 FTIR 谱图

HPACP 的 ¹H NMR 和 ³¹P NMR 谱图如图 8-3 所示。在图 8-3(a)中，δ=1.3ppm

的峰属于—NH—的氢原子，δ=6.8～7.3ppm 的峰属于苯环上的氢原子，这表明苯胺被引入环三磷腈。在图 8-3(b)中，δ=20.4ppm 处的峰消失，而 δ=2.1ppm 处出现新峰，这表明 P—Cl 键被 P—N 键取代，因此说明合成了 HPACP。

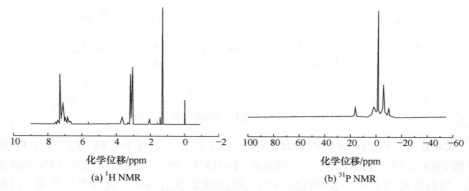

（a）^{1}H NMR　　　　　　　　　　　（b）^{31}P NMR

图 8-3　HPACP 的 NMR 谱图

图 8-4 是空气中 HPACP 的 DSC 曲线。结果表明，HPACP 的熔点为 279.2℃，起始熔融温度为 264℃，完全熔融温度为 286℃。起始熔融温度接近 PET 的熔点。从曲线上还可以看出，在低于 PET 工艺温度的 310℃，HPACP 不分解，在 350℃左右固化的波动可能是由于 HPACP 在分解过程中的放热和吸热变化。所有结果表明，HPACP 适合与聚酯共混。

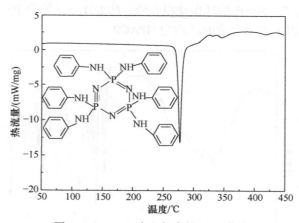

图 8-4　HPACP 在空气中的 DSC 曲线

2. 六(4-马来酰亚胺基-苯氧基)-环三磷腈(HMCP)的合成

Yang 等[4]将 NaH(0.768g，0.032mol)和 THF(30mL)加入 250mL 三口圆底玻璃烧瓶中。将 HPM(4-马来酰亚胺基-苯酚，5.86g，0.031mol)溶解在 50mL THF 中，

然后在氮气气氛下滴加到 NaH 的悬浮液中。混合物在室温下进一步搅拌 15h，形成酚钠溶液。将 HCCTP(1.74g，0.005mol)溶解在 30mL THF 溶液中，在室温下滴加到酚钠溶液中。此后，将反应混合物回流 30h，并蒸馏混合物以除去 THF。粗产物用大量去离子水洗涤，最后在 60℃真空干燥 24h。HMCP 产量为 5.2g(产率 82.3%)。元素分析结果(质量分数)：C，54.75%(计算值 57%)，N，9.65%(计算值 9.97%)，H，2.93%(计算值 2.85%)。反应式如图 8-5 所示。

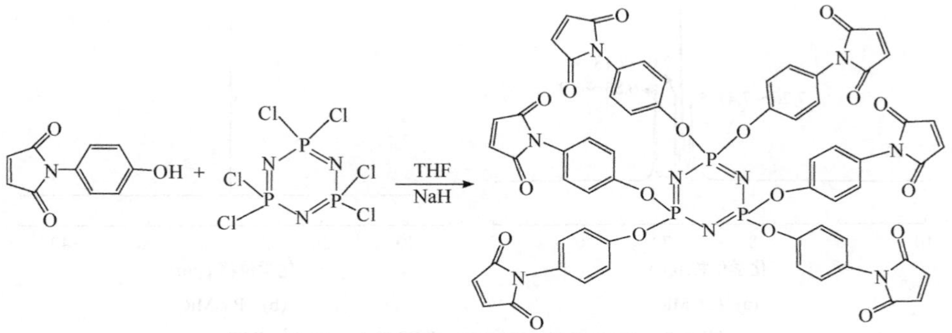

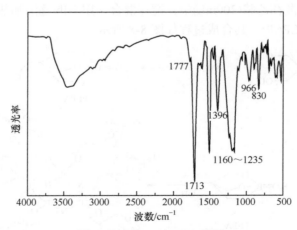

图 8-5 HMCP 的合成路线

图 8-6 是 HMCP 的 FTIR 谱图。如图 8-6 所示，$1777cm^{-1}$ 和 $1713cm^{-1}$ 处的谱带为 C=O 的拉伸振动峰；$1396cm^{-1}$ 处的谱带为 C—N 的拉伸振动峰；$830cm^{-1}$ 处的谱带属于 C=C 的吸收峰；$966cm^{-1}$ 处的谱带为 P—O 的吸收峰；$1160\sim1235cm^{-1}$ 处的谱带被认为是 P=N 吸收的谱带。结果表明马来酰亚胺和磷氮烯基团的存在。

图 8-6 HMCP 的 FTIR 谱图

HMCP 的 ${}^1H$ NMR 谱图和 ${}^{31}P$ NMR 谱图分别显示在图 8-7 中。如图 8-7(a)所

示，显示的化学位移为：CH═CH(H_e 和 H_f)为 7.15～7.2ppm，芳香氢为 6.83～6.9ppm(H_a)、7.0～7.13(H_b)ppm 和 7.26～7.47ppm(H_c 和 H_d)[5,6]。如图 8-7(b)所示，HMCP 的 ^{31}PNMR 谱在−1.21ppm 处显示出单峰。这些结果进一步证实了 HMCP 的制备是成功的。

(a) ^{1}H NMR　(b) ^{31}P NMR

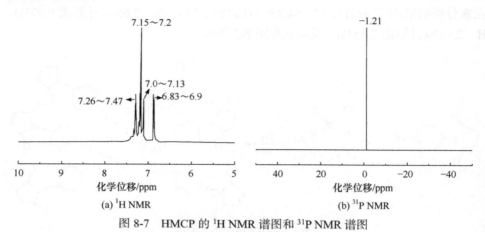

图 8-7　HMCP 的 ^{1}H NMR 谱图和 ^{31}P NMR 谱图

3. 六(1-氧代-2,6,7-三氧杂-1-磷杂双环[2,2,2]辛烷-4-甲基)环三磷腈(PEPAP)的合成

Zhang 等[7]将季戊四醇(68g)和三氯氧磷(45mL)混合在一个 500mL 的装有螺旋冷凝器和尾气吸收器的玻璃反应器中，逐渐加热到 95℃，直到没有 HCl 气体排出，获得白色固体 PEPA 粉末。然后将吡啶(20mL)、PEPA(36.24g)和 HCCTP(10g)加入玻璃液中，并分散在乙腈(200mL)中，搅拌混合，用 24h 逐渐加热至 90℃。获得白色固体粉末(PEPAP)，其合成过程如图 8-8 所示。

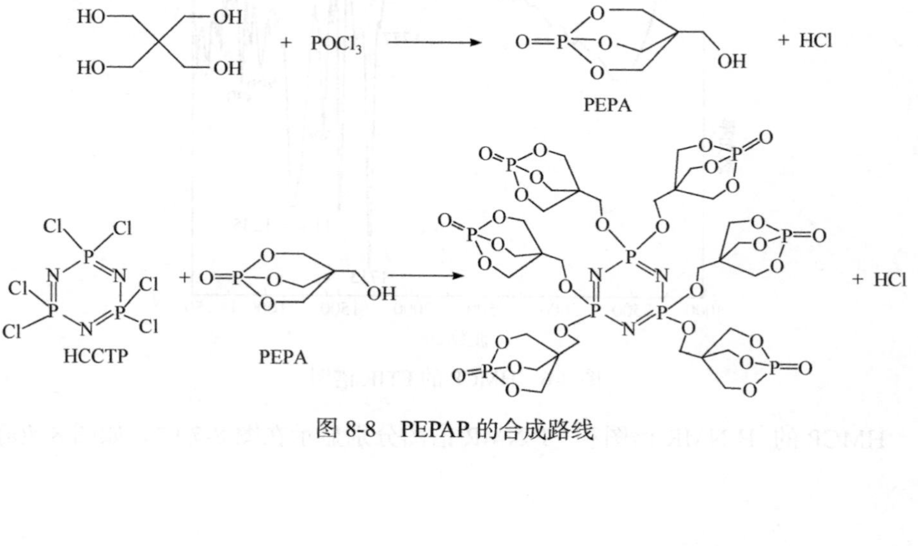

图 8-8　PEPAP 的合成路线

图 8-9 是 HCCTP、PEPA 和 PEPAP 的 FTIR 谱图。PEPA 的特征吸收峰为：1295cm^{-1}(P=O)，1028cm^{-1}(P—O—C)。HCCTP 的特征吸收峰为 1218cm^{-1}、1187cm^{-1}、873cm^{-1}(P—N)，600cm^{-1}、522cm^{-1}(P—Cl)。在 PEPAP 的 FTIR 谱图中，在 2970cm^{-1}(C—H)，1298cm^{-1}(P=O)，1028cm^{-1}(P—O—C)，1218cm^{-1}、1187cm^{-1}、873cm^{-1}(P—N)处均有吸收峰。550cm^{-1} 处峰的消失表明 PEPA 和 HCCTP 之间的反应已经完成。图 8-10 显示了 PEPAP 的 ^{1}H NMR 谱图，氢的峰值 4.75～4.78ppm(—C—CH$_2$O—P=O)和 3.99～4.05ppm(—CH$_2$—)证实了 PEPAP 的最终结构。

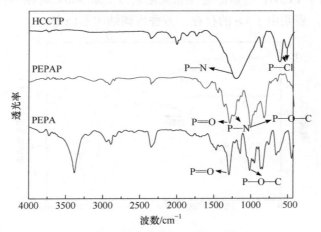

图 8-9 PEPA、HCCTP 和 PEPAP 的 FTIR 谱图

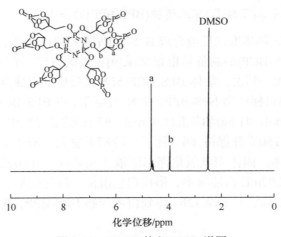

图 8-10 PEPAP 的 ^{1}H NMR 谱图

图 8-11 是 PEPAP 在空气和 N$_2$ 气氛中的 TGA 曲线和 DTG 曲线。PEPAP 在 N$_2$ 中的热降解表现为两步降解行为。温度范围 300～550℃可归于磷酸酯键的断

裂。第二步 530～800℃，在该步骤中发生分子间脱水和交联反应，残留物被进一步降解成最终炭。在 800℃下，在 N₂ 气氛中获得高达 34%的残炭率，表明 PEPAP 具有高的炭化能力。PEPAP 的充分热稳定性将满足工程塑料的加工温度需求，而不是用于普通塑料的膨胀混合物。与 N₂ 中的热降解行为相比，PEPAP 在空气中表现出不同的热降解行为。二者初始降解温度接近。在 400～650℃下，PEPAP 样品在空气中的热稳定性和炭化能力高于在 N₂ 中的热稳定性和炭化能力，表明 O₂ 的参与有助于 PEPAP 的热稳定性和炭化能力。而 800℃时在 N₂ 中发现的残炭比在空气中多，表明由于 O₂ 的存在，芳香族碳结构不稳定。

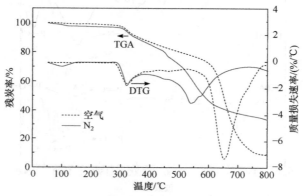

图 8-11 在空气和 N₂ 气氛中 PEPAP 的 TGA 曲线和 DTG 曲线

4. 双酚 S 桥连五(苯胺基)环三磷腈(BPS-BPP)的合成

Liang 等[8]通过两步取代反应合成 BPS-BPP(图 8-12)。首先，前体双酚 S 桥连的氯环三磷腈(BPS-BCP)的制备是根据文献[9]报道的方法，通过 BPS 与 HCCTP 的双取代反应合成。其次，前体 BPS-BCP 与苯胺反应，完成其磷腈环上氯原子的完全取代，得到目标产物 BPS-BPP。在 N₂ 气氛下，将 BPS-BCP(0.03mol，26.2g) 加入 K₂CO₃(0.03mol，41.5g)和苯胺(1.00mol，93.1g)的悬浮液中，室温下搅拌 2h，然后将其加热至 150℃并保持 6h。随后，冷却至室温，减压下过滤除去过量苯胺，得到棕色固体。固体用氢氧化钾水溶液(5%)处理，并用乙醚萃取。最后，将乙醚溶液加入 200mL 石油醚中，形成白色沉淀，过滤收集。沉淀物用 100mL 石油醚洗涤，并在真空下干燥 12h。得到白色产物 BPS-BPP，其产率为 91.0%(产生 39.3g)。

图 8-13 是 BPS-BPP 的 FTIR 谱图，在 1173cm⁻¹ 和 1150cm⁻¹ 处出现两个强烈的吸收峰，为不对称的 N—P═N 的拉伸振动峰，表明磷腈环的存在[10]。3361cm⁻¹ 处吸收峰的出现代表了前体 BPS-BCP 与苯胺发生取代反应形成—NH—。

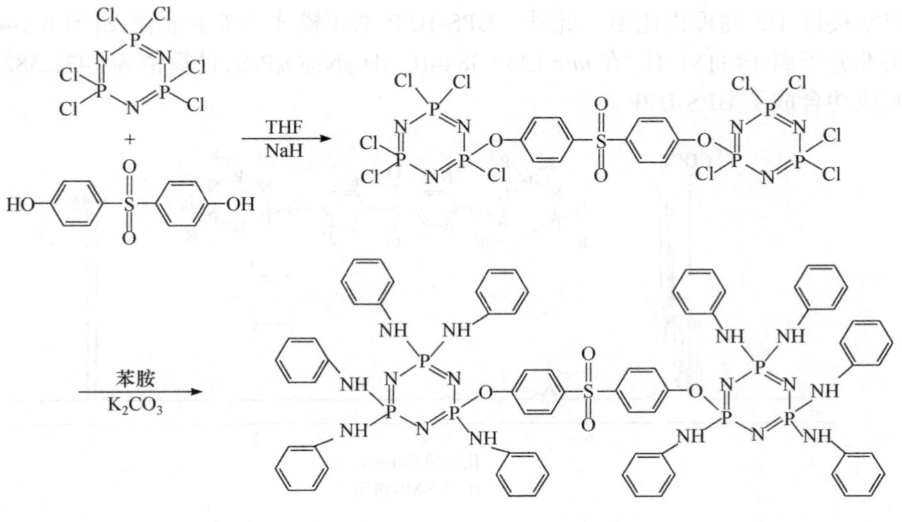

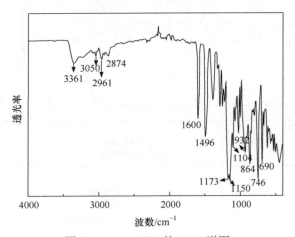

图 8-12 BPS-BPP 的合成路线

图 8-13 BPS-BPP 的 FTIR 谱图

图 8-14 是 BPS-BPP 的 NMR 谱图及正模式电喷雾质谱图。在 BPS-BPP 的 ^{1}H NMR 谱图[图 8-14(a)]中，对应芳族质子的共振信号表现为在 7.14～7.38ppm 的两组峰，是 BPS 的苯环的典型区域。两组多重共振信号约为 6.85～7.05ppm，对应与环三磷腈环相连的苯胺基苯环的质子。BPS-BPP 的 ^{31}P NMR 谱图[图 8-14(b)]显示了两组共振信号。δ=3.01～3.36ppm 处的双合信号和δ=8.10～8.78ppm 处的三合信号归因于环三磷腈的两个磷原子具有不同的化学环境，即分别为 P—(NHC$_6$H$_5$)$_2$ 和 P—(OCH$_2$)(NHC$_6$H$_5$)。此外，二者计算得到的峰积分比大约为 0.93/2，

这非常接近 1/2 的理论比值。此外，BPS-BPP 的正模式电喷雾质谱图[图 8-14(c)]表明准分子离子峰[M+H]$^+$在 m/z 1439.3844($C_{72}H_{68}N_{16}O_4P_6S$，计算值为 1438.3829)，表明成功合成了 BPS-BPP。

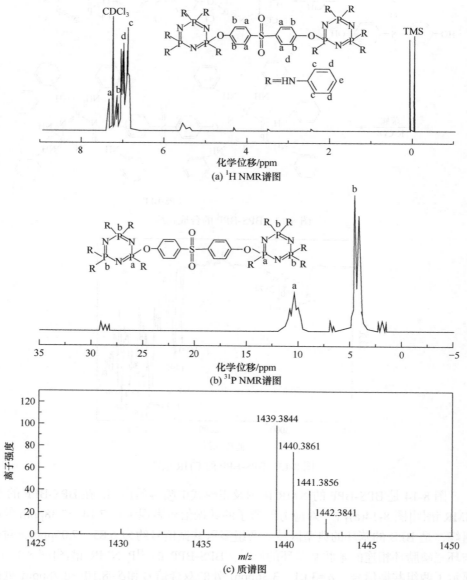

图 8-14　BPS-BPP 的 ^{1}H NMR 谱图、^{31}P NMR 谱图及正模式电喷雾质谱图

5. 双酚 A 桥连五(苯胺基)环三磷腈(BPA-BPP)的合成

Zhao 等[11]在氮气保护下,于 20℃将 NaH(60%矿物油,4.0g)加入 HCCTP (34.8g) 的 THF 溶液中。在搅拌下用 2h 将 BPA(11.4g)的 THF 溶液滴加到悬浮液中,20℃ 下搅拌 12h,然后在室温下搅拌 2h。反应完成后,过滤反应混合物,用去离子水反 复洗涤。用无水硫酸钠干燥有机层,并在减压下用旋转蒸发器浓缩,留下白色固体。 残留物用硅胶色谱纯化(硅胶,体积分数 40%的二氯甲烷/体积分数 60%的石油醚), 得到 BPA-BCP 白色固体(产量 31.9g,产率 75.1%)。然后,在氮气保护下,将 BPA-BCP(25.5g)加到 K₂CO₃(41.5g)和苯胺(93.1g)的悬浮液中,室温下搅拌 2h。将其 加热至 150℃并保持 8h。减压下过滤,得到棕色固体。固体用氢氧化钾水溶液处理, 并用乙醚萃取。最后,将乙醚溶液加入石油醚(200mL)中,形成白色沉淀,过滤除 去溶剂。沉淀物用石油醚(100mL)洗涤并在真空下干燥 12h。得到白色产物 BPA-BPP,其产率为 87.3% (产量 37.1g)。反应过程如图 8-15 所示。

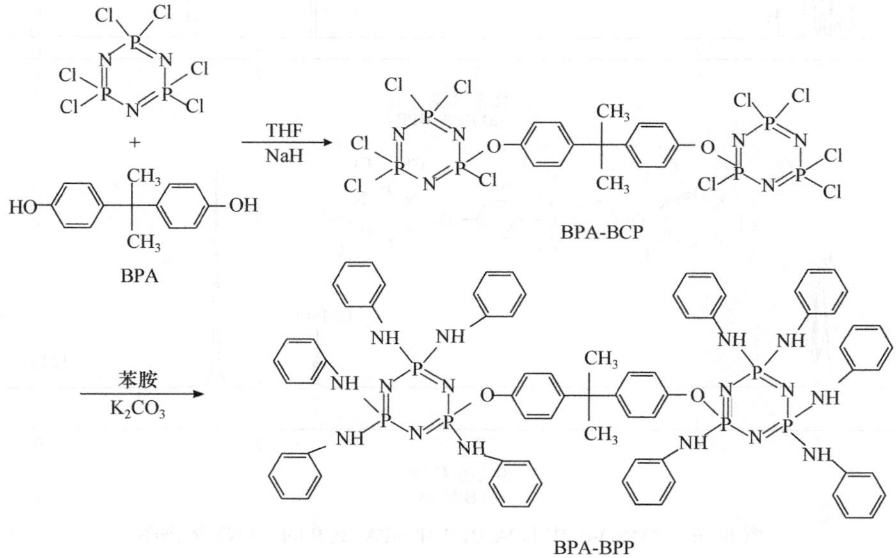

图 8-15 BPA-BPP 的合成路线

图 8-16 显示了具有几组共振信号的 BPA-BPP 和 BPA-BCP 的 ¹H NMR 谱图。 图 8-16(a)中,对应 7.29~7.41ppm 的芳族质子的共振信号是 BPA 主链苯环的典型 区域(Hb,Hc);1.37ppm 的强单线态共振信号是甲基(Ha)质子的特征峰;6.99~ 7.24ppm 的两组多重共振信号对应苯环(He,Hf)的质子;6.66~6.73ppm 的一组多 重共振信号归因于—NH₂(Hd)的质子。图 8-17(a)中 BPA-BPP 的 ³¹P NMR 谱图呈现 一组复杂的多重共振信号。在 2.51~2.85ppm[Pb,P—(NHC₆H₅)₂]处的双合信号和在

8.19～8.88ppm[P_a，P—(OC_6H_4)(NHC_6H_5)]处的三合信号分别属于环三磷腈的两个不同的磷原子。根据 BPA-BPP 的 FTIR 谱图(图 8-18)，在 3369cm^{-1} 处出现的吸收峰代表由前体 BPA-BCP 的剩余氯与苯胺之间的取代反应形成的—NH—。在 1158cm^{-1} 处可以观察到一个强烈的吸收峰，这是由于不对称的氮杂环的存在。总之，BPA-BPP 合成成功。此外，BPA-BPP 的实际磷和氮含量分别用 ICP-OES 法和凯氏定氮法测定。结果表明：磷含量为 13.8%；钙含量为 13.1%；氮含量为 16.9%(理论值 15.8%)。

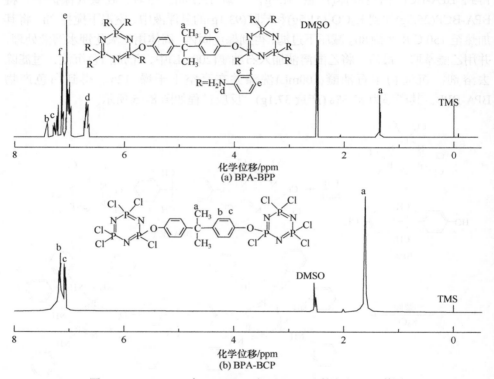

图 8-16　DMSO-d_6 中 BPA-BPP 和 BPA-BCP 的 ^{1}H NMR 谱图

BPA-BCP 的 ^{1}H NMR 谱图[图 8-16(b)]显示 8 个芳香质子在 7.19～7.07ppm(H_b，H_c)和 6 个甲基质子在 1.62ppm(H_a)的化学位移。如图 8-17 所示，在 BPA-BCP 的 ^{31}P NMR 谱图中有两组多重共振信号。BPA-BCP 磷中心的不同化学环境导致在 22.74～22.73ppm[图 8-17(b)，P_b，Cl—P—Cl]处的双合信号和在 12.12～11.35ppm [图 8-17(b)，P_a，C_6H_5O—P—Cl]处的三合信号，属于带有四个氯原子的两个磷原子和单取代磷原子。这两种不同的环境磷和磷原子的积分比为 2:1。图 8-18 中 BPA-BCP 的 FTIR 谱图清楚地显示了在 967cm^{-1} 处吸收峰的出现，其对应由于 HCCTP 和双酚 A 之间的取代反应而形成的聚环氧乙烷键。同时，在 1150～1180cm^{-1}

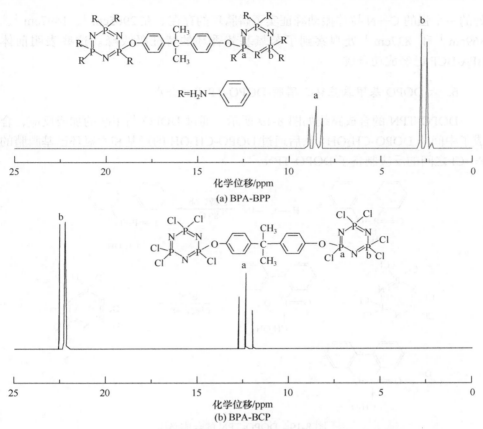

图 8-17 DMSO-d₆ 中 BPA-BPP 和 BPA-BCP 的 ³¹P NMR 谱图

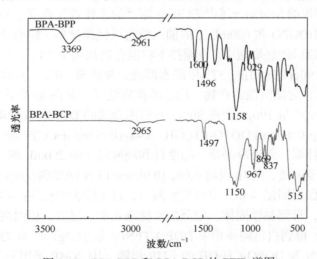

图 8-18 BPA-BPP 和 BPA-BCP 的 FTIR 谱图

处的一个强的 C—N 拉伸振动峰证实了磷腈环的存在。在 2965cm⁻¹、1497cm⁻¹、869cm⁻¹ 和 837cm⁻¹ 处观察到了苯氧基芳香环的特征吸收峰。这些表明前体 BPA-BCP 已经成功合成。

6. 六 DOPO 基甲氧基环三磷腈(DOPO-TPN)的合成

DOPO-TPN 的合成路线如图 8-19 所示。通过 DOPO 与甲醛的加成反应，合成了中间体 DOPO-CH₂OH。然后通过 DOPO-CH₂OH 的羟基和六氯环己基膦腈的 P—Cl 之间的反应制备了 DOPO-TPN。

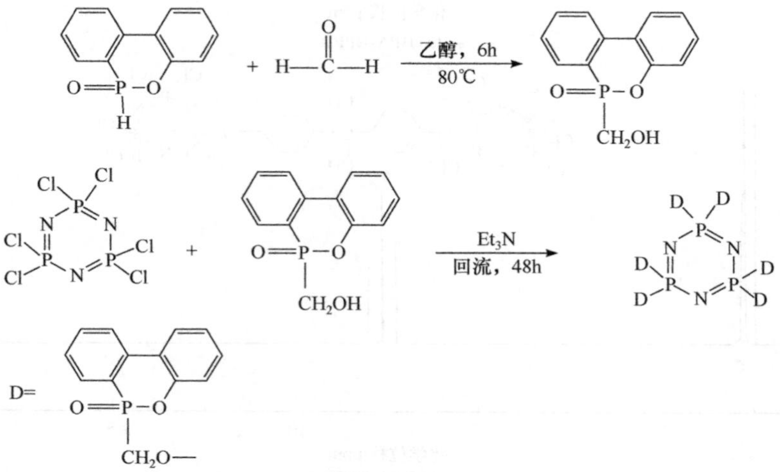

图 8-19　DOPO-TPN 的合成路线

Fang 等[12]根据 Sch€afer 等[13]和 Fang 等[14]的工作首先合成了 DOPO-CH₂OH：将 216g(1.0mol)DOPO 和 600mL 乙醇加入装有机械搅拌器、蛇形冷凝器、温度计和滴液漏斗的四口圆底烧瓶中。在搅拌下将混合物加热至 70℃，并在 30min 内以滴加方式加入 90g(1.1mol)的 37%甲醛水溶液。加热至 80℃，并在此温度下再保持 6h，冷却后，过滤沉淀的产物，用乙醇彻底洗涤，并在 80℃下干燥 8h，得到 DOPO-CH₂OH，产量 196g，产率 80%。然后用合成的 DOPO-CH₂OH 合成 DOPO-TPN：将 14.76g(0.06mol) DOPO-CH₂OH、3.48g(0.01mol)HCCTP 和 100mL 氯仿加入装有机械搅拌器、回流冷凝器、温度计和滴液漏斗的 250mL 四口圆底烧瓶中。将混合物加热至回流，在 1h 内将 6.06g (0.06mol)Et₃N 滴加到反应烧瓶中，再将混合物在搅拌下保持回流 48h。冷却至室温后，过滤除去未反应的固体。通过旋转蒸发除去溶剂，得到黏性固体。用蒸馏水洗涤几次，过滤，用丙酮重结晶，并在 80℃干燥 10h，得到白色固体粉末 DOPO-TPN(产量 11.7g，产率 73%)。

DOPO-TPN 和 DOPO-CH₂OH 的 FTIR 谱图、¹H NMR 谱图和 ³¹P NMR 谱图

如图 8-20～图 8-22 所示。从图 8-20 可以看出，DOPO-TPN 和 DOPO-CH₂OH 都在 2890cm⁻¹ 处具有—CH₂ 的拉伸振动峰。1478cm⁻¹ 和 1430cm⁻¹ 处分别是 P—Ph 和 P—C 的拉伸振动吸收峰。1275cm⁻¹ 处为 P=O 的骨架振动吸收峰，1058cm⁻¹、1200cm⁻¹ 和 935cm⁻¹ 处为 P—O—C 和 P—O—H 的拉伸振动吸收峰。在 DOPO-TPN 光谱图中，—P=N—键的吸收峰在 1160cm⁻¹ 和 1203cm⁻¹ 处，而后者可能与 P—O—Ph 在 1200cm⁻¹ 处的吸收峰重叠。在 3306cm⁻¹ 处的峰消失了，该峰归因于 DOPO—CH₂OH 中—OH 的拉伸振动。

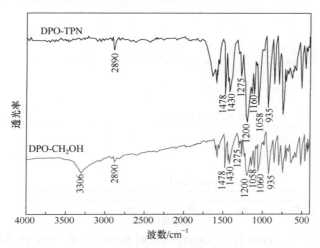

图 8-20　DOPO-TPN 和 DOPO-CH₂OH 的 FTIR 谱图

在 DOPO-TPN 的 ¹H NMR 谱图(图 8-21)中，7.29～8.28ppm 处的特征峰属于苯基的 8H 原子，4.04～4.31ppm 处的峰属于—P—CH₂O—P—的 2H 原子。属于 DOPO—OH 的 5.60ppm 处的特征峰消失。

图 8-22 中，化学位移 33.56ppm 和 20.82ppm 处的两个单峰分别对应 DOPO-TPN 和环三磷腈结构中的磷原子。在 31.40ppm 处的唯一一个峰属于 DOPO-CH₂OH 的环磷杂菲中的磷原子，而 HCCTP 的峰在 19.96ppm 处。

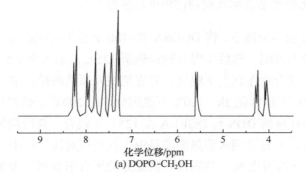

(a) DOPO-CH₂OH

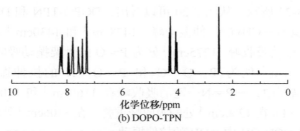

(b) DOPO-TPN

图 8-21　DOPO-TPN 和 DOPO-CH₂OH 的 ¹H NMR 谱图

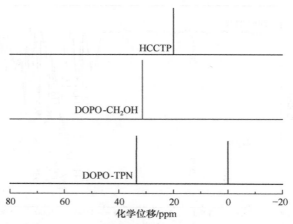

图 8-22　DOPO-TPN、DOPO-CH₂OH 和 HCCTP 的 ^{31}P NMR 谱图

DOPO-TPN 元素分析值：C，58.90%；H，4.06%；N，2.60%，P，16.87%。$C_{78}H_{60}O_{18}N_3P_9$ 的计算值：C，58.32%；H，3.74%；N，2.62%；P，17.38%；O，17.94%。FTIR 谱图、¹H NMR 谱图、^{31}P NMR 谱图和元素分析结果表明，合成的产物为 DOPO-TPN。

8.2.2　磷腈六元衍生物的应用

1. 磷腈六元衍生物在环氧树脂(EP)中的应用

Yang 等[4]在超声分散下，将 DGEBA 和 HMCP 分散在丙酮中，在连续搅拌下蒸馏混合物以除去丙酮。然后将混合物加热至 125℃，加入化学计量的 DDS。获得均匀溶液后，混合物在真空下脱气，并直接倒入预热的模具中，在空气对流烘箱中依次在 160℃下热固化 2h，180℃下热固化 4h，200℃下热固化 2h。纯 EP 的制备如下：化学计量的 DDS 与 DGEBA 在 125℃下混合。获得均匀溶液后，混合物在真空下脱气，并直接倒入预热的模具中，在空气对流烘箱中 160℃下热固化 2h，然后 180℃下热固化 5h。热固性树脂配方的所有细节列于表 8-1 中。

表 8-1　EP 和 EP/HMCP 热固性树脂的配方

样品代码	DGEBA/g	DDS/g	HMCP/g	HMCP 含量/%	P 含量/%
EP	100	33.0	0	0	0
EP/0.25%HMCP	100	34.4	4.70	3.40	0.250
EP/0.5%HMCP	100	35.9	10.0	6.80	0.500
EP/0.75%HMCP	100	37.6	15.6	10.2	0.750
EP/1.0%HMCP	100	39.5	21.9	13.6	1.00
EP/1.25%HMCP	100	41.5	28.9	17.0	1.25

所研究的 EP 的阻燃性能最初由 LOI 和 UL-94 垂直燃烧试验表征，相关数据列于表 8-2。如表 8-2 所示，纯环氧树脂样品的 LOI 仅为 22.5%，而含磷量仅为 0.25%的 EP/0.25%HMCP 样品的值升至 27.0%。然而，与纯 EP 样品相比，EP/0.25%HMCP 样品也未能通过 UL-94 垂直燃烧试验。当磷含量增加到 0.5%时，尽管 LOI 仅略有增加，但 EP/0.5%HMCP 样品通过了 UL-94 V-1 等级。随着磷含量的进一步增加，UL-94 等级提高，LOI 逐渐增加。例如，EP/1.25%HMCP 样品的 LOI 高达 36.5%，达到 UL-94 V-0 等级。值得注意的是，所有加入 HMCP 的样品都没有滴落，这表明 HMCP 对环氧树脂具有优异的防滴落效果。

表 8-2　EP 和 EP/HMCP 热固性树脂的阻燃性

样品代码	P 含量/%	LOI/%	UL-94(3mm)	
			评级	滴落
EP	0	22.5	无等级	有
EP/0.25%HMCP	0.250	27.0	无等级	无
EP/0.5%HMCP	0.500	29.0	V-1	无
EP/0.75%HMCP	0.750	33.4	V-0	无
EP/1.0%HMCP	1.00	35.0	V-0	无
EP/1.25%HMCP	1.25	36.5	V-0	无

表 8-3 总结了一些锥形量热法相关燃烧参数，如放热率峰值(PHRR)、平均放热率(av-HRR)、总放热率(THR)、平均有效燃烧热(av-EHC)、点燃时间(TTI)、平均 CO 产率(av-COY)和平均 CO_2 产率(av-CO_2Y)。如表 8-3 所示，EP 的 TTI 为 47s，而 EP/HMCP 热固性树脂的 TTI 均有所缩短。推测 HMCP 提前分解并导致环氧树脂基体的降解，从而削弱了耐燃性[15,16]，因此，EP/HMCP 热固化树脂的 TTI 降低。

表 8-3　锥形量热仪获得的 EP 和 EP/HMCP 热固性树脂的燃烧参数

样品	TTI/s	av-HRR /(kW/m²)	PHRR /(kW/m²)	av-EHC /(MJ/kg)	THR /(MJ/m²)	av-COY /(kg/kg)	av-CO₂Y /(kg/kg)
EP	47	177	1208	22.2	80.6	0.0630	1.59
EP/0.25%HMCP	39	170	751	21.6	77.0	0.0880	1.56
EP/0.5%HMCP	38	135	469	20.0	66.5	0.0950	1.46
EP/0.75%HMCP	36	136	506	19.2	63.0	0.124	1.28
EP/1.0%HMCP	36	130	467	18.5	58.0	0.155	1.18
EP/1.25%HMCP	39	120	351	17.5	50.0	0.162	1.16

如图 8-23 所示,点燃后纯 EP 燃烧剧烈,HRR 达到峰值,PHRR 为 1208kW/m²。加入 HMCP 后,EP/0.25%HMCP 样品的相应值急剧下降至 751kW/m²。随着 HMCP 含量的增加,PHRR 进一步降低。EP/1.25%HMCP 样品的 PHRR 比纯 EP 降低了71%。如表 8-3 所示,THR 和 av-HRR 也随着加入 HMCP 质量分数的增加而降低。与纯 EP 样品相比,EP/1.25%HMCP 样品的 av-HRR 和 THR 分别下降了 32.2%和38%。上述结果表明,HMCP 显著抑制了环氧树脂的燃烧强度,从而降低了火灾危险性。这与 LOI 和 UL-94 结果一致。

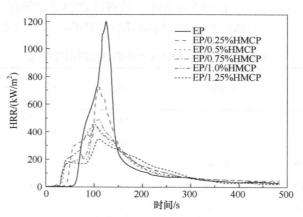

图 8-23　EP 和 EP/HMCP 热固性树脂的 HRR 曲线

　　av-EHC 是 av-HRR 与锥形量热法测试的平均质量损失率之比,它揭示了燃烧期间气相火焰中挥发性气体的燃烧速率。如表 8-3 所示,随着 HMCP 的加入,av-EHC 明显降低。EP/1.25%HMCP 样品的 av-EHC 比纯 EP 样品下降21.2%。表 8-3还显示,av-COY 随着 HMCP 含量的增加而增加,而 av-CO₂Y 随着 HMCP 含量的增加而减少。结果揭示了 HMCP 在气相中的阻燃猝灭效应,这是由于燃烧中产生更多的不完全燃烧产物(一氧化碳)和更少的完全燃烧产物(二氧化碳)。推测HMCP 在燃烧过程中分解释放出具有气相猝灭效应的热解碎片。

Liang 等[8]在 120℃下将 BPS-BPP 和 DDM 混合 20min，然后将均相液体冷却至 90℃。在剧烈搅拌下，将 DGEBA 预先加热至 50℃并加到 BPS-BPP/DDM 体系的混合物中。将混合物在真空下脱气 10min，除去截留的空气，直接倒入预热的聚四氟乙烯模具中，并在空气对流烘箱中在 90℃下热固化 2h，在 130℃下热固化 2h，在 170℃下热固化 0.5h。用类似的方法制备了 EP/DDM 热固性树脂，配方的所有细节列于表 8-4。

表 8-4　EP 和 EP/BPS-BPP 热固性树脂的配方

样品	DGEBA/g	DDM/g	BPS-BPP 质量/g	质量分数/%
EP	80	21.5	—	
EP/3%BPS-BPP	80	21.5	3.1	3.0
EP/6%BPS-BPP	80	21.5	6.5	6.0
EP/9%BPS-BPP	80	21.5	10.0	9.0
EP/12%BPS-BPP	80	21.5	13.8	12.0

EP/BPS-BPP 的 LOI 和垂直燃烧试验(UL-94)测试的相关数据列于表 8-5。纯 EP 的 LOI 仅为 21.5%，表现在第一次点火后 50s 以上有火焰滴落的持续燃烧。当 BPS-BPP 加入 DGEBA/DDM 固化体系中时，随着 BPS-BPP 含量从 0%增加到 9%，EP/BPS-BPP 热固性树脂的 LOI 从 21.5%增加到 29.7%。当 BPS-BPP 的含量超过 6%时，在 UL-94 试验中发生火焰熄灭现象，样品通过了 V-1 等级。显然，BPS-BPP 的加入极大地改善了 EP 的阻燃性。然而，当 BPS-BPP 的含量达到 12%时，观察到 LOI 略微降低，表明 BPS-BPP 仅在相对低的含量下具有高阻燃效率。EP/12%BPS-BPP 的 LOI 降低，因此除阻燃性外，没有讨论它的其他性能。而 EP/9%BPS-BPP 具有最好的阻燃性能，因此被用于研究其阻燃性能、固化性能和热降解机理。

表 8-5　EP 和 EP/BPS-BPP 热固性树脂的阻燃性

样品	LOI/%	UL-94(3.2mm) t_1/s	t_2/s	评级	滴落	P 含量*/%
EP	21.5	>50	—	无等级	有	0
EP/3%BPS-BPP	27.5	>50	—	无等级	无	0.387
EP/6%BPS-BPP	28.7	28.3	—	V-1	无	0.774

续表

样品	LOI/%	UL-94(3.2mm)				P 含量*/%
		t_1/s	t_2/s	评级	滴落	
EP/9%BPS-BPP	29.7	19.7	3.5	V-1	无	1.161
EP/12%BPS-BPP	28.3	17.6	3.7	V-1	无	1.548

注：t_1 和 t_2 分别表示在第一次和第二次点火之后的平均燃烧持续时间。

*P 含量根据 BPS-BPP 中的 P 含量(12.9%，根据 BPS-BPP 的分子式计算)和 BPS-BPP 在 EP 中的含量计算。

BPS-BPP 改性环氧树脂的锥形量热仪测试数据列在图 8-24 和表 8-6 中。与纯

(a) HRR

(b) THR

(c) 残炭率

(d) TSR

EP　　　　　　　　　　　EP/9%BPS-BPP

(e) 残留物照片

图 8-24　EP 和 EP/9%BPS-BPP 的 HRR、THR、残炭率、TSR 以及锥形量热试验后残留物的数
码照片

EP 相比，EP/9%BPS-BPP 的 PHRR、THR、总烟气释放速率(TSR)和总生烟量(TSP)分别下降了 46.3%、14.6%、71.6% 和 71.4%。由于在初始燃烧时 BPS-BPP 的早期分解，EP/9%BPS-BPP 的 TTI 低于纯 EP。此外，火焰增长率(FIGRA)[定义为 PHRR 除以达到 PHRR 的时间(T_{PHRR})的值]以及最大平均散热率(MAHRE)是评估火灾危险的两个重要参数[17,18]。一般来说，FIGRA 越低，轰燃时间越长，说明有足够的时间疏散火灾中的人员。如表 8-6 所示，EP/9%BPS-BPP 的 FIGRA 和 MAHRE 分别仅约为 3.8kW/(m² · s) 和 225.5kW/m²，低于纯 EP 的值[6.9kW/(m² · s) 和 324.9kW/m²]，表明 BPS-BPP 增强了 EP 的防火安全性。值得注意的是，与纯 EP 相比，EP/9%BPS-BPP 的 TSP 和 TSR 均下降了 71% 左右，表明 BPS-BPP 改善了环氧树脂的烟雾抑制性能。此外，与纯 EP 相比，EP/ 9%BPS-BPP 树脂的残炭率有所增加。如图 8-24 所示，纯 EP 没有形成有效的膨胀炭，而 EP/9%BPS-BPP 形成了膨胀的厚炭层，其具有致密的外表面和焦化的内表面，这抑制了燃烧过程中热量和氧气的传递，并为 EP 带来了有效的阻燃性。

表 8-6　锥形量热仪获得的 EP 和 BPS/9%BPS-BPP 热固性树脂的燃烧数据

样品	TTI/s	PHRR /(kW/m²)	THR /(MJ/m²)	T_{PHRR}/s	FIGRA /[kW/(m² · s)]	MAHRE /(kW/m²)	TSR /(m²/s)	TSP /(m²/m²)	残炭率/%
EP	70	1000	89	145	6.9	324.9	9532	84	11.0
EP/9%BPS-BPP	62	537	76	140	3.8	225.5	2706	24	29.3

Zhao 等[11]在 120℃ 下将 BPA-BPP 和二甘醇二甲酯混合 20min，得到均匀的液体。乙二醇单丁醚预加热至 50℃，在剧烈搅拌下将 BPA-BPP 和二甘醇二甲酯的混合物加入乙二醇单丁醚中。在真空下脱气 10min 以除去截留的空气，然后直接倒入预热的聚四氟乙烯模具中，进行两步固化过程以获得热固性树脂。环氧混合物在空气对流烘箱中在 90℃ 下固化 2h，最后在 130℃ 下固化 2h。配方的所有细节列于表 8-7。

表 8-7　EP 和 EP/BPA-BPP 热固性树脂的配方

样品	DGEBA/g	DDM/g	BPA-BPP	
			质量/g	质量分数/%
EP	80	21.5	—	—
EP/3%BPA-BPP	80	21.5	3.1	3.0
EP/6%BPA-BPP	80	21.5	6.5	6.0
EP/9%BPA-BPP	80	21.5	10.0	9.0

图 8-25 显示了 BPA-BPP、纯 EP 和 EP/BPA-BPP 在 N₂ 和空气下的 TGA 曲线，

相关数据见表 8-8。T_{onset} 和 T_{max} 分别为失重 5%时的温度和最大失重率时的温度；α_{max} 为最大失重率。如图 8-25 和表 8-8 所示，BPA-BPP 在 N_2 和空气气氛中都显示出温和的分解阶段。BPA-BPP 在 N_2 中 700℃时的残炭率高达 58.9%，在空气中高达 56.1%，这可归因于磷腈环的高热稳定性[19]。TGA 曲线表明，纯 EP 在空气中有两个降解阶段，在 N_2 中有一个降解阶段[20,21]。在空气中的第一阶段(约 400℃)主要包括材料的脱水和多芳香结构的形成[22]。

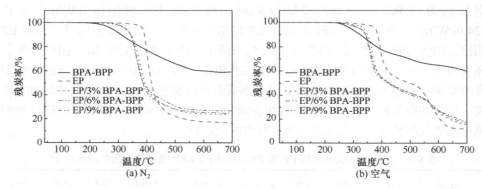

图 8-25　BPA-BPP、纯 EP 和 EP/BPA-BPP 热固性树脂在 N_2 和空气气氛下的 TGA 曲线

表 8-8　N_2 和空气气氛下 TGA 分析的典型参数

气氛	样品	T_{onset}/℃	T_{max1}/℃	T_{max2}/℃	α_{max1}/(%/℃)	α_{max2}/(%/℃)	500℃的残炭率/%	700℃的残炭率/% 测试值	700℃的残炭率/% 计算值
N_2	BPA-BPP	276.2	305.9	—	0.189	—	66.1	58.9	—
	EP	386.1	400.8	—	2.230	—	21.7	16.4	17.7
	EP/3%BPA-BPP	331.7	371.3	—	1.296	—	27.6	23.7	19.0
	EP/6%BPA-BPP	330.5	365.9	—	1.301	—	28.0	24.7	20.2
	EP/9%BPA-BPP	328.9	360.3	—	1.250	—	30.1	26.3	—
空气	BPA-BPP	284.7	345.3	393.7	0.201	0.161	66.4	56.1	—
	EP	380.7	390.6	573.8	2.010	0.476	44.0	0.8	2.5
	EP/3%BPA-BPP	337.0	359.1	577.6	1.271	0.297	34.6	4.4	4.1
	EP/6%BPA-BPP	326.2	355.8	577.3	1.340	0.264	34.9	7.6	5.8
	EP/9%BPA-BPP	324.1	354.0	576.4	1.498	0.248	33.0	8.7	—

　　EP/BPA-BPP 揭示了与 EP 在 N_2 和空气中类似的热降解过程。然而，在这两种气氛中，与纯 EP 相比，EP/BPA-BPP 复合材料的 T_{onset} 和 T_{max} 向低温区移动。

这些结果可以用 BPA-BPP 的降解产物催化 EP 的分解来解释。此外，随着阻燃剂含量的增加，EP/BPA-BPP 复合材料的 T_{onset} 和 T_{max} 降低。与 N_2 的情况不同，在空气中，随着 BPA-BPP 含量的增加，α_{max1} 增加，α_{max2} 减少。这表明更多的阻燃剂促进了 EP 在低温下的分解，而抑制了环氧丙烷在高温区的分解。在这两种气氛下，在高温下(在 N_2 中超过 500℃和在空气中超过 650℃)由 EP/BPA-BPP 得到的残炭率比纯 EP 高。同时，残炭率在 700℃时的测试值高于相应的计算值。这些结果表明，BPA-BPP 或其热解产物在加热过程中能与环氧树脂基体发生反应，这有效地促进了环氧树脂在低温下的成炭过程，提高了环氧树脂在高温下的热稳定性。

　　EP 和 EP/BPA-BPP 热固性树脂的 LOI 和垂直燃烧试验(UL-94)相关数据汇总在表 8-9 中。纯 EP 的 LOI 仅为 21.0%，在 50s 内不会随火焰离开而自行熄灭。表 8-9 显示纯 EP 在燃烧过程中被烧掉，不能通过 UL-94 测试。随着 BPA-BPP 在环氧树脂中的含量从 0%增加到 9%，EP/BPA-BPP 复合材料的 LOI 从 21.0%增加到 28.7%。当 BPA-BPP 和磷的含量分别增加到 9%和 1.242%时，EP/9%BPA-BPP 样品通过了 UL-94 V-1 等级。显然，BPA-BPP(3%～9%)的引入可以改善环氧树脂的阻燃性，BPA-BPP 含量较高的阻燃样品(12%和 15%)也只能通过 V-1 级，而其 LOI 有所下降。这些结果可归因于含有更多 BPA 的 BPA-BPP 会产生过量的气体产物(苯胺等)，影响燃烧过程中炭层的致密性。

表 8-9　EP 和 EP/BPA-BPP 热固性树脂的阻燃性

样品	LOI/%	UL-94(3.2mm)				P 含量*/%
		t_1/s	t_2/s	评级	滴落	
EP	21.0	>50	—	无等级	有	0
EP/3%BPA-BPP	26.8	>50	—	无等级	无	0.414
EP/6%BPA-BPP	28.2	32.7	2.1	无等级	无	0.828
EP/9%BPA-BPP	28.7	28.2	0	V-1	无	1.242

注：t_1 和 t_2 分别为第一次点火和第二次点火后的平均燃烧持续时间。

* P 含量根据 BPA-BPP 中的 P 含量(13.8%，通过 ICP-OES 测试)和 EP 中 BPA-BPP 添加量计算。

　　纯 EP 和 EP/BPA-BPP 的 HRR 曲线见图 8-26，相应的数据见表 8-10。可以观察到，与纯 EP 样品相比，BPA-BPP 的加入明显降低了 PHRR 和 THR。当分别加入质量分数为 3%、6%和 9%的 BPA-BPP 时，阻燃 EP 样品的 PHRR 分别从纯 EP 的 709.6W/g 降至 482.8W/g、450.1W/g 和 433.8W/g。EP/BPA-BPP 复合材料的 THR 相对于纯 EP 也分别下降了 16.5%、20.1%和 20.7%。随着 BPA-BPP 含量的增加，EP/BPA-BPP 复合材料的 T_g 逐渐降低。这是因为 BPA-BPP 的引入促进了 EP 的早

期分解并形成了保护性炭。这些与上面提到的热重分析结果基本一致。

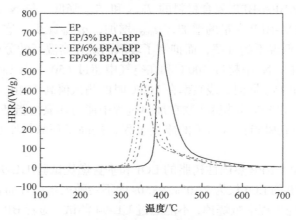

图 8-26　纯 EP 和不同含量 BPA-BPP 复合材料的 HRR 曲线

表 8-10　HCC 测试获得的环氧树脂复合材料的燃烧参数

样品	PHRR/(W/g)	THR/(kJ/g)	T_g/℃
EP	709.6	32.8	395.9
EP/3%BPA-BPP	482.8	27.4	379.6
EP/6%BPA-BPP	450.1	26.2	363.8
EP/9%BPA-BPP	433.8	26.0	352.8

2. 磷腈六元衍生物在聚对苯二甲酸乙二醇酯(PET)中的应用

Chen 等[3]通过熔融挤出法，将不同含量(0%、2%、4%、6%、8%、10%)的 HPACP 与 PET 树脂混合，制得阻燃改性聚酯树脂样品。如图 8-27 所示，纯 PET 树脂的 DSC 曲线在 262℃时只有一个晶体熔化峰(峰Ⅰ)。随着阻燃剂含量的增加，改性聚酯样品的 DSC 曲线出现了另一个吸热峰(峰Ⅱ)，在 HPACP 含量较高的样品中表现得更为明显。图 8-27 还显示，改性样品的峰Ⅰ温度向低温方向移动。表 8-11 中改性样品的焓数据表明，随着阻燃剂含量的增加，峰Ⅰ的焓值逐渐减小，这说明添加 HPACP 导致聚酯样品的结晶度和熔点降低，这可能是由于低分子量阻燃剂的增塑作用。改性 PET 样品的峰Ⅱ是 HPACP 的熔融峰，而它们比纯 HPACP 的熔融峰小且宽，如图 8-27 所示。这表明 HPACP 与改性树脂中的 PET 之间在一定程度上存在相互作用。通过对 HPACP 和 PET 分子结构的比较，得出了高吸水性树脂/PET 体系中，HPACP 的酰胺基与 PET 的羰基之间存在氢键的结论。

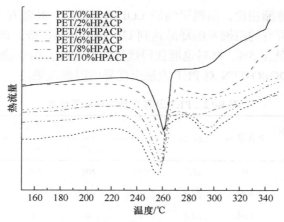

图 8-27　PET/HPACP 在空气中的 DSC 曲线

表 8-11　PET/HPACP 阻燃聚酯样品的 DSC 和 LOI 数据

HPACP 含量/%	起始温度/℃	峰值温度/℃	焓值/kJ	LOI/%
0	248.1	262.6	41.0	21.7
2	247.6	262.4	38.8	23.4
4	240.5	261.1	36.7	24.9
6	238.0	260.2	34.3	26.6
8	236.6	259.7	33.8	27.4
10	235.1	257.7	32.8	28.3

表 8-11 中不同含量 HPACP 的共混改性聚酯样品的燃烧性能结果表明,纯 PET 的 LOI 为 21.7%, 当 HPACP 含量为 2%、4%、6%、8% 和 10% 时, 改性聚酯样品的 LOI 分别为 23.4%、24.9%、26.6%、27.4% 和 28.3%。显而易见, 改性 PET 的 LOI 随着 HPACP 含量的增加而逐渐增加, 但只有 HPACP 含量为 8% 和 10% 的样品达到阻燃材料的要求。同时, 根据改性 PET 的燃烧现象, 添加 HPACP 可以明显削弱 PET 熔滴现象, 而烟气略有增加。

Fang 等[12]将不同量的 DOPO-TPN 与 PET 混合, 通过 SJZS-10A 双螺杆挤出机挤出。挤出机四个区域的加工温度分别为 220℃、250℃、250℃ 和 255℃。然后使用注射成型机将挤出物注射到模具中, 以获得分别用于 UL-94 试验和 LOI 试验的尺寸为 125mm×6.5mm×3.2mm 和 125mm×12.5mm× 3.2mm 的标准测试的 PET/DOPO-TPN 复合材料或纯 PET。纯 PET 和 DOPO 含量为 5%、10%、15% 的 PET/DOPO-TPN 复合材料分别命名为 PET_0、PET_1、PET_2 和 PET_3。

PET/DOPO-TPN 复合材料的阻燃性聚酯复合材料的 LOI 和垂直燃烧试验结果见表 8-12。DOPO-TPN 阻燃 PET 的 LOI 分别为 34.0%、39.2% 和 42.7%。与聚对苯二甲酸乙二醇酯相比，阻燃聚酯的 LOI 明显提高，并随着 DOPO-TPN 含量的增加而增加。所有的阻燃聚酯样品达到 UL-94 V-0 的评级。即使加入聚酯中的 DOPO-TPN 含量低至 5%，材料也能获得优异的阻燃性，相应的磷含量为 0.84%。根据以上结果，DOPO-TPN 对 PET 表现出优异的阻燃效果。

表 8-12　PET 及其复合材料的阻燃性

样品	DOPO-TPN 含量/%	P 含量/%	LOI/%	垂直燃烧试验				
				t_1/t_2^a/s	$t_1+t_2^b$/s	$t_2+t_3^c$/s	滴落	UL-94 等级
PET$_0$	0	0	25.7	NR^d	NR	NR	有	无等级
PET$_1$	5	0.84	34.0	0	0	0	无	V-0
PET$_2$	10	1.68	39.2	0	0	0	无	V-0
PET$_3$	15	2.53	42.7	0	0	0	无	V-0

a 第一次点火或第二次点火后的续燃时间。
b 第一次点火或第二次点火后的总余焰时间。
c 续燃时间加第二次点火后的余烬时间。
d 由于被烧毁而没有记录。

图 8-28 和图 8-29 是在 N$_2$ 和空气气氛下获得的 DOPO-TPN、纯 PET 和 PET/DOPO-TPN 的 TGA 曲线和 DTG 曲线，相关数据包括起始分解温度($T_{5\%}$，有 5% 质量损失的温度)、最大质量损失温度(T_{max})、T_{max} 处的质量损失速率和 600℃处的残炭率列于表 8-13 和表 8-14。从图 8-28 和表 8-13 可以看出，PET 和 PET/DOPO-TPN 复合材料在 N$_2$ 气氛中表现出一个分解阶段，而 DOPO-TPN 表现出两个分解阶段。DOPO-TPN 掺入 PET 降低了起始分解温度，这可以用 DOPO-TPN 起始降解温度较低来解释，这是由于 DOPO-TPN 的 O=P—O 和 P—C 键的热稳定性比普通的 C—C 键差[23,24]。PET/DOPO-TPN 复合材料在 T_{max} 的质量损失速率降低了。PET/DOPO-TPN 阻燃聚酯的残炭率随着 DOPO-TPN 添加量的增加而增加，表明 PET/DOPO-TPN 在 N$_2$ 气氛中促进了聚酯残炭的形成。在空气气氛中，DOPO-TPN、纯 PET 和 PET/DOPO-TPN 阻燃聚酯均表现出两个失重阶段，表现出热氧化分解行为。降解的第一阶段是热解分解和焦炭的形成。由于加入了 DOPO-TPN，阻燃剂样品的起始分解温度低于未处理的样品。第二阶段可归因于高温及 O$_2$ 作用下不稳定炭的分解。如表 8-14 所示，在 600℃下，DOPO-TPN、PET$_1$、PET$_2$ 和 PET$_3$ 的残炭率为 5.55%、0.92%、1.36% 和 2.04%，而未处理的 PET 的残炭率为 0.57%，这表明将 DOPO-TPN 引入 PET 聚酯中也将促进空气气氛中焦炭残留物的形成。

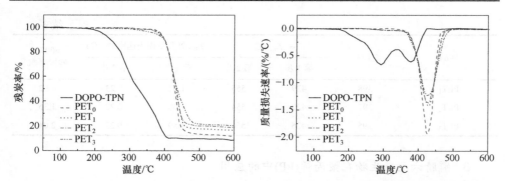

图 8-28　DOPO-TPN、PET$_0$、PET$_1$、PET$_2$ 和 PET$_3$ 在 N$_2$ 气氛下的 TGA 曲线和 DTG 曲线

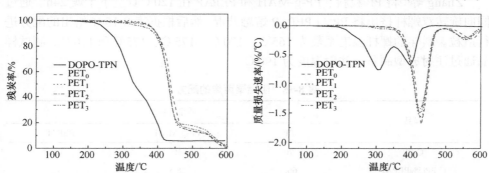

图 8-29　DOPO-TPN、PET$_0$、PET$_1$、PET$_2$ 和 PET$_3$ 在空气气氛下的 TGA 曲线和 DTG 曲线

表 8-13　DOPO-TPN、PET$_0$、PET$_1$、PET$_2$ 和 PET$_3$ 在 N$_2$ 气氛下的 TGA 和 DTG 数据

样品	$T_{5\%}$/℃	T_{max}/℃		T_{max} 处质量损失速率/(%/℃)		600℃残炭率/%
		第1步	第2步	第1步	第2步	
DOPO-TPN	270	308	379	0.70	0.65	9.09
PET$_0$	410	427		2.02		12.36
PET$_1$	399	424		1.70		16.81
PET$_2$	398	424		1.65		19.36
PET$_3$	395	422		1.45		20.84

表 8-14　DOPO-TPN、PET$_0$、PET$_1$、PET$_2$ 和 PET$_3$ 在空气气氛下的 TGA 和 DTG 数据

样品	$T_{5\%}$/℃	T_{max}/℃		T_{max} 处质量损失速率/(%/℃)		600℃残炭率/%
		第1步	第2步	第1步	第2步	
DOPO-TPN	269	308	398	0.77	0.68	5.55
PET$_0$	400	430	560	1.67	0.23	0.57

样品	$T_{5\%}$/℃	T_{max}/℃		T_{max} 处质量损失速率/(%/℃)		600℃ 残炭率/%
		第1步	第2步	第1步	第2步	
PET$_1$	398	429	555	1.62	0.23	0.92
PET$_2$	397	427	554	1.60	0.22	1.36
PET$_3$	395	426	556	1.59	0.22	2.04

3. 磷腈六元衍生物在聚丙烯(PP)中的应用

Zhang 等[7]将 PP 粒料、PP-g-MAH 和 PEPAP 在 120℃真空下干燥 24h。通过同向旋转双螺杆挤出将 PP 与 PEPAP 熔融共混，然后根据表 8-15 中给出的配方进行造粒。料斗的螺杆温度系数为 165℃、170℃、175℃、175℃和 170℃。测试样品通过注射成型制备，注射温度为 190℃。

表 8-15　阻燃聚丙烯的配方

样品	质量分数/%		
	PP	PP-g-MAH	PEPAP
C-PP	70	30	0
C-PP/5%PEPAP	66.5	28.5	5
C-PP/10%PEPAP	63	27	10
C-PP/15%PEPAP	59.5	25.5	15
C-PP/20%PEPAP	56	24	20
C-PP/25%PEPAP	52.5	22.5	25

图 8-30 和图 8-31 显示了在 N$_2$ 和空气中 C-PP 和 C-PP/PEPAP 复合材料的 TGA 曲线和 DTG 曲线。详细的 TGA 曲线和 DTG 曲线数据也总结在表 8-16 中。发现 C-PP 在 400～500℃发生一步分解。在 N$_2$ 中，C-PP 在 410℃开始分解，在 500℃以上留下可忽略不计的炭。与 C-PP 相比，C-PP/PEPAP 复合材料表现出不同的降解行为。由于 C-PP/PEPAP 复合材料的张力降低，随着 PEPAP 含量的增加，其张力降低。然而，从 DTG 曲线看，随着 PEPAP 含量的增加，C-PP/PEPAP 的最大降解速率降低，最大降解温度(T_{max2})升高。此外，可以发现，随着 PEPAP 含量的增加，残炭率得到了极大的改善。例如，通过测量，加入 25%的 PEPAP，残炭率为 15%，这比计算的理论值(8%)高得多。与 N$_2$ 下聚丙烯复合材料的热降解相比，聚丙烯在空气中的分解更早，这归因于 O$_2$ 的参与。此外，PEPAP 的加入显著提高了 C-PP 的热稳定性。PEPAP 的加入量为 25%时，T_{onset} 和 T_{max} 分别从 288℃和 360℃提高到 301℃和 401℃。通过对热重分析数据的分析，可以发现，在 N$_2$ 和空气中加入 PEPAP

可以以不同的方式提高聚丙烯的热稳定性。在热降解过程中，PEPAP 会分解形成炭层，起到保护聚丙烯内部基体和延缓分解过程的屏障作用。

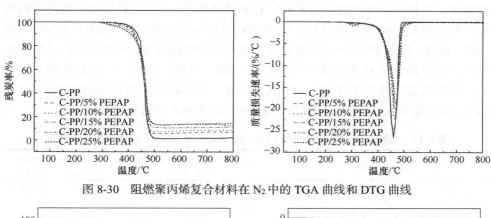

图 8-30　阻燃聚丙烯复合材料在 N_2 中的 TGA 曲线和 DTG 曲线

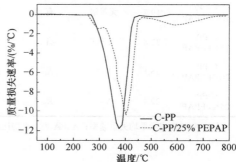

图 8-31　阻燃聚丙烯复合材料在空气中的 TGA 曲线和 DTG 曲线

表 8-16　阻燃聚丙烯复合材料在 N_2 和空气中 TGA 曲线和 DTG 曲线的详细数据

样品	T_{onset}/℃	T_{max1}/℃	T_{max2}/℃	残炭率/%
PEPAP(N_2)	320	320	540	34.0
PEPAP(空气)	321	321	653	9.5
C-PP(N_2)	416	—	456	0.3
C-PP(空气)	288	—	360	0.5
C-PP/10%PEPAP(N_2)	408	—	458	8.3
C-PP/15%PEPAP(N_2)	400	308	462	10.6
C-PP/20%PEPAP(N_2)	372	308	465	12.0
C-PP/25%PEPAP(N_2)	370	308	467	15.0
C-PP/25%PEPAP(空气)	301	296	401	3.4

注：T_{onset} 表示质量损失为 5%时的温度；T_{max} 表示质量损失最大时的温度；残炭率是在 800℃下获得的。

样品的 LOI 和 UL-94 结果示于表 8-17。C-PP 树脂的 LOI 低至 18.4%，表明其具备固有的可燃性。随着 PEPAP 的加入，PEPAP/PP 复合材料的 LOI 有了很大的提高。当 PEPAP 添加量为 25%时，LOI 提高到 29.4%，并且可以获得更多的残炭。考虑到 UL-94 测试的结果，当 PEPAP 的含量为 25%时，达到了 UL-94 V-0 等级。此外，添加 PEPAP 可以显著减少聚丙烯的熔融滴落。从锥形量热试验的结果看，随着 PEPAP 在聚丙烯中的增加，PHRR、THR、ASEA 和 AMLR 都大大减少。当添加 25%的 PEPAP 时，PHRR、THR、ASEA 和 AMLR 分别减少了 53%、36%、52%和 44%。聚丙烯的阻燃性通过引入 PEPAP 得到显著改善。

表 8-17　阻燃聚丙烯复合材料的 LOI、UL-94 和 35 kW/m² 时锥形量热法数据

样品	LOI/%	UL-94	滴落	TTI/s	PHRR/ (kW/m²)	THR/ (MJ/m²)	ASEA/ (m²/kg)	AMLR/ (g/s)
C-PP	18.4	无等级	有	28	865	30.7	1475	0.095
C-PP/ 10%PEPAP	19.7	无等级	有	28	595	28.2	1059	0.078
C-PP/ 15%PEPAP	22.8	无等级	有	30	515	25.8	957	0.071
C-PP/ 20%PEPAP	26.1	V-2	无	33	433	23.0	861	0.062
C-PP/ 25%PEPAP	29.4	V-0	无	35	407	19.5	712	0.053

注：AMLR 表示平均失重速率；ASEA 表示平均比消光面积。

8.3　磷腈三元衍生物阻燃材料

8.3.1　磷腈三元衍生物的合成及表征

1. 三(邻苯二胺)环三磷腈(TPCTP)的合成

Yang 等[25,26]将 3.3g 邻苯二胺、8.4mL 三乙胺、40mL THF 投入 250mL 三口烧瓶中，并在回流温度下搅拌。通过缓慢滴定六氯三环磷腈的 THF 溶液，在氮气气氛中于回流温度(约 80℃)下搅拌反应 8h。之后，通过真空蒸发 THF 浓缩混合物，获得棕色黏性产物，并在 60℃真空干燥(压力小于 10mm 汞柱)6h，得到 TPCTP。反应过程如图 8-32 所示。

图 8-33 是 TPCTP 的 FTIP 谱图，从图 8-33 可以看出，3200～3500cm⁻¹ 处为 N—H 的拉伸振动吸收峰；1627.28cm⁻¹ 处为苯环的骨架振动吸收峰；1361.27cm⁻¹、1288.15cm⁻¹ 处为氯化萘组的拉伸振动吸收峰；1499.72cm⁻¹ 处为苯环的骨架振动吸收峰；1069.66cm⁻¹、911.04cm⁻¹ 处为 P—N—P 的环振动吸收峰；655.35cm⁻¹ 处

为 P—N—C 的对称拉伸振动吸收峰。以上表明本研究合成的产物是 TPCTP。

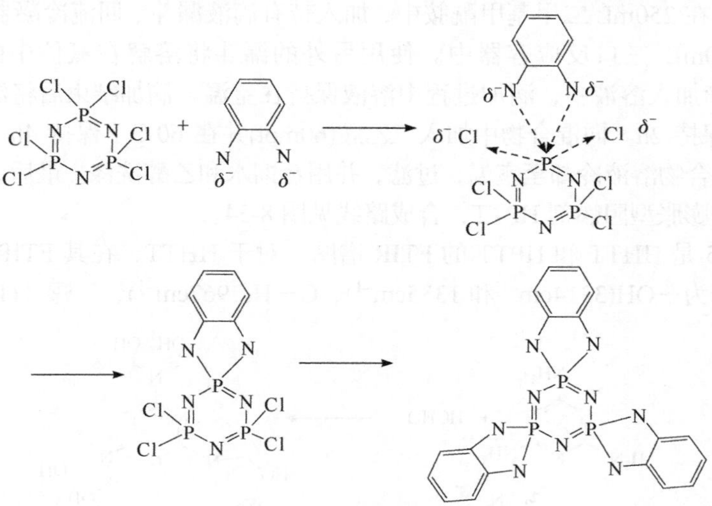

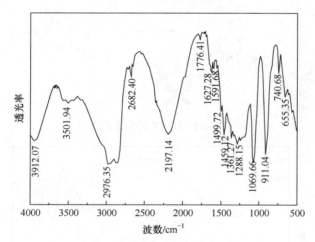

图 8-32　TPCTP 的合成反应

图 8-33　TPCTP 的 FTIR 谱图

2. 螺环磷腈基膨胀型阻燃剂(HPTT)的合成

Zhu 等[27]在装有回流冷凝器、温度计和搅拌器的 500mL 三口烧瓶中合成了 *N,N,N′,N′,N″,N″*-六羟甲基-[1,3,5]三嗪-2,4,6-三胺(HHTT)。首先，在烧瓶中加入三聚氰胺(37.8g，0.3mol)和 37%甲醛水溶液(2.6mol，195g)，其 pH=7.5，搅拌并加热混合物，直到三聚氰胺溶解。然后，三聚氰胺和甲醛之间的反应持续 10min 后，将烧瓶中的混合物冷却至室温。过滤得到的白色固体产物，用乙醇洗涤，并在 50℃

下干燥,获得 HHTT,其熔点为 153℃,产率为 89%。在 40℃下,将所获得的 10mol HHTT 溶解在 250mL 二甲基甲酰胺中,加入带有滴液漏斗、回流冷凝器和磁力搅拌器的 500mL 三口反应容器中。使用另外的漏斗将溶解在氯仿中的 HCCTP (10mol)逐滴加入溶液中,滴加过程中溶液保持在室温。滴加结束后将混合物加热至 40℃并保持 2h。向混合物中加入三乙胺(60mol)并在 60℃下保持 4h。当反应完成时,将混合物溶液冷却至室温,过滤,并用蒸馏水和乙醇洗涤。最后,干燥至恒重的粉末是膨胀型阻燃剂 HPTT,合成路线见图 8-34。

　　图 8-35 是 HHTT 和 HPTT 的 FTIR 谱图。对于 HHTT,在其 FTIR 谱图中观察到吸收峰为—OH(3314cm^{-1} 和 1335cm^{-1})、C—H(2962cm^{-1})、三嗪环(1558cm^{-1}、

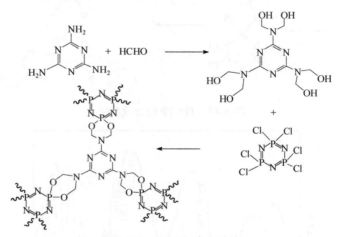

图 8-34　HPTT 的合成路线

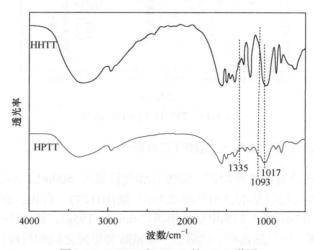

图 8-35　HHTT 和 HPTT 的 FTIR 谱图

1496cm⁻¹ 和 812cm⁻¹)和 C—O (1284cm⁻¹ 和 1199cm⁻¹)，并且这些峰文献[28]一致。HPTT 在 1335cm⁻¹ 处的吸收峰消失，而磷腈环(873cm⁻¹ 和 1093cm⁻¹)和 P—O—C(1017cm⁻¹)出现，这表明 HPTT 的成功制备。

HCCTP 和 HPTT 的 P_{2p} 及 HHTT 和 HPTT 的 O_{1s} 峰的 XPS 谱图如图 8-36 所示。结合能从 HCCTP 的(134.1±0.2)eV 变化到 HPTT 的(133.5±0.2)eV，这对应于从 P—Cl 到 P—O 的转变[图 8-36(a)]；结合能从 HHTT 的(531.8±0.2)eV 变化到 HPTT 的(530.8±0.2)eV，证实 O—H 被 O—P 取代[(图 8-36(b)]。显然，XPS 结果表明 HPTT 是在 HCCTP 和 HHTT 反应后形成的。根据上述结果，可以得出结论，HPTT 的成功合成。

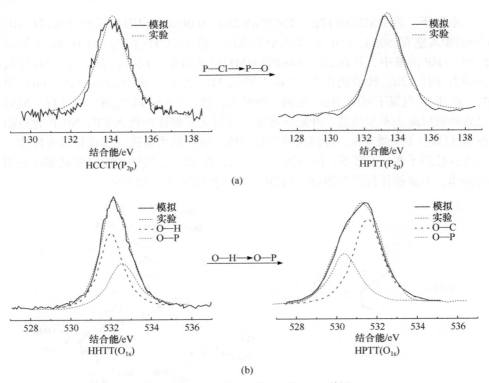

图 8-36　HPTT 的 P_{2p} 和 O_{1s} 的 XPS 谱图

3. 三聚氰胺-环三磷腈衍生物(MCP)的合成

Lv 等[29]将六羟甲基三聚氰胺(HMM)(12.24g，0.04mol)装入 100mol 圆底烧瓶中。随后加入四氢呋喃(THF)和无水甲醇(12mL，0.28mol)的混合物。用 H_2SO_4 作催化剂，并将反应体系调至 pH 3.5～4.5，溶液在室温下保持 1h，然后回流至透明，将溶液冷却至室温，滴加三甲胺(用于中和硫酸)，直至溶液的 pH 变为 7～8。最后，过滤除去不溶性盐，减压浓缩，得到水溶性醚化三聚氰胺甲醛树脂(HMMM)。该混合物是水溶性的，无需纯化即可使用，其合成路线如图 8-37 所示。

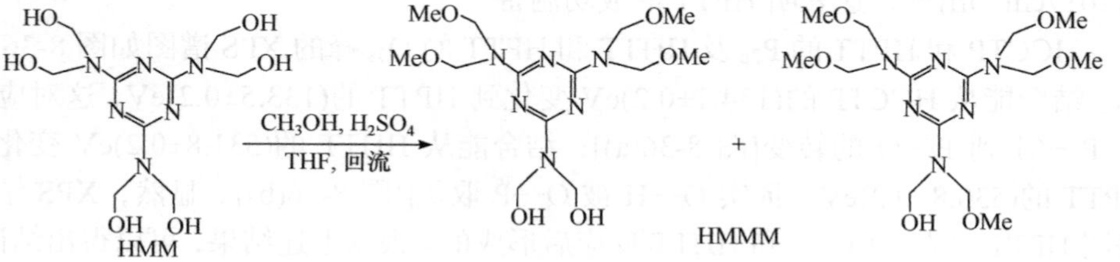

图 8-37　HMMM 的合成路线

室温下，将 HMMM(12g)、K_2CO_3(8.28g，0.06mol)和四丁基溴化铵(TBAB)(1mg)加入盛有 50mL THF 的烧瓶中并搅拌。将 HCCTP(3.47g，0.01mol)溶解在 50mL THF 溶液中，并在 2h 内滴加到 HMMM 溶液中。混合物在室温下 N_2 气氛下磁力搅拌 12h，接着仍在 N_2 气氛下回流 24h。然后，向该溶液中加入 6mL 甲醇，再在 N_2 气氛下回流 24h。每隔一段时间，通过 ^{31}P NMR 监测反应进程。最后过滤溶液以除去不溶性盐，并减压浓缩，获得无色液体产物 MCP。MCP 化合物在 40℃真空下干燥 72h，得到透明的软固体。该产品无需进一步纯化即可使用，它很容易溶于水、乙醇等，但不溶于正己烷，在 80℃空气中干燥时变成坚硬透明的固体，不能被任何溶剂溶解。MCP 的合成路线如图 8-38 所示。

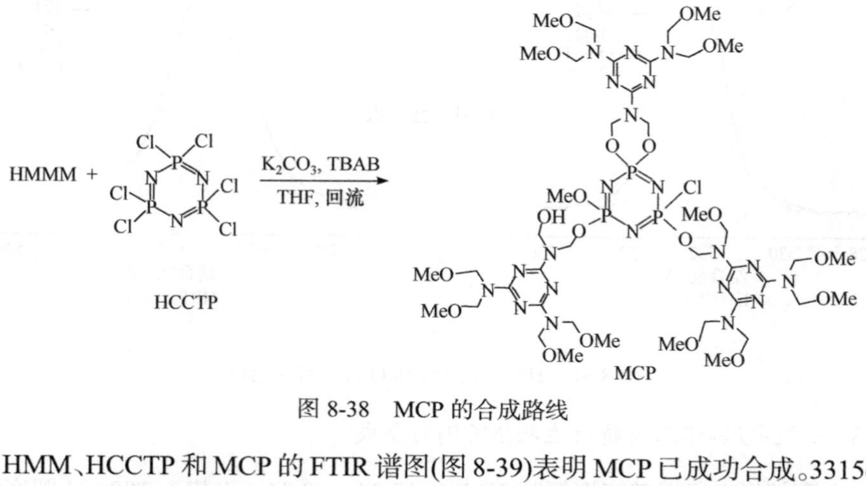

图 8-38　MCP 的合成路线

HMM、HCCTP 和 MCP 的 FTIR 谱图(图 8-39)表明 MCP 已成功合成。3315cm^{-1} 处是—OH 的特征吸收峰，但它比 HMM 弱，证明羟基含量较少。但是烷基在 MCP 中更多。1441～1438cm^{-1} 和 2936cm^{-1} 处的吸收带分别对应 C—H 键的弯曲振动和拉伸振动。1545cm^{-1} 和 1468cm^{-1} 处对应三嗪环，1392cm^{-1} 处对应 C—N。在 1148cm^{-1} 附近检测到 C—O—C 基团的特征吸收峰。1220cm^{-1} 和 735cm^{-1} 处的峰

被指定为 P—N 和 P═N 的振动。仅检测到 P—Cl 键的弱吸收带特征，表明氯原子几乎完全被取代。同时，在 923cm^{-1} 处出现一个带表明 P—O—C 键已经形成。1545cm^{-1}、859cm^{-1} 和 626cm^{-1} 处的峰代表三聚氰胺骨架。相比之下，HCCTP 的 P—N—P 红外吸收区被 HMM 的三嗪环覆盖。因此，MCP 很多峰与 HMM 相似。

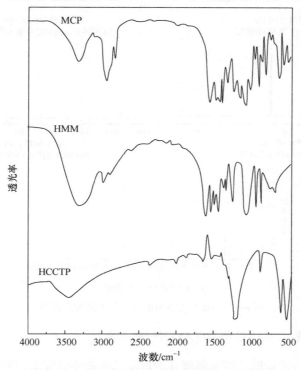

图 8-39　HMM、HCCTP 和 MCP 的 FTIR 谱图

　　不同原子核的 ^{1}H NMR、^{13}C NMR 和 ^{31}P NMR 分别在 400MHz、100MHz 和 162MHz 下工作。^{1}H NMR 谱图[图 8-40(c)]和 ^{13}C NMR 谱图[图 8-40(d)]参考四甲基硅烷信号，CDCl$_3$ 和 DMSO-d$_6$ 分别用作溶剂。而 ^{31}P NMR 谱图[图 8-40(a)]化学位移指的是相对于外部标准的 85%磷酸。^{13}C NMR 谱图和 ^{31}P NMR 谱图数据是质子去偶。逐步取代反应由 ^{31}P NMR 谱图[图 8-40(b)]监测。图 8-40(a)中 ^{31}P NMR 谱图清楚地显示了典型的 AB$_2$ 自旋模式，两组共振信号分别在 18.14ppm 处表现为三重态，在 22.40ppm 处表现为二重态[30,31]，其磷-磷偶合常数($^2J_{PNP}$)为 45.36Hz，分别对应于带有单环基团和两个带有甲氧基的环三磷腈的磷原子，这两种不同的环境磷原子给出了 2∶1 的积分比。同时，作为参考的 HCCTP 光谱仅显示 19.97ppm 处的强单线态信号。在图 8-40(e)中，m/z =1298 是[M+H]$^+$，与图 8-38 给出的结构一致。

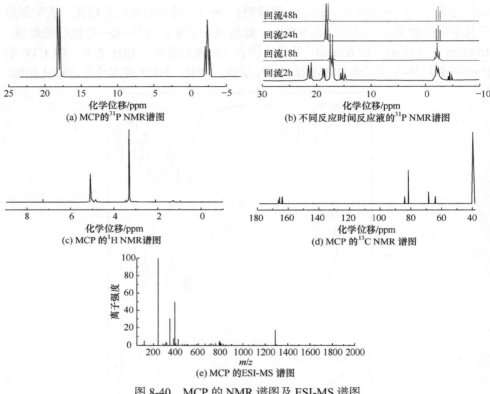

(a) MCP的^{31}P NMR谱图

(b) 不同反应时间反应液的^{31}P NMR谱图

(c) MCP 的^{1}H NMR谱图

(d) MCP 的^{13}C NMR 谱图

(e) MCP 的ESI-MS 谱图

图 8-40　MCP 的 NMR 谱图及 ESI-MS 谱图

4. 环三磷腈-乙醇胺缩合物(TAECTP)的合成

Lv 等[32]将一定量的乙醇胺溶解在 50mL 二氧杂环己烷中，将溶液加入带有搅拌器、回流冷凝器和滴液漏斗的烧瓶中。将一定量的 HCCTP 溶解在 20mL 二氧杂环己烷中，然后以 1mL/min 的速度将溶液滴加入烧瓶中，同时快速连续搅拌，直到反应自行终止。将系统冷却至室温，烧瓶中产生黄色黏性物质，倒出上层液体，用无水乙醇洗涤黏性物质，过滤后，使用旋转蒸发器在 78℃蒸发溶剂，得到的橙色黏性液体为 TAECTP，其合成路线如图 8-41 所示。

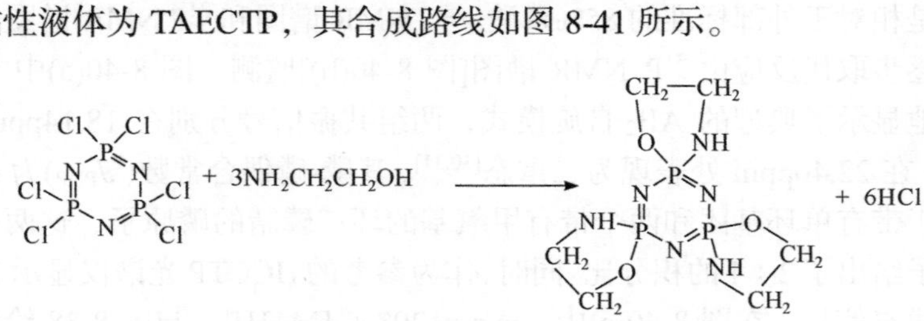

图 8-41　TAECTP 的合成路线

TAECTP 的 FTIR 谱图如图 8-42 所示。仲氨 N—H 的变形振动峰出现在 1614cm^{-1}，弯曲振动峰出现在 1513cm^{-1}，—CH$_2$ 的弯曲振动峰出现在 1454cm^{-1}，P—N 的拉伸振动峰出现在 1218cm^{-1}，C—N 拉伸振动峰出现在 1068cm^{-1} 和 1014cm^{-1}。P—Cl 的强吸收峰消失，表明 Cl 原子被完全取代。

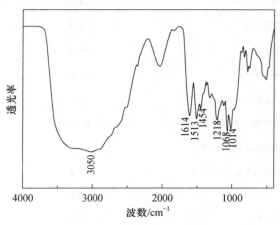

图 8-42　TAECTP 的 FTIR 谱图

8.3.2　磷腈三元衍生物的应用

1. 磷腈三元衍生物在大型集成电路封装用环氧模塑料中的应用

Yang 等[25]以合成的 TPCTP 为阻燃剂，制备了无卤阻燃的大型集成电路封装用环氧模塑料 EMC。EMC 的配方和性能列于表 8-18 和表 8-19。

表 8-18　EMC 的配方　　　　（单位：g/100g 树脂）

原料	对照配方	绿色配方
邻甲酚酚醛环氧树脂	19.0	19.0
溴化环氧树脂	5.0	—
TPCTP	—	5.0
酚醛树脂	10.0	10.0
硅烷偶联剂(KH-560)	0.8	0.8
二氧化硅	68.0	68.0
液态羧基封端丁腈橡胶	1.0	1.0
硬脂酸	0.5	0.5
2-甲基咪唑	0.15	0.15

表 8-19　EMC 的性能

性能	对照配方	绿色配方
缺口冲击/(kJ/m²)	3.73	3.58
弯曲强度/MPa	124.21	132.42
热变形温度/℃	280.3	286.3
凝胶时间/s	17.63	13.28
吸水率/%	0.416	0.296
阻燃性(UL-94，1.6mm)	V-0	V-0
弯曲模量/MPa	10813	12049
α_1(玻璃态)热膨胀系数/(ppm/℃)	13.0	7.8
α_2(高弹态)热膨胀系数/(ppm/℃)	27.4	20.5
T_g/℃	178	182
LOI/%	28.9	34.5

由表 8-18 和表 8-19 可以看出，无卤阻燃的大型集成电路封装用环氧模塑料 EMC 阻燃性能达到 UL-94 V-0 级(1.6mm)，LOI 达到 34.5%，表明无卤阻燃的大型集成电路封装用环氧模塑料 EMC 的阻燃性能比传统卤系阻燃剂好得多。同时，TPCTP 加速了 EMC 的固化反应速率。

2. 磷腈三元衍生物在硅橡胶中的应用

Zhu 等[27]将硅橡胶(SR)在双辊混合机中混炼直至其变软，然后在混合过程中将所有 HPTT 和 SiO₂ 填料加入软橡胶中，以获得均匀的批料。接下来，加入硫化剂二(叔丁基过氧化)己烷(DBPMH)，持续混合约 10min。此后，将所得混合物压制成厚度分别为 3.2mm 或 1mm 的薄片，接着将所有样品硫化。

表 8-20 是复合材料的阻燃和力学性能试验结果。显然，SR 是一种易燃材料，其 LOI 仅为 25.6%。此外，在 UL-94 测试中，SR 没有等级。随着 HPTT 含量的增加，SR/HPTT 复合材料的 LOI 增加，在 HPTT 含量为 18%时达到 31.8%，同时达到 UL-94 V-0 级。显然，HPTT 是一种有效的阻燃剂。表 8-20 中也显示了阻燃剂 HPTT 对力学性能的影响。随着 HPTT 含量的增加，SR/HPTT 复合材料的拉伸强度和断裂伸长率逐渐降低。在满足 UL-94 V-0 等级的情况下，SR₅ 的拉伸强度为(4.25±0.3)MPa，相应的断裂伸长率为 185%±25%。显然，SR/HPTT 复合材料的拉伸强度和断裂伸长率低于相应的 SR，因此表明 HPTT 的引入破坏了 SR 的力学性能。

表 8-20　SR/HPTT 复合材料的阻燃和力学性能

样品	SR 含量/%	HPTT 含量/%	DBPMH 含量/%	阻燃和力学性能			
				UL-94	LOI/%	拉伸强度/MPa	断裂伸长率/%
SR_0	99	0	1	无等级	25.6	8.75±0.8	548±50
SR_1	89	10	1	无等级	27.4	5.53±0.5	260±40
SR_2	87	12	1	无等级	28.3	5.10±0.6	245±45
SR_3	85	14	1	V-1	28.8	5.05±0.5	238±50
SR_4	83	16	1	V-1	30.4	4.85±0.5	232±30
SR_5	81	18	1	V-0	31.8	4.25±0.3	185±25

在 $50kW/m^2$ 的外部热通量下，SR 和 SR/HPTT 复合材料的 HRR、SPR(烟气产生速率)和残炭率曲线数据显示在图 8-43 中。图 8-43 显示了加入 HPTT 后 TTI 缩短，这应该是由于低温下 HPTT 的分解。点火后，SR 的 HRR 迅速增加，在 95s 左右出现一个尖锐的 HRR 峰($350kW/m^2$)。与 SR 相比，SR/HPTT 复合材料在含量为 18% $HPTT(209kW/m^2)$时的相对燃烧率下降了 40%左右，表明 SR 的可燃性受到 HPTT 的明显抑制。SR 及其复合材料的 SPR 曲线如图 8-43(b)所示。阻燃复合材料的 SPR 峰值(PSPR)均比 SR 降低，SR 的 SPR 峰值(PSPR)为 $0.156m^2/s$，与

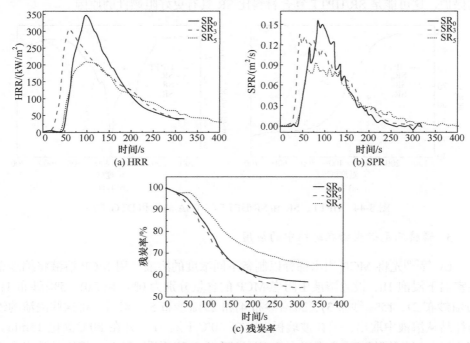

(a) HRR

(b) SPR

(c) 残炭率

图 8-43　SR 和 SR/HPTT 复合材料的 HRR、SPR 和残炭率曲线

SR 相比，SR_3 和 SR_5 复合材料的 SPR 分别降低到 $0.133m^2/s$ 和 $0.095m^2/s$。结果表明，HPTT 的加入起到了抑制烟气产生的作用。此外，HPTT 越多，抑烟效果越好。图 8-43(c)示出了材料的质量损失数据。对于 SR，SR/HPTT 复合材料质量迅速下降，残炭率约为 57.64%。与 SR 相比，SR_3 的残炭率为 54.84%，而加入 18% 的 HPTT 复合材料，残炭率进一步增加到 63.99%。

图 8-44 显示了 N_2 气氛下的 HPTT、SR 和 SR/HPTT 的 TGA 曲线和 DTG 曲线。图中显示 HPTT 在 262℃左右开始分解，随后分别在 262～315℃和 315～700℃发生两次热分解过程。第一阶段的质量损失率为 17%，第二阶段为 41%，在 700℃下残炭率为 42%。图 8-44 还显示了 SR 和阻燃 SR 复合材料的 TGA 和 DTG 结果。SR 在 471℃分解，最高分解温度为 566℃，最后在 700℃下残炭率为 36.57%。然而，SR_3 和 SR_5 的初始分解温度分别为 286℃和 292℃，伴随着分解和交联反应。随着温度的升高，SR/HPTT 进一步分解，导致更多的焦炭形成。图 8-44(b)显示 SR_3 在约 286～378℃和 378～700℃经历了两阶段热分解过程，SR_5 的分解趋势与 SR_3 相同。SR_3 的两个最大质量损失速率：第一阶段 1.5%/min，第二阶段 4.3%/min，在 700℃下有 42.20% 的残炭；对于 SR_5，第一阶段为 1.4%/min，第二阶段为 3.9%/min，在 700℃时剩余 47.40% 的残炭。显然，在 700℃时，SR/HPTT 的残炭比 SR 多，最大质量损失速率比 SR 低，这意味着基体在分解过程中可能受到残炭的保护，这可能是 SR/HPTT 复合材料比 SR 具有更好阻燃性的原因。

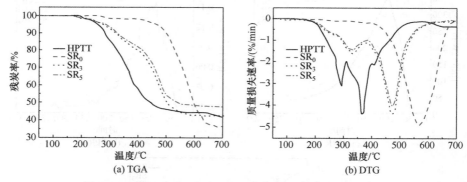

(a) TGA　　　　　　　　(b) DTG

图 8-44　HPTT、SR 和 SR/HPTT 的 TGA 曲线和 DTG 曲线

3. 磷腈三元衍生物在纤维中的应用

Lv 等[29]先将 MCP 用水稀释以制备不同浓度的溶液。用 MCP 溶液将棉纱布在室温下浸泡 1h，设置溶液中阻燃 MCP 的含量分别为 0%(纱布 0)、5%(纱布 1)、10%(纱布 2)、15%(纱布 3)、20%(纱布 4)和 25%(纱布 5)。然后，将这些浸渍的纱布样品从溶液中取出，放在玻璃板上，在 60℃干燥 1h，并在 80℃固化 15min。固化后，织物在去离子水中浸泡 10h，最后在 80℃干燥 15min。织物的洗涤和称

重过程重复 2～3 次[33]。

　　环三磷腈衍生物的热稳定性使用热重分析仪在 N_2[图 8-45(a)]和空气[图 8-45(b)]中测试纱布 4 与 HMM、HCCTP、MCP 和纱布 0 热稳定性。在 N_2 气氛中，纱布 4 的起始温度约为 261.78℃，远低于纱布 0 的分解温度(324.78℃)。在空气气氛下，纱布 4 的起始温度约为 222.38℃，远低于纱布 0 分解的起始温度(297.48℃)。当 MCP 被掺入纱布网络(如纱布 4)时，MCP 的分解温度低于纯纱布(纱布 0)，MCP 分解产生的气体和磷酸盐减缓了纱布的分解。这一现象与许多文献中含有环三磷腈的阻燃塑料相一致[34-36]。因此，由于阻燃磷和氮含量的协同作用，MCP 可以增强纱布的热性能。因为磷腈基聚合物的热分解是吸热过程，并且在热分解过程中产生的磷酸盐、偏磷酸盐和多磷酸盐在聚合物表面形成非挥发性保护膜，具有将其与空气隔离的效果。同时，释放的气体(包括 CO_2、NH_3 和 N_2)均不可燃，也起到切断氧气供应的作用，导致阻燃性的协同增加。此外，当将 MCP 混入棉纱布中时，燃烧产物的残炭率提高。例如，纱布 4 在 N_2 中的残炭率为 42.3%，在空气中的残炭率为 31.4%。MCP 在 N_2 中的残炭率为 15.0%[图 8-45(a)]，在空气中的残炭率为 8.9%[图 8-45(b)]，表明 MCP 不仅分解气体，而且分解非挥发性物质。原料(HMM、HCCTP 和纱布 0)加热到 800℃后几乎没有残留。　热重分析试验表明，MCP 能保护纱布分子链不完全分解。

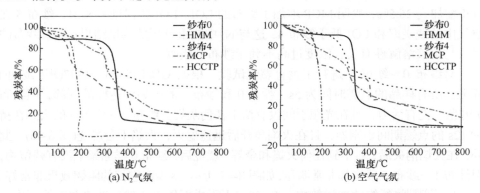

图 8-45　纱布 4、HMM、MCP、HCCTP 和纱布 0 的 TGA 曲线

升温速度 10℃/min

　　将纱布 1～纱布 5 裁剪成 $3cm^2$ 的碎片，然后从底部点燃，但火焰很小且很快熄灭。一些样品需要 5～6 次点火才能形成完整的残炭层。表 8-21 总结了不同 MCP 含量的棉纱布的燃烧数据(余火时间、余辉时间和残炭率)。MCP 是热固性和不可逆的。热固化后，产品变成透明坚硬的固体，不溶于任何有机溶剂和水。纯净的纱布在空气中被火焰点燃一次，很快燃烧殆尽，没有留下可测量的残留物。相比之下，纱布 4 经受住了空气中多次直接垂直点燃，直到自猝灭，残炭率高达 47.6%。残炭率越高，阻燃性越好。样品也表现出膨胀行为，在高温下在纱布表面产生保

护性的泡沫炭层。膨胀型阻燃剂 MCP 比织物更早分解，产生磷酸或聚磷酸酯等。这些酸可以炭化、催化有机物脱水，在基体炭层表面形成保护层。部分氮分解产生不燃气体，使燃烧区可燃纤维附近的氧气被稀释，同时促进碳层发泡，形成膨胀炭层。膨胀炭层的形成，一方面防止氧气和热量进入燃烧区可燃纤维，保护内部结构；另一方面炭层又避免可燃气体逸出，降低燃烧的可能性。

表 8-21   阻燃棉纱在空气中燃烧 1h 的数据

样品	MCP 含量/%	余火时间/s	余辉时间/s	残炭率/%	LOI/%
纱布 0	0	0	0	0	16.9
纱布 1	5	0	0	25.6	23.5
纱布 2	10	0	0	35.4	24.6
纱布 3	15	0	0	42.3	25.4
纱布 4	20	0	0	47.6	26.5
纱布 5	25	0	0	46.6	25.8

注：残炭数据是通过反复点燃未燃烧部分后称量样品的黑色部分获得的。

纯棉布纱布在空气中极易燃烧，LOI 为 16.9%。但是 MCP 含量为 20%的纱布，LOI 增加到 26.5%，表明 MCP 增加了纱布的 LOI。LOI 数据见表 8-21，纱布 5 在空气中的残炭率和 LOI 低于纱布 4，这与 N_2 中热重分析的测试结果一致，纱布的吸收与溶液溶解性有关，浓度过高不利于纱布的吸收。

对纱布 0～纱布 5 进行了垂直燃烧试验。根据 GB/T 5455—1997(现已废止)标准，所有样品的点燃时间为 5s。纱布 0 和纱布 1 的火焰到达样品顶部，但纱布 0 更亮、更有活力，且在光照瞬间没有留下任何灰烬。纱布 2～纱布 5 的火焰在持续 12s 的点燃期间不剧烈，且在火焰离开后迅速熄灭，火焰不会燃烧(图 8-46)。此外，在火焰消失后，看不到任何火焰和余辉。燃烧后，纱布 0 样品架上没有残留物，但纱布 1～纱布 5 残炭都非常明显，如图 8-47 所示。这表明它们的阻燃效果非常好。

Lv 等[32]将纤维放入烘箱中，在 60℃下干燥至恒重，然后洗涤并卷绕两次，将整理液 TEACTP 放入小型染色机中。首先，纤维在 80℃预烘焙 3min，然后在 160℃烘焙 3min，最后在 60℃干燥。在这一系列样品中，TEACTP 的最低含量为 10%，LOI 为 33.3%，当 TEACTP 含量为 80%时，LOI 为 60.2%，这说明阻燃效果是显著的。实际上，10%的整理液可以产生优异的阻燃效果，如图 8-48 所示。TAECTP 处理的黏胶纤维样品(按阻燃整理液浓度从小到大排序)标记为 A_1(10%)、A_2(20%)、A_3(30%)和 A_4(40%)。

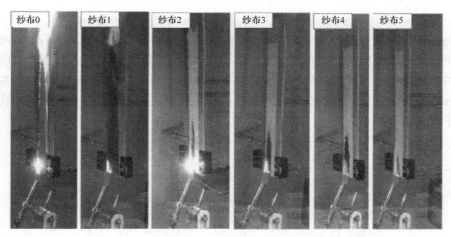

图 8-46　纱布 0～纱布 5 点燃后的垂直火焰测试图像

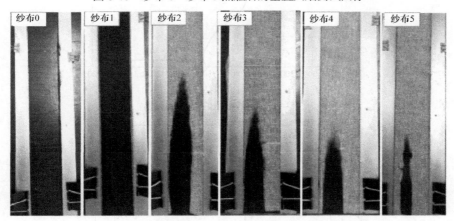

图 8-47　在垂直火焰测试期间纱布 0～纱布 5 的图像

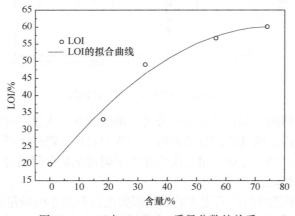

图 8-48　LOI 与 TEACTP 质量分数的关系

如图 8-49 和图 8-50 所示，阻燃样品的 TGA 分为四个阶段。$A_1 \sim A_4$ 的第一阶段失重率分别为 4.6%、3.9%、7.3% 和 8.1%，总体趋势是上升的。这一结果可能是由两个原因引起的，一是 TAECTP 分子上含的 N 和 O 等是亲水基团，其吸水率可能超过纤维素；二是样品的增重率较高，阻燃剂热分解引起的失重对总失重有较大影响。在 130℃ 以下，TAECTP 没有明显的失重，因此可以认为第一次失重主要是由吸水引起的。

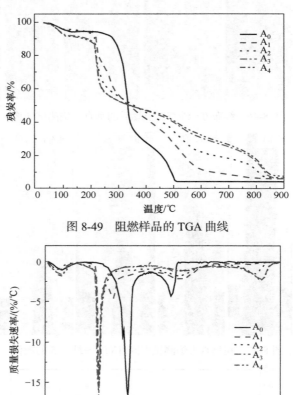

图 8-49　阻燃样品的 TGA 曲线

图 8-50　阻燃样品的 DTG 曲线

第二阶段包括阻燃剂和纤维的热分解。阻燃纤维的失重温度区间较窄，但失重率较低。一方面，阻燃剂的分解促进了纤维的炭化，降低了纤维的分解温度，加快了反应速度；另一方面，第二次炭化由于阻燃剂的分解而停止，纤维的分解不完全，残余质量较高。

第三阶段，阻燃纤维具有更大的质量损失范围和更小的质量损失速率。最终，阻燃纤维的剩余质量远远高于未处理的黏胶纤维，这是因为黏胶纤维继续产生可燃气体，但是纤维的第二次炭化由于阻燃剂的热解产物而停止。

第四阶段，所有样品的热分解完成。不同样品的速率峰分离明显。A_1 和 A_2 的最大质量损失速率出现在 780℃左右，而 A_3 和 A_4 的最大质量损失速率出现在 830℃附近。阻燃剂越多，最终热解温度越高，分解越困难。

阻燃纤维 DSC 曲线如图 8-51 所示，在温度范围 A_0 内有一个吸热峰和两个放热峰。88℃的吸热峰对应图 8-49 和图 8-50 中黏胶纤维的第一阶段，A_1～A_4 在 80℃附近也有类似的吸热峰。362℃和 495℃的两个放热峰分别对应于 A_0 的第二和第三阶段的热重曲线。阻燃纤维的 DSC 曲线在温度范围内有两个吸热峰和三个放热峰，曲线与 A_0 有很大不同。A_1～A_4 的第二个吸热峰分别出现在 222℃、222℃、226℃和 226℃。随着阻燃剂含量的增加，吸热峰向更高温度移动，峰面积变大，拖尾情况更加严重。阻燃剂分解成偏磷酸和磷酸，然后生成聚偏磷酸，聚偏磷酸强烈脱水，促进纤维炭化。

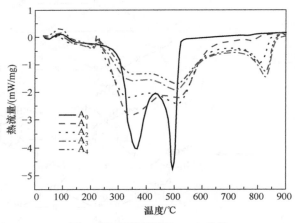

图 8-51　阻燃纤维的 DSC 曲线

使用单纤维强度装置测量所有样品的干强度、断裂伸长率和初始模量，结果如表 8-22 所示。阻燃剂与黏胶纤维之间没有发生交联反应。一般来说，阻燃剂对纤维的力学性能有负面影响，数据呈下降趋势。但 A_1 已经获得了优异的阻燃效果，与未处理的样品 A_0 相比，干强度下降了 19.4%，仍在可接受的范围内(20%)。

表 8-22　黏胶纤维样品的机械强度

样品	干强度/(cN/dtex)	断裂伸长率/%	初始模量/(cN/dtex)
A_0	2.11	23.48	40.33
A_1	1.70	13.93	33.10
A_2	1.66	11.94	29.11
A_3	1.42	12.02	21.45
A_4	1.44	11.59	23.22

8.4 聚磷腈衍生物阻燃材料

8.4.1 聚磷腈衍生物的合成及表征

1. 聚(环三磷腈-co-4,4'-磺酰二酚)(PZS)纳米管的合成

Zhao 等[37]将 0.86g 4,4'-磺酰二酚(BPS)和 1.4mL TEA 溶解在 250mL 三口烧瓶中的 50mL THF 中。然后在 1h 内滴加 50mL THF 和 0.4g HCCTP。在 40℃下超声处理 10.5h。将沉淀物依次用乙醇和去离子水洗涤三次。最后,将所得产品干燥至恒重。从 HCCTP 计算,产率约为 70%。PZS 纳米管的合成路线如图 8-52 所示。

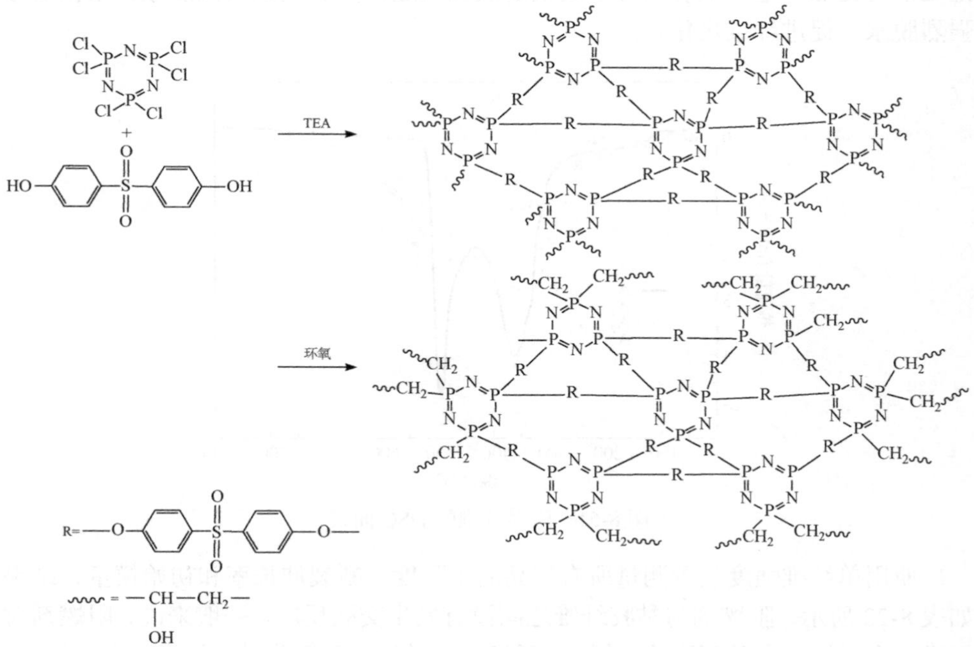

图 8-52 PZS 纳米管和 PZS/EP 纳米复合材料的合成路线

图 8-53 是 PZS 纳米管的形态和化学组成。图 8-53(a)可以看出获得的 PZS 纳米管是白色流动粉末,从扫描电子显微镜(SEM)图像可以观察到平均直径约为 200nm 且表面粗糙的 PZS 纳米管,大多数纳米管有几微米长。从透射电子显微镜(TEM)图像[图 8-53(b)]可以观察到 PZS 纳米管具有中空的管状结构,其外径为 90~100nm,大多数管端是封闭的[38]。能量色散 X 射线谱(EDS)分析和元素分析结果表明元素数据及其在 PZS 纳米管上的分布,如图 8-53(c)和(d)所示。显然,

纳米管表面的元素由碳、氧、磷、氮和硫组成。同时，氮、磷和硫的原子浓度与具有高度交联结构的 PZS 的理论值相似，表明成功制备了 PZS 纳米管。

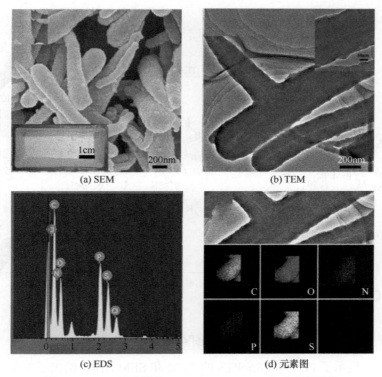

(a) SEM
(b) TEM
(c) EDS
(d) 元素图

图 8-53 PZS 纳米管的 SEM、TEM、EDS 和元素图图像

2. 阻燃包覆 PZS 纳米管((FR@PZS))的制备

Qiu 等[39]首先将三乙胺(TEA) (4.16g，41.2mmol)和定量的 BPS 溶解在 250mL THF 中，加入装有滴液漏斗和机械搅拌器的 500mL 三口烧瓶中。然后在 1h 内将溶解在 100mL THF 中的 HCCTP(2.4g，6.9mmol)滴加到烧瓶中。将上述体系在超声波作用下再搅拌 6h，并将温度精确控制在 40℃。反应完成后，除去溶剂，沉淀产物分别用无水乙醇和去离子水洗涤。最后，固体产物在 60℃真空下干燥，得到带有羟基的 PZS 纳米管。

根据 Chen 等[40]的方法由 9,10-二氢-9-氧杂-10-磷杂菲-10-氧化物(DOPO)合成了 DOPO-HQ，再通过简单的一锅法制备 FR@PZS，如图 8-54 所示。首先，将 1.0g PZS、0.26g 三氯化碳和额外的 TEA 加入装有 300mL THF 的 500mL 烧瓶中，在室温下用超声波处理(53kHz)0.5h，随后，在 2h 内将 0.59g 溶解在 10mL THF 中的 DOPO-HQ 逐滴加入烧瓶中。然后，将混合物控制在 70℃并超声处理 12h。最后，将所得产物过滤并用 THF 和无水乙醇分别洗涤三次，在 40℃下真空干燥过夜，得到阻燃包覆 PZS 纳米管(FR@PZS)。

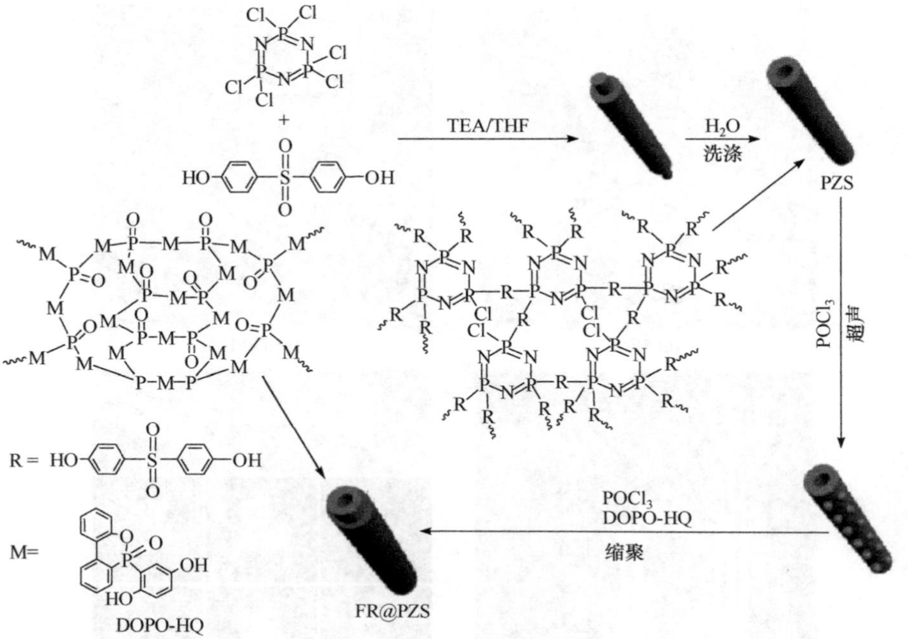

图 8-54　PZS 和 FR@PZS 纳米管的合成路线

图 8-55 显示了 PZS 和 FR@PZS 的 TEM 和 SEM 图像,给出了关于 PZS 及其衍生物的形态和大小的信息。根据 PZS[图 8-55(a)]和 FR@PZS 纳米管[图 8-55 (b)、(c)]的 TEM 图像所示, 纯 PZS 和 FR@PZS 纳米管呈现中空管结构和封闭的管终端, 这些管子的长度估计有几微米。从 PZS[图 8-55(d)]和 FR@PZS 纳米管[图 8-55(e)]的 SEM 图像中, 可以观察到纯 PZS 和 FR@PZS 具有纤维形状并且彼此缠结。此外, 纯 PZS 纳米管的表面干净光滑。FR@PZS 表面相对粗糙, 包裹了一层作为额外相的 FR 层[图 8-55(b)、(e)]。从 SEM 图像可以明显看出, 从 PZS 到 FR@PZS 纳米管的直径增大, PZS 的直径为 40~50nm, 而 FR@PZS 的直径为 50~60nm。显然, TEM 和 SEM 的结果均表明, DOPO 基阻燃剂成功地包裹在 PZS 的表面。

FTIR 分析提供了 PZS 和 FR@PZS 纳米管的关键结构信息,如图 8-56(a)所示。从纯 PZS 的 FTIR 谱中可以观察到在 1488cm^{-1} 和 1589cm^{-1} 处的两个不同的峰归因于苯环单元中的 C=C 的吸收。在 1153cm^{-1} 和 1293cm^{-1} 处的特征峰对应 O=S=O。此外, 883cm^{-1} 和 1186cm^{-1} 处的吸收峰分别归因于 P—N 和 P=N 的拉伸振动。P—O—Ar 的吸收峰出现在 941cm^{-1} 处。在用基于 DOPO 的 FR 包裹 PZS

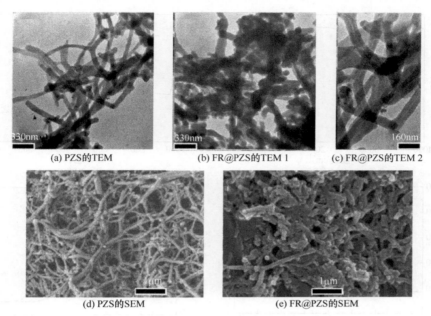

(a) PZS的TEM　　　　(b) FR@PZS的TEM 1　　　　(c) FR@PZS的TEM 2

(d) PZS的SEM　　　　　　(e) FR@PZS的SEM

图 8-55　PZS 和 FR@PZS 的 TEM 和 SEM 图像

后，在 1240cm^{-1} 处的新吸收峰与 P=O 相关联，随着峰 1041cm^{-1} 分配给 P—O—C，出现在 FR@PZS 的光谱中，间接揭示了 PZS 被 FR 包覆。

XPS 提供了关于 PZS 和 FR@PZS 的表面组成与化学状态的各种信息，可以进一步了解它们的结构。图 8-56(b)～(d)展示了 PZS 和 FR@PZS 的 XPS 扫描谱。显然，纯 PZS 表面由 C、O、N、P 和 S 元素组成，同时 N、P 和 S 的原子比例分别为 5.3%、6.0%和 4.6%。从对 FR@PZS[图 8-56(b)]的 XPS 扫描来看，与 PZS 相比，FR@PZS 显示出 P$_{2p}$ 和 P$_{2s}$ 峰值强度增加。这些结果归因于缩聚过程中 DOPO 基阻燃剂在 PZS 表面的包裹。从图 8-56(c)可以观察到，PZS 的 C$_{1s}$ XPS 光谱被解卷积成几个碳系列，包含 C—C(284.6eV)、C—O—P(285.0eV)、C—O(286.6eV)和 C—S(287.0eV)。在表面包覆反应后，FR@PZS 的 C$_{1s}$ 光谱[图 8-56(d)]在 286.1eV 处显示出新出现的峰，该峰分配给 DOPO-HQ 的 C—P 键。此外，291.7eV 的峰值与芳香结构或共轭体系的 π-π*振动有关。同时，在 FR@PZS 的 C$_{1s}$ 光谱中，由于 FR 的表面包裹效应，与 C—S 相关的带是不可察觉的。PZS 和 FR@PZS 的 XRD 谱图[图 8-57(a)]进一步证明了这些结果。从图 8-57(a)可以观察到，在 2θ 值为 15° 处的宽峰值被分配给纯 PZS 的反射峰值[41]。然而，在 PZS 纳米管用阻燃剂官能化后，FR@PZS 的 XRD 谱图与纯 PZS 类似，只是峰的强度变弱，表明成功修饰。上述结果表明，PZS 成功地被 DOPO 基的 FR 包裹。

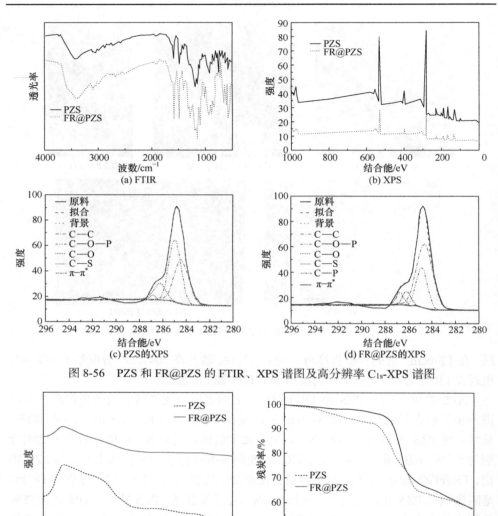

图 8-56　PZS 和 FR@PZS 的 FTIR、XPS 谱图及高分辨率 C_{1s}-XPS 谱图

图 8-57　PZS 和 FR@PZS 的 XRD 谱图和氮气气氛下的 TGA 曲线

　　PZS 和 FR@PZS 在氮气中的 TGA 曲线如图 8-57(b)所示。发生最大质量损失温度和 5%质量损失时的温度分别定义为最大降解温度(T_{max})和初始降解温度($T_{5\%}$)。从图 8-57(b)可以看出，纯 PZS 在氮气下表现出一步失重。纯 PZS 的 $T_{5\%}$ 超过 480℃，在 800℃时残炭率为 58%，表明 PZS 具有优异的热稳定性。FR@PZS 有两个阶段的分解过程。240~360℃的第一阶段归因于不稳定的 DOPO 基阻燃剂的降解，而较高温度阶段归因于 PZS 的分解。

3. 环矩阵网络状聚磷腈(PCPP)的合成

Tao 等[42]将 HCCTP(139.06g，0.40mol)、季戊四醇(PER，122.54g，0.60mol)、氢氧化钠(96g，2.4mol)和 300mLTHF 置于与干燥管相连的 1000mL 烧瓶中。在 N₂ 下回流 6h，然后冷却至室温，并在 10 倍过量水中沉淀。过滤固体，用水和丙酮洗涤。白色产物 PCPP 在真空下于 80℃干燥至恒重(产率 92.7%)，PCPP 的合成路线如图 8-58 所示。

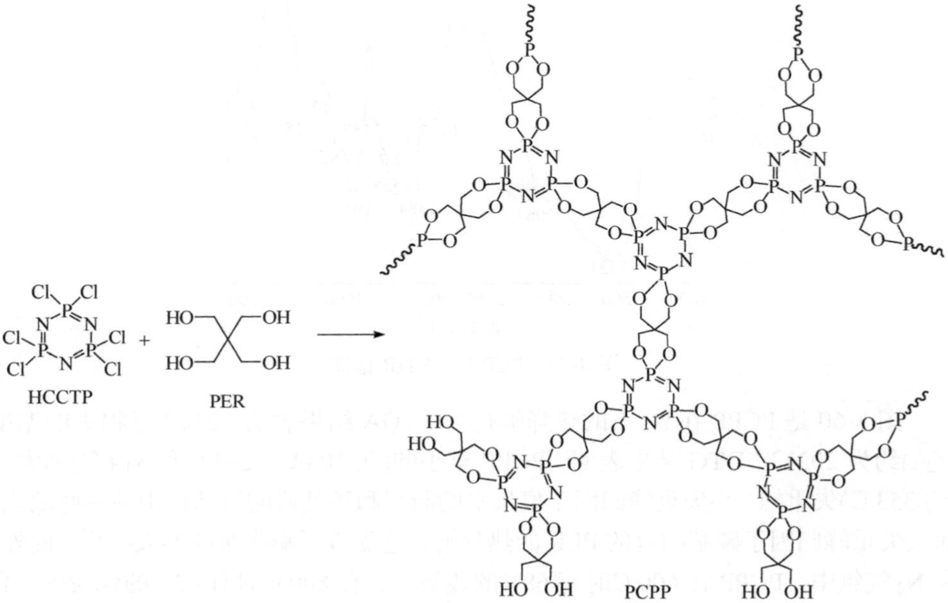

图 8-58　环矩阵网络状聚磷腈 PCPP 的合成路线

HCCTP 的氯基团容易被取代，因此是制备磷腈基材料的通用起始低聚物，选择 PER 来构建 PCPP。由于空间效应，采用类似于 A2 和 B3 型单体缩聚的一步法合成，不需要烦琐的纯化工作，非常适合工业化生产。最终产物是多分散的，包括不同交联度的超支化和网络大分子。所得产物的结构通过核磁共振和红外光谱测量进行了验证。¹H NMR 测试显示在大约 3.92ppm 处有一个单峰，可归属于亚甲基质子。³¹P NMR 测量在 δ=30.37～30.96ppm 和 δ=27.94～28.62ppm 处出现两个多峰。这表明磷原子存在两种类型的化学环境，这可能是超支化大分子的缺陷支化结构造成的。应该注意的是，核磁共振测量不能很好地确定 PCPP 的结构。仍有大量不溶的完全交联的环基质网络聚磷腈不能被核磁共振检测到。FTIR 测量给出了更多关于结果的信息。如图 8-59 所示，在 3421cm⁻¹ 处的宽峰对应于 O—H 和一些水的拉伸振动。在 2963cm⁻¹、2896cm⁻¹ 和 1475cm⁻¹ 处观察到从 PER 中吸收的—CH_2—。$1307cm^{-1}$、$1247cm^{-1}$ 和 $854cm^{-1}$ 处的能带可归于聚磷腈的骨架振动。在 $603cm^{-1}$ 和 $522cm^{-1}$ 处没有观察到五氯苯的特征吸收迹象，这表明 HCCTP 已完全与邻苯二甲酸酯反应。同时，在 $1157cm^{-1}$、$1039cm^{-1}$ 和 $953cm^{-1}$ 处的条带的存在是形成 P—O—C 的一个强有力的指示。上面提到的所有重要事实表明 PCPP 的成功合成。

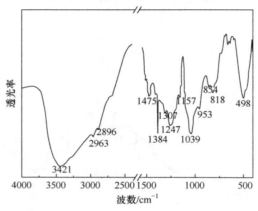

图 8-59　PCPP 的 FTIR 谱图

图 8-60 是 PCPP 在 N_2 下的热降解行为。TGA 结果表明，2%质量损失的温度 ($T_{2\%}$)约为 202℃。DTG 结果表明，PCPP 有小的(在 104℃、263℃和 314℃)和大的 (约 353℃)失重峰。小失重峰归因于痕量水的断裂和环基质网络结构中的一些缺陷，而大失重峰归因于磷腈结合的 PER 的热分解，这促进了膨胀炭的形成[43,44]。此外，在 N_2 气氛中，PCPP 在 600℃时有 68%的残炭率，在 800℃时有 62%的残炭率。高残炭率表明 PCPP 是一种有效的成炭剂，大量的残炭意味着环状中间体在热解过程中确实经历了一些交联反应，包括已经报道的磷氮结构的可能开环聚合[44,45]。

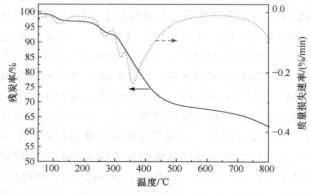

图 8-60　PCPP 的 TGA 和 DTG 曲线(N_2气氛，加热速率 10℃/min)

8.4.2　聚磷腈衍生物的应用

1. PZS 纳米管的应用

Zhao 等[37]首先将 50g 环氧树脂在 250mL 锥形瓶中于 60℃水浴下搅拌 10min；随后将不同含量(1%、3%、5%)的 PZS 纳米管粉末分别加入上述环氧树脂中，磁力搅拌持续 30min；通过剧烈搅拌将 5.5g 间苯二胺均匀加入 PZS/EP 的混合物中。上述全部过程都是在真空条件下进行的。然后将共混物填充到聚四氟乙烯模具中，再在 60℃真空下保持 20min。最后，样品在 80℃固化 2h，在 150℃再固化 3h。其制备过程如图 8-52 所示。

图 8-61 显示了 PZS/EP 纳米复合材料的炭化能力和阻燃性能的结果。图 8-61(a)和(b)显示了从高分辨率透射电镜(HRTEM)获得的残炭形态和化学组成，以及选区电子衍射。可以观察到，残炭具有长度约为 1.2μm 的层状片晶。从 HRTEM 图像可以清楚地看到，碳片层由 10～20 层石墨烯组成。透射电镜的选区电子衍射的圆形图案[图 8-61(b)插图]证实了煤焦的多层石墨烯结构。晶面间距 d_{002}(0.3501nm)接近 0.3440nm，更接近完美的石墨结构。除碳、氧元素外，在煤焦

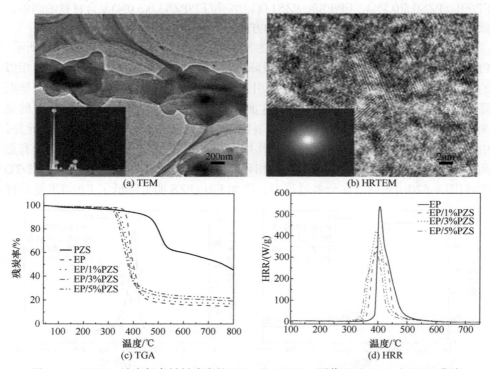

图 8-61　PZS/EP 纳米复合材料残炭的 TEM 和 HRTEM 图像以及 TGA 和 HRR 曲线

(a)中插图为残炭的 EDS 谱；(b)中插图为 TEM 的残炭的选区电子衍射

的组成中也发现了磷、硫元素[图 8-61(a)插图]，表明 PZS 执行了固相阻燃机制。石墨烯结构炭在燃烧过程中的高抗氧化性和阻隔效应导致了 PZS 纳米管的高炭化能力和显著的阻燃性。TGA 结果[图 8-61(c)]表明，PZS 纳米管是一种优良的成炭剂，在 800℃获得非常高的残炭率(约 50%)。随着 PZS 加入量的增加，残炭率也逐渐增加。当 PZS 纳米管的负载量为 3%时，最终的残炭率从纯 EP 的 15.3%提高到 21.5%，高于理论值(16.8%)。PZS/EP 纳米复合材料的阻燃性能也显著改善，如图 8-61(d)所示。在仅添加 3%的 PZS 纳米管的情况下，LOI 从 26.6%提高到 30.1%，PHRR 峰降低到 335W/g，比纯 EP 低约 40%。

2. FR@PZS 的应用

Qiu 等[39]将 1.35g FR@PZS 在超声作用下在 30mL 丙酮溶液中分散 1h。随后，在机械搅拌下于 2h 内将 35.85g EP 倒入上述混合物中。然后，在 80℃的干燥箱中 6h 除去溶剂。随后，熔化 7.80g DDM 并剧烈搅拌 1min 后上述混合物混合。最后，将样品在 100℃下固化 2h，在 150℃下固化 2h。固化过程完成后，将样品冷却至室温，即得到具有 3% FR@PZS 负载的 EP 复合材料，命名为 EP/FR@PZS3.0。对于纯 EP、EP/FR@PZS0.5(0.5%)、EP/FR@ PZS1.0(1.0%)和 EP/PZS3.0(3.0%)复合材料的制备，除纳米添加剂的变化外，使用了类似的方法。

在氮气下，EP 及其纳米复合材料在 N_2 中的 TGA 和 DTG 曲线如图 8-62 所示。EP/FR@PZS 纳米复合材料呈现一阶段降解过程[图 8-62(a)]，表现出与纯 EP 相似的分解行为。随着阻燃剂 FR@PZS 的引入，$T_{5\%}$降低，阻燃剂在 EP 基体中的早期降解将 $T_{5\%}$转移到相对较低的温度，这加速了 EP 基体的分解。对于 800℃下的焦炭残渣，纯 EP 的残炭率约为 13.9%，并随着 FR@PZS 的引入而显著增加。此外，由于阻燃剂和聚磷腈底物的催化炭化作用，EP/FR@PZS3.0 比 EP/PZS3.0 具有更高的残炭率。高残炭率有利于抑制气相和冷凝相之间的氧交换和热质传递。DTG 曲线[图 8-62(b)]表明，在分解过程中，添加 FR@PZS 明显降低了 EP 纳米复合材

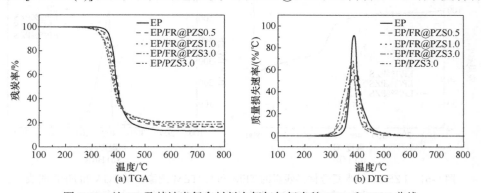

图 8-62　纯 EP 及其纳米复合材料在氮气气氛中的 TGA 和 DTG 曲线

料的最大质量损失速率。这种改善归因于两个原因：随机分布的 PZS 相互缠结并形成交联网络结构，其可以作为物理屏障来有效地阻碍传热和传质；致密焦炭残余物的形成抑制了热解挥发物的释放。与 EP/PZS3.0 相比，EP/FR@PZS3.0 的 $T_{5\%}$ 略低，在 800℃时残炭率较高，最大质量损失速率较低。在相对较低的温度下，阻燃剂的催化作用导致 EP/FR@PZS3.0 的热稳定性较低，而 EP/FR@PZS3.0 的残炭率越高，质量损失速率越低。

聚合物纳米复合材料的断裂表面粗糙度反映了分散程度和界面相互作用。从图 8-63(a)和(b)中，可以清楚地观察到纯 EP 显示出光滑的断裂表面。EP/PZS[图 8-63(c)和(d)]和 EP/FR@PZS[图 8-63(e)和(f)]的断裂面比纯 EP 的断裂面粗糙得多，没有观察到明显的拉出 PZS 和 FR@PZS 纳米管，并且可以观察到明显的划痕，这归因于纳米添加剂和基质之间的强界面相互作用。此外，还观察到几个 FR@PZS 纳米管均匀地嵌在环氧树脂基体的断裂面上。然而，在 EP/FR@PZS 的 SEM 图像中也观察到一些纳米管附聚物[图 8-63(f)]。

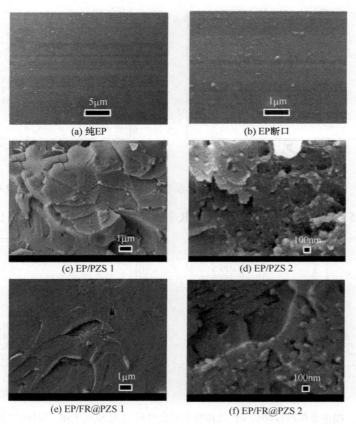

图 8-63 纯 EP 及其断口、EP/PZS 和 EP/FR@PZS 的 SEM 图像

图 8-64 给出了 EP 复合材料的 HRR 和 THR 与时间的关系曲线,包括 PHRR、THR、达到 PHRR 的时间(T_{PHRR})、MAHRE、PSPR 和锥形量热计的 TSR。纯 EP 是高度易燃的,其 PHRR 为 1820.7kW/m²。在 EP/PZS3.0 样品中可以观察到 PHRR 明显降低,与纯环氧树脂相比降低了 36.7%。FR@PZS 的加入进一步明显降低了 PHRR。结果,EP/FR@ PZS3.0 的 PHRR 比 EP 降低了 46.0%,在这些样品中显示出最高的防火性能。这种改善归因于 DOPO 基阻燃剂的催化炭化效应和 PZS 的阻隔效应。图 8-64(b)表明,环氧树脂复合材料的 THR 呈现出与 PHRR 相似的下降趋势。与 EP/PZS3.0 相比,EP/FR@PZS3.0 的 THR 较低。随着 FR@PZS 含量的增加,EP/FR@PZS 复合材料的 THR 逐渐降低。在 EP 中加入 3.0%的 FR@PZS 后,EP/FR@ PZS3.0 的 THR 降低到 72.4MJ/m²,比纯 EP 降低了 27.1%。EP/FR@PZS3.0 的火灾危险性显著降低是由于气体和凝聚相的活性:包覆 FR 的催化炭化作用减少了降解产物的释放;随机分布的 PZS 网络结构的物理屏障效应阻碍了热质传递和热解挥发物的逸出。

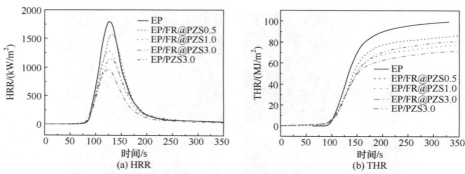

图 8-64　锥形量热仪测得的 EP 及其纳米复合材料的 HRR 和 THR 与时间的关系曲线

图 8-65 是 EP 纳米复合材料的 SPR 和 TSR 与时间的关系曲线。由于其特殊

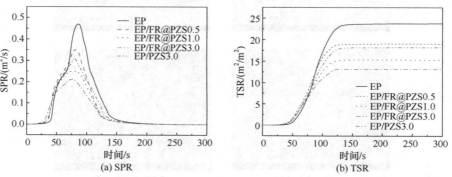

图 8-65　用锥形量热仪测得 EP 及其纳米复合材料的 SPR 和 TSR 与时间的关系曲线

的多芳族结构，EP 显示出高的 PSPR 和 TSR 的有毒烟雾产率。EP/PZS3.0 显示 PSPR 和 TSR 略有减少。此外，在 EP 中引入 FR@PZS 显著降低了 PSPR，从纯 EP 下的 $0.47m^2/s$ 降至 EP/FR@PZS3.0 下的 $0.21m^2/s$，降幅为 55.3%。与纯 EP 相比，EP/FR@PZS3.0 样品的 TSR 也最低，降低了 44.1%。以上结果表明，EP/FR@PZS3.0 复合材料的阻燃性能最好，表明在 EP/FR@PZS3.0 复合材料中，聚磷腈和 DOPO 基阻燃剂共同构成的较致密的保护炭层作为物理屏障比 EP/PZS 复合材料更有效。

3. PCPP 的应用

Tao 等[42]按照表 8-23 的配方，将聚乳酸(PLA)、PCPP 在 Brabender 混合器上于 180℃的温度下以 50r/min 的转速混合 8min。将混合后的样品转移到模具中，在 185℃下预热 5min，然后在 10MPa 下压制，并在保持压力的同时连续冷却至室温，以获得用于进一步测量的复合板。混合前，所有材料在真空烘箱中于 80℃干燥至少 12h。

表 8-23　聚乳酸复合材料的配方

样品	质量分数/%	
	PLA	PCPP
PLA	100	—
PLA-5PCPP	95	5
PLA-10PCPP	90	10
PLA-15PCPP	85	15
PLA-20PCPP	80	20

图 8-66 显示了 N_2 气氛中的纯 PLA 和具有不同 PCPP 含量的 PLA 复合材料的 TGA 和 DTG 热分析图。可以看出在分解开始时，PCPP 比纯 PLA 具有更低的热稳定性。聚合物和膨胀型阻燃剂之间适当的初始降解温度差对于阻燃体系是必要的，这是因为磷酸和多磷酸必须在燃烧开始时产生，以加速酯化和炭化反应。TGA 曲线表明，纯 PLA 在 N_2 气氛下仅发生一步分解，在 400℃以上，残炭可以忽略不计。对于聚乳酸-聚磷酸钙样品，最终温度下 PLA 复合材料的残炭随着 PCPP 含量的增加而增加。此外，PLA 复合材料的质量损失速率随着 PCPP 含量的增加而下降[图 8-66(b)]，这是因为 PCPP 形成的膨胀炭阻止了复合材料内部物质的进一步降解。

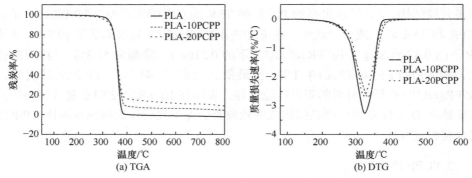

图 8-66　纯 PLA 和 PLA 复合材料的 TGA 和 DTG 曲线(N_2气氛，加热速率 10℃/min)

　　类似于纯 PLA 和 PLA-PCPP 在 N_2 下的 TGA 结果，PCPP 也导致纯 PLA 在空气中的初始降解温度降低，如图 8-67 所示。PLA-10PCPP 的 $T_{2\%}$ 是 300℃，PLA-20PCPP 的 $T_{2\%}$ 是 292℃，而纯 PLA 的 $T_{2\%}$ 是 320℃。如前所述，$T_{2\%}$ 的降低可能是由于 PPCP 的稳定性比 PLA 差。此外，随着更多的 PCPP 加入 PLA 体系，无论是在空气中还是在 N_2 中，残炭率都有所增加。然而，在 N_2 中的 PLA 复合材料显示出比在空气中更多的残炭率。例如，PLA-20PCPP 的残炭率在 N_2 中为 9.2%，在空气中为 8.5%，这一事实可能是由氧气的加速降解作用引起的。以上 TGA 试验结果表明，PCPP 能显著提高阻燃 PLA 体系的成炭性能，特别是在高温范围内，PCPP 是一种很好的阻燃剂。

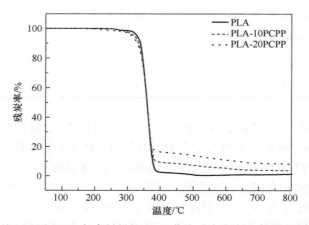

图 8-67　纯 PLA 和 PLA 复合材料的 TGA 曲线(空气气氛，加热速率 10℃/min)

　　事实上，PCPP 是典型单体阻燃剂，集酸、炭和气源于一体，有望达到优异的阻燃效果。不同 PCPP 含量的 PLA 复合材料的燃烧测试结果列于表 8-24。纯 PLA 的 LOI 为 21.0%，表明其本质上是易燃的。对于 PLA-PCPP 复合材料，可以看出样品的 LOI 随着 PCPP 含量的增加而提高。PLA-20PCPP 的 LOI 达到 28.2%，与 PLA 相比增加了 34.3%。

表 8-24　PLA 复合材料的 LOI 和 UL-94 测试结果

样品	LOI/%	UL-94 等级	
		评级	滴落
PLA	21.0	无等级	有
PLA-5PCPP	25.2	V-0	有
PLA-10PCPP	25.8	V-0	无
PLA-15PCPP	27.2	V-0	无
PLA-20PCPP	28.2	V-0	无

　　UL-94 垂直燃烧试验用于表征使用小型燃烧器点燃聚合材料的难易程度。这是另一种对材料易燃性进行分级的常用方法。从表 8-24 可以看出，纯 PLA 极易燃烧，在 UL-94 试验中失败。如上所述，在低含量的阻燃添加剂下，PLA 复合材料很难达到 V-0 级。然而，在本书的试验中，PCPP 可以显著提高 PLA 的 UL-94 等级。仅加入少量(5%)的 PCPP 就赋予了 PLA 阻燃性。此外，PCPP 质量分数超过 10% 的 PLA 不仅达到了 UL-94 V-0 等级，而且消除了熔体滴落现象。这里，部分交联的超支化聚合物有利于凝聚相阻燃作用，这已被证实是良好的炭化剂[46,47]。此外，具有完全交联网络结构的大分子可能有利于保持材料的力学性能和消除滴落现象。这些事实表明，加入 PCPP 在提高聚乳酸树脂的阻燃性方面非常有效。

　　在 35kW/m^2 的外部热通量下进行了具有和不具有 PCPP 的聚乳酸样品的锥形量热仪测试。表 8-25 和图 8-68 中显示了一些重要参数，包括 TTI、HRR、av-HRR、PHRR、THR、AMLR、峰值质量损失速率(PMLR)和残炭率。从锥形量热仪测试的结果可以看出，一旦材料被点燃，没有阻燃剂的样品燃烧得非常快。如图 8-68(a) 所示，对于 PHRR 为 272kW/m^2 的纯 PLA 样品，出现了宽的 HRR 曲线。当加入 10% 或 20% 的 PCPP 于 PLA 树脂中时，HRR 急剧增加到最大值，然后缓慢下降到 0。相对于纯聚乳酸树脂而言，PHRR 降低了 16% 或 55%。材料燃烧过程中的 THR 通常用于评估消防安全。本书中纯 PLA 释放的总热量为 65.1MJ/m^2，而 PLA-10PCPP 和 PLA-20PCPP 复合材料分别只释放 57.0MJ/m^2 和 14.8MJ/m^2 的热量。与此同时，样本的 av-HRR 与 PHRR 的趋势相同。这些结果表明，添加 PCPP 可以使 PLA 材料在火灾中更加安全。

表 8-25　　PLA 复合材料在 35kW/m² 时的锥形量热数据

样品	TTI/s	av-HRR/(kW/m²)	PHRR/(kW/m²)	THR/(MJ/m²)	AMLR/(g/s)	PMLR/(g/s)	残炭率/%
PLA	60	160.62	271.95	65.1	0.098	0.603	4
PLA-10PCPP	54	151.95	229.74	57.0	0.098	0.557	15
PLA-20PCPP	47	47.05	122.55	14.8	0.032	0.426	76

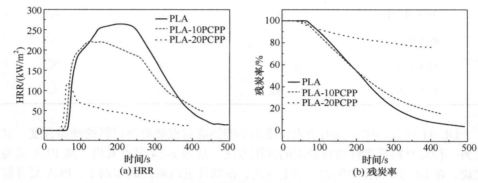

图 8-68　不同聚乳酸复合材料的 HRR 和残炭率与时间的关系

　　HRR 的降低表明在燃烧过程中形成了一个黏结炭层，它在火和 PLA 树脂之间起着隔热屏障的作用。残余质量曲线证实了焦炭的形成，如图 8-68(b)所示，加入 PCPP 可以显著降低质量损失速率(AMLR 和 PMLR)，并在燃烧结束时留下更大的残余质量。例如，纯 PLA 树脂几乎完全燃烧，而 PLA-20PCPP 存在 76%的残余质量。燃烧过程中焦炭的形成是理想的，它在点火过程中有效地延迟了材料的燃烧。此外，PLA 复合材料的点火时间低于未处理的 PLA。其原因是 PCPP 比 PLA 本身分解得更早，这导致了一些小的挥发性分子和潜在的炭化反应。简而言之，将 PCPP 加入 PLA 中可以有效地提高阻燃性。

8.5　小　　结

　　本章主要介绍了 HPACP、HMCP、PEPAP、BPS-BPP、BPA-BCP、DOPO-TPN 六种六元环三磷腈，以及 TPCTP、HPTT、MCP、TAECTP 四种三元衍生物。苯氨基、4-马来酰亚胺基-苯氧基、1-氧代-2,6,7-三氧杂-1-磷杂双环[2,2,2]辛烷-4-甲基、9,10-二氢-9-氧杂-10-磷杂菲-10-氧化基和邻苯二胺基等有机官能团的引入，增加了环三磷腈与聚合物基体的相容性，从而使这些磷腈衍生物在添加到环氧树脂、聚对苯二乙酸乙二醇酯、聚丙烯、环氧模塑料、硅橡胶、聚乳酸和纤维制品等高分子化合物中后，既能达到高效阻燃的目的，又能保证力学性能不大幅度下降。本章还介绍了 PZS 纳米管、阻燃包覆 PZS 纳米管、环矩阵网络状聚磷腈 PCPP 三种聚磷腈的合成和表征。通过化学键将环三磷腈聚合成大分子阻燃剂，其既可以利用其他分子的协效阻燃作用，又可以防止阻燃剂从聚合物基体中迁出，还有提高聚合物力学性能的潜力，因此聚磷腈化合物在聚合物阻燃方面有相当广阔的应用前景。

参 考 文 献

[1] Jamie F B, Richard B, Gavin T L, et al. Supramolecular variations on a molecular theme: The structural diversity of phosphazenes (RNH)$_6$P$_3$N$_3$ in the solid state[J]. Dalton Transactions, 2003, 20(7): 1235.

[2] Yang M S, Li L K. Preparation of hexaphenylamine cyclotriphosphazene and its green flame retardance on epoxy molding compound for large-scale integrated circuit packaging[J]. Advanced Materials Research, 2011, 239-242: 1386-1390.

[3] Chen S, Su M, Lan J W, et al. Preparation and properties of halogen-free flame retardant blending modification polyester[J]. Avanced Materials Research, 2012, 463-464 : 515-518.

[4] Yang S, Wang J, Huo S, et al. Synthesis of a phosphorus/nitrogen-containing compound based on maleimide and cyclotriphosphazene and its flame-retardant mechanism on epoxy resin[J]. Polymer Degradation and Stability, 2016, 126: 9-16.

[5] Kumar D, Fohlen G M, Parker J A. Bis-, tris-, and tetrakis-maleimidophenoxytriphenoxy-cyclotriphosphazeneresins for fire-and heat-resistant applications[J]. Journal of Polymer Science Part A: Polymer Chemistry, 1983, 21: 3155-3167.

[6] Kumar D, Fohlen G M, Parker J. Fire-and heat-resistant laminating resinsbased on maleimido-substituted aromatic cyclotriphosphazenes[J]. Macromolecules, 1983, 16 : 1250-1257.

[7] Zhang C, Guo X D, Ma S M, et al. Synthesis of a novel branched cyclophosphazene——PEPA flame retardant and its application on polypropylene[J]. Journal of Thermal Analysis and Calorimetry, 2019, 137(1): 33-42.

[8] Liang W J, Zhao B, Zhao P H, et al. Bisphenol-S bridged penta(anilino)cyclotriphosphazene and its CossMark application in epoxy resins: Synthesis, thermal degradation, and flame retardancy[J]. Polymer Degradation and Stability, 2017, 135: 140-151.

[9] Cosut B, Yesilot S. Synthesis, thermal and photophysical properties of naphthoxycyclotriphosphazenyl-substituted dendrimeric cyclic phosphazenes[J]. Polyhedron, 2012, 35(1): 101-107.

[10] Xu M J, Xu G R, Leng Y, et al. Synthesis of a novel flame retardant based on cyclotriphosphazene and DOPO groups and its application in epoxy resins[J]. Polymer Degradation and Stability, 2016, 123: 105-114.

[11] Zhao B, Liang W J, Wang J S, et al. Synthesis of a novel bridged-cyclotriphosphazene flame retardant and its application in epoxy resin[J]. Polymer Degradation and Stability, 2016, 133: 162-173.

[12] Fang Y C, Zhou X, Xing Z Q, et al. An effective flame retardant for poly(ethylene terephthalate) synthesized by phosphaphenanthrene and cyclotriphosphazene[J]. Journal of Applied Polymer

Science, 2017, 134(35): 45246.

[13] Sch€afer A, Seibold S, Lohstroh W, et al. Synthesis and properties of flame-retardant epoxy resins based on DOPO and one of its analog DPPO[J]. Journal of Applied Polymer Science, 2007, 105(2): 685-696.

[14] Fang Y C, Zhou X, Xing Z Q, et al. Flame retardant performance of a carbon source containing DOPO derivative in PET and epoxy[J]. Journal of Applied Polymer Science, 2017, 134(12): 44639.

[15] Liu R, Wang X. Synthesis, characterization, thermal properties and flameretardancy of a novel nonflammable phosphazene-based epoxy resin[J]. Polymer Degradation and Stability, 2009, 94(4): 617-624.

[16] Qian L J, Ye L J, Xu G Z, et al. The non-halogen flame retardantepoxy resin based on a novel compound with phosphaphenanthrene andcyclotriphosphazene double functional groups[J]. Polymer Degradation and Stability, 2011, 96(6): 1118-1124.

[17] Breulet H, Steenhuizen T. Fire testing of cables: Comparison of SBI with FIPEC/Europacable tests[J]. Polymer Degradation and Stability, 2005, 88(1): 150-158.

[18] Gentiluomo S, Veca A D, Monti M, et al. Fire behavior of polyamide 12 nanocomposites containing POSS and CNT[J]. Polymer Degradation and Stability, 2016, 134: 151-156.

[19] Gouri M E, Hegazi S E, Rafik M, et al. Synthesis and thermal degradation of phosphazene containing the epoxy group[J]. Annales de Chimie-science des Materiaux, 2010, 35(1): 27-39.

[20] Liu C, Chen T, Yuan C, et al. Modification of epoxy resin through the self-assembly of a surfactant-like multi-element flame retardant[J]. Journal of Materials Chemistry A, 2016, 4(9): 3462-3470.

[21] Zhang X, He Q, Gu H, et al. Flame-retardant electrical conductive nanopolymers based on bisphenol F epoxy resin reinforced with nano polyanilines[J]. ACS Applied Materials and Interfaces, 2013, 5(3): 898-910.

[22] Wu K, Song L, Hu Y, et al. Synthesis and characterization of a functional polyhedral oligomeric silsesquioxane and its flame retardancy in epoxy resin[J]. Progress in Organic Coatings, 2009, 65: 490-497.

[23] Wang X, Hu Y, Song L, et al. Flame retardancy and thermal degradation mechanism of epoxy resin composites based on a DOPO substituted organophosphorus oligomer[J]. Polymer, 2010, 51(11): 2435-2445.

[24] Liu S M, Chen J B, Zhao J Q, et al. Phosphaphenanthrene-containing borate ester as a latent hardener and flame retardant for epoxy resin[J]. Polymer International, 2015, 64(9): 1182-1190.

[25] Yang M S, Liu J W, Li L K. Green flame retardance of epoxy molding compound for large-scale integrated circuit packaging[C]. The 11th International Conference on Electronic Packaging Technology & High Density Packaging, Xi'an, 2010.

[26] Yang M S, Liu J W, Li L K. Synthesis of phosphazene flame retardant and its application in epoxy molding compound for large-scale integrated circuitpackaging[J]. Advanced Materials Research, 2011, 216: 474-478.

[27] Zhu C, Deng C, Cao J Y, et al. An efficient flame retardant for silicone rubber: Preparation and application[J]. Polymer Degradation and Stability, 2015, 121: 42-50.

[28] Balakrishnan T, Murugan E, Siva A. Synthesis and characterization of novelsoluble multi-site phase transfer catalyst; its efficiency compared with singlesitephase transfer catalyst in the alkylation of phenylacetonitrile as a modelreaction[J]. Applied Catalysis A: General, 2004, 273 (1): 89-97.

[29] Lv M X, Yao C F, Yang D D, et al. Synthesis of a melamine-cyclotriphosphazene derivative and its application as flame retardant on cotton gauze[J]. Journal of Applied Polymer Science, 2016, 133(25): 43555.

[30] Sun J, Wang X, Wu D. Novel spirocyclic phosphazene-based epoxy resin for halogen-free fire resistance: synthesis, curing behaviors, and flammability characteristics[J]. ACS Applied Materials and Interfaces, 2012, 4(8): 4047-4061.

[31] Asmafiliz N, Ilter E E, Isiklan M, et al. Novel phosphazene derivatives: Synthesis, anisochronism and structural investigations of mono-and ditopic spiro-crypta phosphazenes[J]. Journal of Molecular Structure, 2007, 832(1-3): 172-183.

[32] Lv W F, Li Q S, Zhao Z, et al. Preparation and characterization of flame-retardant viscose fiber treated with TAECTP[J]. Integrated Ferroelectrics, 2014, 151(1): 193-208.

[33] You G, Cheng Z, Peng H, et al. Synthesis and performance of a novel nitrogen-containing cyclic phosphate for intumescent flame retardant and its application in epoxy resin[J]. Journal of Applied Polymer Science, 2015, 132(16): 41859.

[34] 吕梅香, 廖添, 宋亭, 等. 三聚氰胺-环三磷腈阻燃剂的制备及其应用[J]. 华南师范大学学报(自然科学版), 2015, 47(2): 78-83.

[35] Kaebisch B, Fehrenbacher U, Kroke E. Hexamethoxycyclotriphosphazene as a flame retardant for polyurethane foams[J]. Fire and Materials, 2014, 38(4): 462-473.

[36] Liu H, Wang X, Wu D. Novel cyclotriphosphazene-based epoxy compound and its application in halogen-free epoxy thermosetting systems: Synthesis, curing behaviors, and flame retardancy[J]. Polymer Degradation and Stability, 2014, 103: 96-112.

[37] Zhao S S, He M, Xu J Z, et al. Synthesis of a functionalised phosphazene-containing nanotube/epoxy nanocomposite with enhanced flame retardancy[J]. Micro & Nano Letters, 2017, 12(6): 401-403.

[38] Qiu S, Li S, Tao Y, et al. Preparation of UV-curable functionalizedphosphazene-containing nanotube/polyurethane acrylate nanocompositecoatings with enhanced thermal and mechanical properties[J]. RSC Advances, 2015, 5(90): 73775-73782.

[39] Qiu S L, Wang X, Yu B, et al. Flame-retardant-wrapped polyphosphazene nanotubes: A novel strategy for enhancing the flame retardancy and smoke toxicity suppression of epoxy resins[J]. Journal of Hazardous Materials, 2017, 325: 327-339.

[40] Chen L, Ruan C, Yang R, et al. Phosphorus-containing thermotropic liquid crystalline polymers: A class of efficient polymeric flame retardants[J]. Polymer Chemistry, 2014, 5(12): 3737-3749.

[41] Fu J, Huang X, Zhu Y, et al. Facile fabrication of novel cyclomatrix-type polyphosphazene nanotubes with active hydroxyl groups via an *in situ* template approach[J]. Applied Surface Science, 2009, 255 (9): 5088-5091.

[42] Tao K, Li J, Xu L, et al. A novel phosphazene cyclomatrix network polymer: Design, Synthesis and application in flame retardant polylactide[J]. Polymer Degradation and Stability, 2011, 96(7): 1248-1254.

[43] Mathew D, Nair C P R, Ninan K N. Phosphazene-triazine cyclomatrix network polymers: Some aspects of synthesis, thermal-and flame-retardant characteristics[J]. Polymer International, 2000, 49(1): 48-56.

[44] Zhang T, Cai Q, Wu D Z, et al. Phosphazene cyclomatrix network polymers: some aspects of the synthesis, characterization, and flame-retardant mechanismsof polymer[J]. Journal of Applied Polymer Science, 2005, 95(4): 880-889.

[45] Levchik S V, Camino G, Luda M P, et al. Thermal decomposition of cyclotriphosphazenes. I . Alkyl-aminoaryl ethers[J]. Journal of Applied Polymer Science, 1998, 67(3): 461-472.

[46] Mahapatra S S, Karak N. S-triazine containing flame retardant hyperbranchedpolyamines: Synthesis, characterization and properties evaluation[J]. Polymer Degradation and Stability, 2007, 92(6): 947-955.

[47] Zhu S W, Shi W F. Flame retardant mechanism of hyperbranched polyurethaneacrylates used for UV curable flame retardant coatings[J]. Polymer Degradation and Stability, 2002, 75(3): 543-547.

第9章　环三磷腈衍生物与其他阻燃剂的协效阻燃

9.1　引　　言

环三磷腈衍生物单独作为阻燃剂对聚合物的阻燃作用，具有满足无卤阻燃要求、磷-氮协效阻燃效率高、易于功能化改性、分子可设计性强等诸多优点。但是在有些时候，环三磷腈衍生物单独作为阻燃剂，仍然存在阻燃效率不高或者由于相容性不好而对材料的其他性能有影响的缺点。

有机硅化合物、三聚氰胺氰尿酸酯(MCA)等含氮化合物在高分子阻燃方面已经得到广泛的应用。蒙脱土、石墨烯、笼型倍半硅氧烷(POSS)等无机填料对高分子化合物有增强作用，同时也与众多的 P—N 系阻燃体系有较好的协效作用。本章在环三磷腈衍生物磷-氮协效阻燃的基础上，着眼于利用有机硅化合物、含氮化合物的协效阻燃作用和蒙脱土、石墨烯、POSS 等无机填料的阻燃增强作用，探讨环三磷腈衍生物与各种阻燃剂之间协效作用的研究成果，以探讨其更广泛的应用和更好的阻燃效果。

9.2　环三磷腈-有机硅协效阻燃材料

9.2.1　含有氨丙基硅氧烷官能团的环三磷腈(APESP)的合成及应用

1. APESP 的合成及表征

APESP 的合成反应都在氮气保护下进行的。首先通过重结晶和升华提纯 HCCTP。然后在 67 ℃ 将 KH550(14.61g) 和 THF(7.28g) 加入 20mL 纯化 HCCTP(3.48g)的 THF 溶液中，立即产生白色沉淀物。将反应混合物加热回流 20h，过滤除去三乙胺盐酸盐；在旋转蒸发器中蒸发溶剂，得到带有轻微刺激性气味的黏性液体(APESP)。APESP 的产率为 94.3%。该产品在干燥真空条件下保存，合成路线如图 9-1 所示[1]。

图 9-2 是 APESP 和 KH550 的 FTIR 谱图。可以看出，在 3235cm^{-1} 处的吸收属于在 APESP 中仲氨基的拉伸振动，这表明在 KH550 中的伯氨基—NH$_2$ 在失去一个氢原子后变为仲氨基—NH—。同时，—NH—在 1612cm^{-1} 处的面外弯曲振动消失，在 1190cm^{-1} 和 602cm^{-1} 处分别出现 P=N 和 P—N 吸收峰。因此，FTIR 谱

图表明 HCCTP 的氯原子被 3-氨基丙基(三乙氧基)硅烷完全取代。

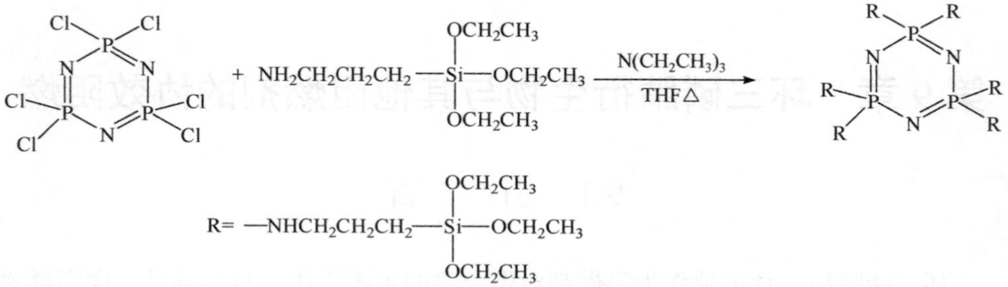

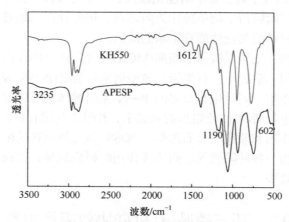

$$R= —NHCH_2CH_2CH_2—\underset{\underset{OCH_2CH_3}{|}}{\overset{\overset{OCH_2CH_3}{|}}{Si}}—OCH_2CH_3$$

图 9-1 APESP 的合成路线

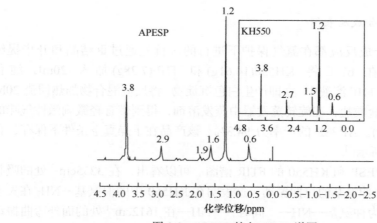

图 9-2 APESP 和 KH550 的 FTIR 谱图

图 9-3 是 APESP 的 ^1H NMR 谱图，使用二氯甲烷作为溶剂，三甲基溴化铵作

图 9-3 APESP 的 ^1H NMR 谱图

为内部标记。$\delta = 1.2ppm[9H，(—CH_2CH_3)_3]$，$\delta = 3.8ppm[6H，(—CH_2CH_3)_3]$，$\delta = 1.9ppm(6H，—NH—)$，$\delta = 2.9ppm$、$\delta = 1.6ppm$、$\delta = 0.6ppm$ 分别代表—CH_2—在—NH—和硅之间的化学位移。

图 9-4 是 APESP 的 ^{31}P NMR 谱图，其中 $DCCl_3$ 作为溶剂，85% H_3PO_4 溶液作为内部标记。图 9-4 右上角的小图是 HCCTP 的 ^{31}P NMR 谱图，其中的单峰($\delta = 21.4ppm$，6P)表明升华后的 HCCTP 非常纯净，没有任何杂质。APESP 核磁共振谱的单峰($\delta = 0.3ppm$，6P)表明所有的氯都被取代了。与 HCCTP 的磷相比，由于氮的电负性比氯弱，磷在 APESP 中的化学位移向高场移动。

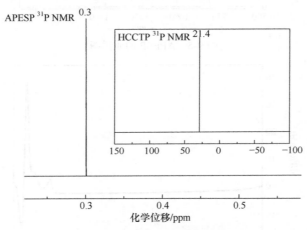

图 9-4　APESP 的 ^{31}P NMR 谱图

元素分析数据列于表 9-1。氮、碳、氢的含量与计算值基本一致。同时，图 9-5 中 APESP 的质谱图显示加入氢后 APESP 的分子量为 1456.8，与理论值 1456 非常接近。两种分析都证实了目标化合物 APESP 的存在。

表 9-1　元素分析结果

元素	计算值/%	实测值/%
N	8.66	8.44
C	44.54	43.52
H	9.07	9.02

GPC 以 THF 为流动相，APESP 的 GPC 曲线(图 9-6)显示数均分子量为 1411，重均分子量为 1434，多分散性小于 1.02，这证实 HCCTP 反应完全。

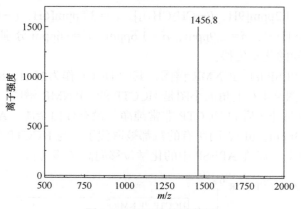

图 9-5　APESP 的质谱图

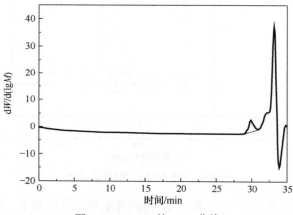

图 9-6　APESP 的 GPC 曲线

2. APESP 在棉织物中的应用

Li 等[3]根据文献[1]、[2]的方法合成了 APESP。首先将 APESP 以 500g/L 的浓度溶于乙醇中。将 APESP 的乙醇溶液滴加到去离子水中形成乳液(浓度分别为 50g/L、100g/L 和 200g/L)，将乳液搅拌 30min。然后通过在室温下完全浸入的垫—干—固化方法用乳液处理棉织物。将处理过的织物干燥，并在 80℃下固化 5min，再在 120℃下固化 1h。棉织物中处理剂含量计算如式(9-1)所示：

$$W_{\text{Add-on}}(\%) = (W_2 - W_1)/W_1 \times 100\% \qquad (9\text{-}1)$$

式中，W_1、W_2 分别为棉织物加工前、后的质量。使用 $NH_2(CH_2)_3Si(OC_2H_5)_3$ 乳剂(100g/L)作为对照。涂层和织物样品代码如表 9-2 所示。

表 9-2　涂层和织物样品代码

样品代码	处理剂	浓度/(g/L)	处理剂含量/%	磷含量/(mg/g)
COT(棉织物)	—	—	—	0.79
COT-PSi5.4	$N_3P_3[NH(CH_2)_3Si(OC_2H_5)_3]_6$	50	5.4	4.26
COT-PSi9.4	$N_3P_3[NH(CH_2)_3Si(OC_2H_5)_3]_6$	100	9.4	5.27
COT-PSi18.7	$N_3P_3[NH(CH_2)_3Si(OC_2H_5)_3]_6$	200	18.7	9.25
COT-Si11.4	$NH_2(CH_2)_3Si(OC_2H_5)_3$	100	11.4	—

对未涂层和涂层的织物进行 LOI 和垂直阻燃测试。易在空气中燃烧的无涂层棉织物的 LOI 为 18.2%。随着涂层织物的吸附量从 5.4%增加到 18.7%，涂层织物的 LOI 从 20.5%显著增加到 24.5%，如表 9-3 所示。通常，增加的 LOI 导致较低的燃烧性和较好的阻燃性，这通过表 9-3 中的垂直火焰试验得到证实。无涂层棉织物的余火时间和余辉时间分别为 43.0s 和 68.4s。当涂层织物的添加量从 5.4%增加到 18.7%时，涂层织物的续燃时间从 42.2s 缩短到 22.6s。所有涂层织物的余烬时间为 0s，涂层织物的残留物保留了织物结构，而未涂层织物已被完全破坏，仅在垂直火焰试验后留下灰烬。

表 9-3　垂直燃烧和极限氧指数试验

指标	样品代码			
	COT	COT-PSi5.4	COT-PSi9.4	COT-PSi18.7
余火时间/s	43.0	42.2	34.5	22.6
余辉时间/s	68.4	0	0	0
残炭长度/cm	—	30	30	30
LOI/%	18.2	20.5	21.2	24.5

如图 9-7 和表 9-4 所示，通过空气中的热重分析来研究未涂层和涂层棉织物的热降解过程。所有织物的质量损失在 100℃以下约 3%，这是由于棉织物的吸附水蒸发了。300～600℃时，棉花在空气中的热降解包括两步反应。在第一步(300～400℃)，随着脂肪族碳和挥发物在两个随后的竞争过程中(即脱水和解聚)形成，产生脂肪族炭(CⅠ)和挥发性产物，发生最高的质量损失。在第二步(400～600℃)，脂肪族炭(CⅠ)转化成芳香族结构(CⅡ)，同时放出水、甲烷、一氧化碳和二氧化碳[3]。未涂层织物在 293℃下开始降解，随着涂层织物添加量的增加，由于涂层在加热过程中催化纤维素脱水，涂层织物的 $T_{5\%}$明显减少。质量损失速率在 353℃达到最大值，因为在此阶段形成了脂肪族炭、挥发物和液体热解物(主要是左旋葡

聚糖)[3]，在 T_{max} 的残炭率为 43.0%。然而，在涂层的作用下，涂层织物在 T_{max} 处的残留物从 COT-PSi5.4 的 61.1% 增加到 COT-PSi18.7 的 67.1%，并且在 600℃ 处的残炭率也增加，这有利于脱水，增强了稳定焦 C I 的形成，并且阻碍了左旋葡聚糖的形成，导致更多的残留物。同时，涂层棉织物的 T_{max} 和质量损失速率随着涂层织物添加量的增加而变得更低和更慢，如表 9-4 所示。这可能是由于磷酸衍生物可能加速纤维素降解。

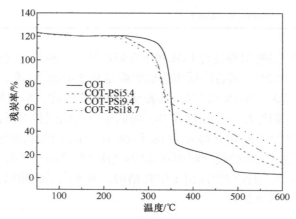

图 9-7　未涂层和涂层织物的 TGA 曲线

表 9-4　未涂层和涂层织物的 TGA 数据

样品代码	$T_{5\%}$/℃	T_{max}/℃	T_{max} 时质量损失速率 /(%/min)	残炭率/%	
				T_{max}	600℃
COT	293	353	−79.6	43.0	4.0
COT-PSi5.4	253	332	−40.4	61.1	9.0
COT-PSi9.4	250	329	−34.7	66.1	13.4
COT-PSi18.7	237	327	−23.7	67.1	25.6

注：T_{max} 和质量损失速率数据表示来自 DTG 曲线。

　　根据图 9-8 中的 HRR 曲线，在 275~400℃ 观察到未涂层织物的热分解，并且在 348.9℃ 达到最大，PHRR 为 227.0W/g(表 9-5)，这主要是由于图 9-7 中纤维素降解的第一阶段。而涂层织物的热分解开始于较低的温度。如图 9-8 和表 9-5 所示，涂层织物的 PHRR 和 THR 随着涂层织物添加量的增加而降低。与未处理的棉织物相比，APESP 吸附量为 9.4% 的涂层织物的 PHRR 和 THR 分别降低48.5% 和 57.3%，这是因为涂层织物的热稳定性大大提高，与空气中的热重分析一致。随着添加量的增加，PHRR 和 THR 继续略有下降。

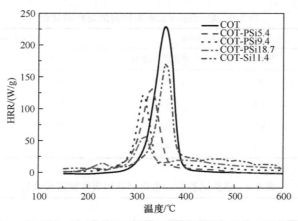

图 9-8　未涂层和涂层织物的 HRR 曲线

表 9-5　未涂层和涂层织物的 MCC 热分计数据

样品代码	PHRR/(W/g)	THR/(kJ/g)	T_{PHRR}/℃
COT	227.0±2.5	11.0±0.0	348.9±1.4
COT-PSi5.4	129.4±6.0	7.3±0.3	331.2±2.2
COT-PSi9.4	116.8±4.7	4.7±0.4	314.0±1.7
COT-PSi18.7	53.4±2.9	4.5±0.3	313.8±0.7
COT-Si11.4	169.9±5.3	7.2±0.6	358.9±0.3

注：MCC 为微型量热仪。

在 275~400℃观察到添加有 11.4%的 $NH_2(CH_2)_3Si(OC_2H_5)_3$ 的涂层织物的热分解，这类似于未涂层织物。将未涂层织物与吸附有 9.4% APESP 的涂层织物相比较，涂层织物的热分解从大约 250℃的较低温度开始，并持续降解和释放热量直到 350℃左右，这导致热释放速率显著降低。不同的值被认为是由于 APESP 和涂层棉织物之间的协同效应。这些结果表明，APESP 在燃烧过程中为涂层织物提供了优异的阻燃性能。

通过皂洗试验将涂有 9.4% APESP 的涂层织物和涂有 11.4% $NH_2(CH_2)_3Si(OC_2H_5)_3$ 的涂层织物对比，如表 9-6 所示。在第一次皂洗循环后，COT-PSi9.4 显示出轻微的质量损失(1.4%)，磷含量降低至 4.56mg/g。然而，COT-Si11.4 的质量损失高达 9.9%。COT-Si11.4 经过 5 次皂洗循环后，质量损失持续上升至 10.6%，阻燃效果完全消失。相反，COT-PSi9.4 的质量损失和磷含量没有进一步改变，这达到对皂洗的持久阻燃效果(表 9-7)。

表 9-6　皂洗前后涂层织物的失重和磷含量

皂洗循环/次	COT-PSi9.4		COT-Si11.4	
	失重/%	磷含量/(mg/g)	失重/%	磷含量/(mg/g)
0	0	5.27	0	—
1	1.4	4.56	9.9	—
5	1.5	4.48	10.6	—
30	1.5	4.47	—	—

表 9-7　皂洗试验后的垂直燃烧和极限氧指数试验

指标	样品代码				
	COT-PSi9.4-1	COT-PSi9.4-5	COT-PSi9.4-30	COT-Si11.4-1	COT-Si11.4-5
余火时间/s	37.0	37.1	37.5	40.7	42.0
余辉时间/s	0	0	0	65.3	69.1
残炭长度/cm	30	30	30	—	—
LOI/%	20.9	20.6	20.5	18.6	18.2

　　Li 等[3]也根据文献[1]合成了 APESP。首先将 APESP 溶解在乙醇中制备了 50%的环三磷腈的乙醇溶液。将定量的上述溶液滴加到去离子水中，形成 APESP 含量分别为 0g/L、30g/L 和 60g/L 的乳白色乳液。再将一定量的多巴胺(2g/L)加入乳液中，用 Tris-盐酸缓冲液将酸碱度调节至 8.5。然后将干净干燥的棉织物片在 30℃下浸泡6h。最后用乙醇和去离子水洗涤样品，从表面除去未结合的物质，并在 100℃下干燥30min。改性棉织物用硝酸银水溶液(10g/L)处理，浴比为 1∶20，温度为 30℃，时间为 8h。样品随后彻底漂洗，并在真空干燥室中于 50℃干燥 12h。涂层添加量根据式(9-1)按质量确定。最终样品编码为 COTx-y，其中 x 代表样品的涂层添加量，y 代表洗涤周期数。未改性的棉织物被编码为 COT 并用作对比。

　　多巴胺聚合的同时，进行 APESP 的水解，然后用硝酸银水溶液处理，在棉织物上进行阻燃和抗菌涂层。聚多巴胺(PDA)是一种具有多用途的聚合物，可用于各种材料的表面改性，并由于其儿茶酚部分可作为还原剂，它很容易与金属离子螯合而在改性表面上成核。结果，这些原位形成的纳米粒子被牢固地锚定。制备如表 9-8 所示的具有不同涂层含量的涂层织物。未处理和涂层样品的热稳定性通过空气中的热重分析进行评估，结果如图 9-9 和表 9-9 所示。纯棉织物的热氧化是一个两步过程。第一步为 280~400℃，在两个相互竞争的途径中形成可燃挥发物和脂肪碳。在第二步中，其在较高的温度下被氧化成一氧化碳和二氧化碳。COT 的热氧化在 293℃开始，在 500℃留下 4.1%的残留物。

表 9-8　根据处理情况对棉织物样品编码

样品	阻燃剂浓度/(g/L)	包覆率/%
COT	—	—
COT3.7%	10	3.7
COT7.2%	30	7.2
COT16.9%	60	16.9

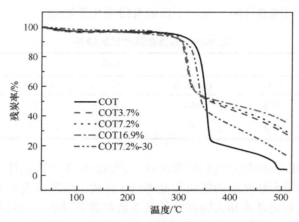

图 9-9　空气中未处理和处理样品的 TGA 曲线

表 9-9　未处理和处理样品的 TGA 数据

样品	$T_{5\%}$/℃	T_{max}/℃	500℃时残炭率/%
COT	293	353	4.1
COT3.7%	274	324	29.8
COT7.2%	259	321	31.6
COT16.9%	238	320	38.3
COT7.2%-30	274	335	15.42

对于处理过的织物，$T_{5\%}$降低。这表明 APESP 降低了纤维素的热稳定性，可能是因为磷、硅和氮的富涂层促进了纤维素脱水，同时减少了挥发物的形成。在高温下，从 APESP 分解释放的磷酸衍生物作为棉花脱水和焦炭形成的有效催化剂，同时，APESP 中的硅也促进焦炭形成。与纯棉织物相比，处理过的织物还显示出高得多的残炭率。在 30 次(家用)洗涤循环后，处理过的棉织物观察到类似的图案。但是降解在 274℃开始，并且在 500℃的温度下残炭率为 15.41%。这些结果表明 APESP 的涂层可以有效地促进棉织物在燃烧过程中形成稳定的炭而不是易燃的挥发物。分解温度的降低和成炭能力的增强证明了富磷、富硅和富氮涂层

的催化作用以及 PDA 的成炭与自由基清除性能。

甲烷气体点燃后，原始棉织物样品立即着火并剧烈燃烧成灰烬。33.5s 后火焰熄灭，观察到余辉时间(68.3s，表 9-10)。虽然火焰不存在，但余辉被认为是危险的，这是因为高温仍然会蔓延火焰。此外，样品在垂直火焰试验后被完全破坏。与未处理的样品相比，所有处理的织物表现出不同的燃烧行为，没有观察到强烈的燃烧或余辉。这将大大降低火灾的风险。烧焦的残留物与未燃烧的样品大小相似。燃烧过程中，涂层中磷、硅和氮的催化作用下，棉纤维表面形成炭，这反过来又作为热和氧的隔热屏障，保护下面的纤维素免于燃烧。

表 9-10　垂直燃烧测试的结果

指标	样品				
	COT	COT3.7%	COT7.2%	COT16.9%	COT7.2%-30
余火时间/s	33.5	30.4	26.3	23.2	34.3
余辉时间/s	68.3	0	0	0	0

对纯的 COT 和处理过的棉织物(COT7.2%)的抗革兰氏阳性菌金黄色葡萄球菌和革兰氏阴性菌大肠杆菌的抗菌活性进行了评价，结果如表 9-11 所示。涂层织物样品中金黄色葡萄球菌和大肠杆菌的菌落数都显著减少。涂层织物样品对金黄色葡萄球菌和大肠杆菌的抑菌率达到 99.99%。银与细菌质膜、细胞壁、蛋白质和细菌 DNA 相互作用，并且由银纳米粒子产生的活性氧物种可以破坏细胞膜和细菌的 DNA。99.99% 的抑菌率甚至在 30 次洗涤循环后仍然保持，这证实了银纳米粒子牢固地固定在棉织物的涂层表面上。这些结果表明抗菌活性是高效和持久的。

表 9-11　未处理和处理样品对金黄色葡萄球菌和大肠杆菌的抗菌活性结果

样品	金黄色葡萄球菌		大肠杆菌	
	C_1^a/(CFU/mL)	R_1^b/%	C_2^c/(CFU/mL)	R_2^d/%
COT	4.38×10^5	—	3.01×10^6	—
COT7.2%	<1	99.99	<1	99.99
COT7.2%-30	<1	99.99	<1	99.99

a 金黄色葡萄球菌菌落的浓度。
b 金黄色葡萄球菌的抑菌率。
c 大肠杆菌菌落的浓度。
d 大肠杆菌的抑菌率。

3. APESP 和聚磷酸铵(APP)协效阻燃聚丙烯(PP)

Lan 等[4]通过计算结合能、半径分布函数和氢键键能，分别分析了 PP/APP、

PP/APP/NPCl$_6$、PP/APP/APES(3-氨基丙基三乙氧基硅烷)和 PP/APP/APESP 的相互作用行为。然后，计算弗洛里-哈金斯(Flory-Huggins)相互作用参数(χ)以了解复合材料的相容性。随后，用耗散粒子动力学(DPD)描述 PP 的端到端距离和 PP/APP 的介观形态来研究 APESP 的影响。

1) 分子动力学模拟

采用 Material Studio 5.5 进行分子动力学模拟，研究 PP/APP 复合材料的原子行为。PP 和 APP 的分子结构如图 9-10 所示。首先用 100 个重复单元构建两条 PP 聚合物链，然后用非晶细胞程序构建一个立方体模拟盒。用 25 个重复单元构建了一个 APP 链盒，其底部区域与 PP 盒一致。PP 和 APP 的密度分别设定为 0.90g/cm^3 和 0.94g/cm^3。PP/APP、PP/APP/NPCl$_6$、PP/APP/APES 和 PP/APP/APESP 分子层模型被构造成像三明治一样的形状，将 NPCl$_6$、APES 或 APESP 单独插入 PP 和 APP 的中间(图 9-11)。

(a) PP　　　　　　　　　　(b) APP

图 9-10　PP 和 APP 的分子结构

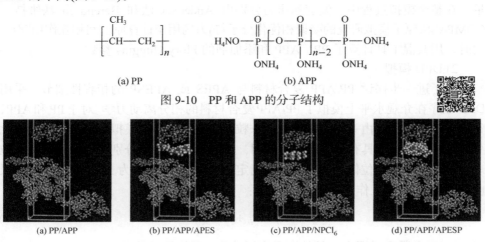

(a) PP/APP　　　(b) PP/APP/APES　　　(c) PP/APP/NPCl$_6$　　　(d) PP/APP/APESP

图 9-11　PP/APP、PP/APP/APES、PP/APP/NPCl$_6$ 和 PP/APP/APESP 的分子层模型

C：灰色；H：白色；O：红色；N：蓝色；Si：橙色；P：淡紫色

最初，每个晶胞的能量是通过智能最小化方法消除局部不平衡。收敛水平设置为 0.001kcal[①]/mol。为了进一步松弛局部热集中并达到平衡，这些结构以 50K 的间隔经受 300～600K(PP/APP 复合材料的加工温度低于 600K)的 5 次循环热退火，然后回到 300K。在每个温度下，在 1Pa 的恒定压力下进行 10ps 的分子动力学模拟，时间步长为 1fs，使用标准粒子数(N)、压力(P)和温度(T)(NPT)系综。在 5 次循环退火后，在 1Pa 下以 1fs 的时间步长进行 100ps 的 NPT 分子动力学模拟，然后在 453K 下进行 500ps 的 NVT(V 为体积)分子动力学模拟。1ps

---

① 1kcal=4.184kJ。

保存一次轨迹，最后的 10ps 构型用于分析 PP 复合材料模型的结合能、氢能和半径分布函数。

结合能能很好地反映两个组分之间的分子间相互作用，定义为相互作用能的负值，也能很好地反映两个组分的相容性。其可以通过平衡状态下两种组分(PP、APP 和添加剂中的两种替代物质)的总能量来评估能量。因此，两个组分之间的结合能可以通过以下表达式[式(9-2)～式(9-4)]估算：

$$E_{\text{binding(PP-APP)}} = -E_{\text{inter(PP-APP)}} = -(E_{T\text{(PP-APP)}} - E_{\text{PP}} - E_{\text{APP}}) \tag{9-2}$$

$$E_{\text{binding(PP-add)}} = -E_{\text{inter(PP-add)}} = -(E_{T\text{(PP-add)}} - E_{\text{PP}} - E_{\text{add}}) \tag{9-3}$$

$$E_{\text{binding(APP-add)}} = -E_{\text{inter(APP-add)}} = -(E_{T\text{(APP-add)}} - E_{\text{APP}} - E_{\text{add}}) \tag{9-4}$$

式中，E_T 为两个组分的总能量；E_{PP}、E_{APP} 和 E_{add} 分别为 PP、AAP 和添加剂的能量。在整个模拟过程中，温度和压力分别由 Andersen 法和 Berendsen 法维持。COMPASS(原子模拟研究的凝聚相优化分子势)力场用于计算原子间相互作用[5,6]。同时，用共混工具计算了 PP、APP 和添加剂的 Flory-Huggins 参数。

2) DPD 模拟

为了进一步探讨 PP/APP 复合材料与 APES 或 APESP 的相容性细节，采用 DPD 程序在介观水平上模拟了 PP/APP 复合材料的相分离动力学。对于 PP 和 APP，每一个重复单元都由一个珠粒代表，珠粒可以组合在一起模拟整个分子结构。此外，按照不同珠粒具有相似体积的规则，APES 和 APESP 分别由 1 个和 7 个颗粒表示。单元中每单位体积的珠粒数被指定为 3.0×10^3，密度为 3.0。微尺度和中尺度之间的联系(相互作用参数)见式(9-5)：

$$\alpha_{ij} = \alpha_{ii} + 3.27 \chi_{ij} \tag{9-5}$$

式中，χ_{ij} 参数通过混合工具的原子模拟计算。网格尺寸选择 30nm×30nm×30nm，网格间距字段为 1.0。PP/APP 共混物中 PP 与 APP 的比例为 70：30，PP/APP/APES 共混物和 PP/APP/APESP 共混物中 8%的 APP 被 APES 或 APESP 取代。模拟温度为 1.52，与实验加工温度 453K 一致。步数为 1000000，时间步长设置为 0.005s，因此，总模拟时间为 5000s。

3) PP/APP 复合材料的制备

用 SHJ-20(南京杰恩特机电有限公司)双螺杆挤出机将 PP 与 APP 和 8%添加剂(APES 或 APESP)混合，并最终切成粒料。混合温度为 180℃，螺杆速度为 25r/min。在 190℃，通过注射成型机(HTF90X1，海天塑料机械有限公司)模制测试样品。

4) PP/APP 复合材料的结合能

四种体系的总能量分别为 32636.35kJ/mol、31683.01kJ/mol、31945.82kJ/mol、

27892.30kJ/mol。表 9-12 显示了 PP/APP、PP/APP/NPCl$_6$、PP/APP/APES 和 PP/APP/APESP 的结合能数据，结合能由键能和非键能组成。PP/APP 共混体系的结合能较低，总结合能最高，这两者都导致 PP/APP 共混体系不稳定和不相容。三种添加剂均提高了丙烯与聚丙烯的结合能。此外，APESP 能显著提高结合能，从 2.82kJ/mol 提高到 161.45kJ/mol。添加剂与 PP/APP 的结合能排序为：PP/APP/NPCl$_6$< PP/APP/APES < PP/APP/APESP，表明 APESP 与 PP 和 APP 的相互作用比其他两种添加剂强。PP/APP 复合材料的 $E_{binding}$ 主要归因于范德瓦耳斯能和静电能。PP/APP 体系中的静电能大大低于其他三种体系，这表明 NPCl$_6$、APES、APESP 的极性基团引起了更强的分子间相互作用。

表 9-12　PP/APP/添加剂的结合能数据　　　　　（单位：kJ/mol）

样品体系		结合能	键能	非键能	
				范德瓦耳斯能	静电能
PP/APP	E_{PP-APP}	2.82	0.00	2.80	0.02
PP/APP/NPCl$_6$	E_{PP-APP}	84.36	0.00	84.10	0.26
	$E_{PP-NPCl_6}$	38.55	0.00	38.45	0.10
	$E_{APP-NPCl_6}$	59.83	0.00	50.49	9.34
PP/APP/APES	E_{PP-APP}	83.82	0.00	82.08	1.74
	$E_{PP-APES}$	136.82	0.00	135.02	1.80
	$E_{APP-APES}$	157.78	0.00	91.11	66.67
PP/APP/APESP	E_{PP-APP}	161.46	0.00	159.93	1.53
	$E_{PP-APESP}$	281.11	0.00	280.78	0.33
	$E_{APP-APESP}$	253.49	0.00	171.18	82.31

此外，范德瓦耳斯能的绝对值远大于静电能的绝对值，这可以推断在四个体系中，范德瓦耳斯相互作用主导了分子相互作用。数据显示，与 NPCl$_6$ 相比，APES 和 APESP 与 PP 和 APP 之间具有更强的范德瓦耳斯能。从理论上讲，APES 和 APESP 中的官能团可以增加 PP 或 APP 的诱导力和色散力。因此，PP/APP/APESP 体系具有最强的结合能，因为其具有最高的范德瓦耳斯能和静电能。

氢键作用不能通过 COMPASS 力场获得。然而，分子动力学模拟曲线表明，APES 或 APESP 中的—NH—与 APP 中的 O=P 之间可能存在氢键(图 9-12)。通常，氢键是分子间作用中最强的力，尽管它比化学键弱[7]。因此，APESP 或 APES 可能产生的氢键可以增加复合材料的相互作用能，提高复合材料的相容性。

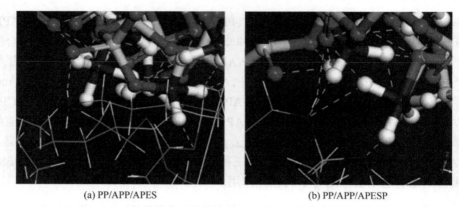

(a) PP/APP/APES　　　　　　　　　(b) PP/APP/APESP

图 9-12　PP/APP/APES、PP/APP/APESP 中 APP 和 APES、APESP 之间可能的氢键
APP 在球棍模块中，而 APES 和 APESP 在直线模块中

5) PP/APP 复合材料的分子间的半径分布函数

半径分布函数 $g(r)$ 给出了在距离一个特定原子 r 处找到另一个原子的概率的度量，这对于兼容性评估是至关重要的。纯物质的半径分布函数可以提供关于相互作用的相对分布和强度的见解，并为预测两种化合物的结合能提供一个有用的工具。

PP/APP 的 $g(r)$ 曲线如图 9-13(a)所示。半径通常从 0.2nm 增加到最大值 2.0nm。如果复合物不均匀，则每个成分的 $g(r)$ 曲线表现出比复合物曲线更强的第一最大值[8]。在图 9-13(a)中，PP-PP 和 APP-APP 共混物的 $g(r)$ 曲线远高于 PP-APP 共混物的 $g(r)$ 曲线，表明 PP/APP 共混物体系是不混溶的。

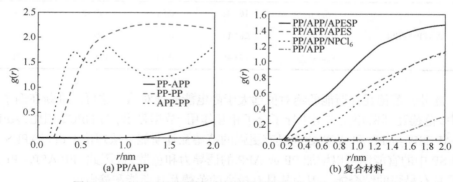

(a) PP/APP　　　　　　　　　(b) 复合材料

图 9-13　PP/APP 和不同复合材料分子间的径向分布函数 $g(r)$

从图 9-13(b)可以看出，PP-APP 在 PP/APP、PP/APP/NPCl₆、PP/APP/APES 和 PP/APP/APESP 中的 $g(r)$曲线存在显著差异。结果表明，PP 与 APP 分子之间的距离顺序为 PP/APP > PP/APP/NPCl₆ > PP/APP/APES > PP/APP/APESP。一般来说，原子之间的距离分别对应不同的相互作用类型：氢键(0.26~0.31nm)、强范德

瓦耳斯力(0.31~0.50nm)和弱范德瓦耳斯力(0.50nm 以上)[9]。PP/APP 体系在短距离(<1.0nm)内几乎没有相互作用,而 PP/APP/APES、PP/APP/APESP 和 PP/APP/NPCl$_6$ 的 $g(r)$ 曲线显示出比 PP/APP 更强的范德瓦耳斯力。换句话说,这三种添加剂使 PP 和 APP 分子的距离更近,这是由于有更高的相互作用能。

6) PP/APP 共混体系的介观形态

一般来说,聚合物基体系的综合性能和加工性能很大程度上取决于它们的介观结构以及分散和分布状态[10,11]。通过 DPD 模拟,研究了 8% 的 APES 和 APESP 对 PP/APP 体系形态的影响。图 9-14 显示了在 DPD 模拟中 PP/APP 共混体系的形态。显然,PP/APP 体系中形成了 APP 的球形结构,PP/APP/APES 和 PP/APP/APESP 体系中的 APP 颗粒变得更小、更细、更圆。Li 等[10]还证明了硅烷偶联剂 APES 大大提高了 PP 基体中 APP 的分散性和相容性,具有良好的力学性能和阻燃性。

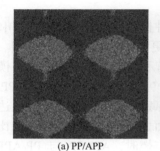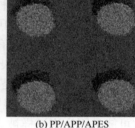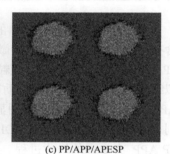

(a) PP/APP　　　　　(b) PP/APP/APES　　　　　(c) PP/APP/APESP

图 9-14　PP/APP、PP/APP/APES 和 PP/APP/APESP 体系的介观形态
红色:PP;绿色:APP;蓝色:APES 或者 APESP

在图 9-14(b)和图 9-14(c)中,APES 和 APESP 分子围绕 APP 颗粒。APES 表现出了稍许的自聚集,并且 APESP 在 APP 颗粒表面表现出了更均匀的分散。这可以用 APESP 和 APP 之间更强的相互作用来解释。基于介观形貌,环三磷腈衍生物 APESP 的存在可以有效改善 PP/APP 复合材料的相容性。聚合物链的端到端距离是聚合物材料的一个重要结构特性。很明显,三种体系中 PP 分子的端到端距离按以下顺序增加:33.38[PP/APP]<84.72[PP/APP/APES]<92.13[PP/APP/APESP]。PP 的端对端距离越大,APP 颗粒越有可能被 PP 聚合物包覆。端对端距离的模拟揭示了不同 PP/APP 复合材料中 PP 解缠结反应的分子水平细节。中尺度形貌和端到端距离数据均表明,APESP 使聚对苯二甲酸丙二醇酯在聚丙烯中的分散性和分布更好。

7) PP/APP 复合材料的力学性能和阻燃性能

为了验证上述结果,以 PP/APP 为对照样品,测试了 PP/APP/APES 和 PP/APP/APESP 体系的力学性能和阻燃性能(表 9-13)。使用少量的 APESP,

断裂伸长率显著提高。APES 能使 PP/APP 共混物的断裂伸长率从 75.52%提高到 158.34%，而 PP/APP/APESP 共混物的断裂伸长率(334.79%)是 PP/APP 共混物的 4 倍多。力学性能的改善与 PP/APESP/APP 的强结合能和相容性密切相关。

表 9-13　PP/APP、PP/APP/APES 和 PP/APP/APESP 的力学性能和阻燃性能

样品		拉伸强度/MPa	断裂伸长率/%	LOI/%	UL-94(3.2mm)
组成	质量比例				
PP : APP	70 : 30	24.78	75.52	21.7	无等级
PP : APP : APES	70 : 22 : 8	23.87	158.34	20.8	无等级
PP : APP : APESP	70 : 22 : 8	22.51	334.79	26.5	V-2

图 9-15 显示了复合材料的 SEM 照片。与其他两种材料相比[图 9-15(a)、(b)]，含有 APESP 的 PP/APP 的微观结构显示出更均匀和更紧密的形态[图 9-15(c)]。PP/APP/APESP 中的 APP 颗粒越小，说明 APESP 越有利于 APP 的分散，这与模拟结果一致。更好的分散有助于力学性能的改善。在表 9-13 中，可以看出 PP/APP/APESP 复合材料的阻燃性明显提高，LOI 从 21.7%提高到 26.5%，UL-94 等级达到了 V-2 级。图 9-15 是 LOI 试验后的成炭照片。显而易见，PP/APP/APESP 比 PP/APP 有更强的炭化过程。这可能是因为当试样被点燃时，APESP 与 PP/APP 发生反应，强化了成炭过程，聚合物复合材料中的 P 和 Si 可以增强炭化[12-14]。另一种可能性是 APP 的良好分散和分布可以增加 PP 与 APP 的界面面积，从而对复合材料的阻燃性和力学性能起到积极的作用。换句话说，APESP 通过更好的增容作用有效地改善了 PP/APP 复合材料的性能。

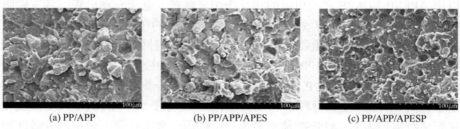

(a) PP/APP　　　　　　　(b) PP/APP/APES　　　　　　　(c) PP/APP/APESP

图 9-15　PP/APP、PP/APP/APES、PP/APP/APESP(润湿后)横向表面的 SEM 照片

Qin 等[15]将一定量的 APESP 在 50mL 乙醇中充分分散。同时，将 PP 加入高速混合器中，并升至 80℃。之后，通过雾化装置将 APESP 的乙醇溶液喷入高速混合器中，并搅拌 10min 直到乙醇完全挥发。然后将 APP 和抗氧化剂 1010 和 168

加入上述混合物中。最后，将所有原料放入搅拌机中，以中低速混合，直至充分混合。采用双螺杆挤出机(SHJ-20)，螺杆长径比为 20，通过熔融挤出制备了 PP/APP/APESP 复合材料。螺杆各部分温度为 170℃、175℃、180℃、185℃、180℃ 和 175℃。进料速度为 12r/min，螺杆速度为 25r/min。使用注射成型机制备试样。注射成型机各部分的温度分别为 200℃、200℃、190℃ 和 170℃。

LOI 和 UL-94 测试结果总结在表 9-14 中。含 30% APP 的 PP/APP 复合材料的 LOI 为 21.7%。由于炭化剂和发泡剂的缺乏，APP 单独使用时对 PP 的阻燃效果不是很好。然而，PP/APP/APESP 复合材料的 LOI 随着 PP/APP 体系中 APESP 的添加量的增加而明显改善。具体而言，对于 PP/28%APP/2%APESP，LOI 为 22.2%；对于 PP/22%APP/8%APESP，LOI 为 26.5%，在 UL-94 试验中获得了 V-2 级。阻燃性的提高可能是由于聚丙烯中的 APESP 和 APP 的协同作用。

表 9-14　PP/APP/APESP 复合材料的 LOI 和 UL-94 测试结果

样品代码	UL-94(3.2mm)	质量损失率/%	LOI/%
PP/30%APP/0%APESP	无等级	100	21.7
PP/28%APP/2%APESP	无等级	100	22.2
PP/26%APP/4%APESP	无等级	100	22.4
PP/24%APP/6%APESP	V-2	6.77	23.5
PP/22%APP/8%APESP	V-2	3.23	26.5

锥形量热法试验结果如图 9-16 所示，获得的试验结果总结在表 9-15 中，包括 TTI、PHRR、av-COY、av-CO$_2$Y、THR、TSR 和残炭率。对于 PP/APP 体系，APP 在 30% 的含量下表现出良好的阻燃效果，与 PP 对照(1284kW/m^2)相比，PHRR 降低到 767kW/m^2。表 9-15 中的数据显示，APP 和 APESP 的总量保持在 30% 不变，APESP 在 PP 中与 APP 有很强的协同作用。此外，将 APP/APESP 的比例从 28%/2% 提高到 22%/8%，其在阻燃聚丙烯中的效果明显进一步提高。例如，PP/28%APP/2%APESP 的 PHRR 比 APP/PP 体系降低 22%，而对于 PP/22%APP/8%APESP，PHRR 降低 63%。很明显，与 PP/APP 体系相比，PP/APP/APESP 复合材料的 THR 降低了。THR 可以被认为是火灾蔓延的代表，THR 越低，表明材料越安全。

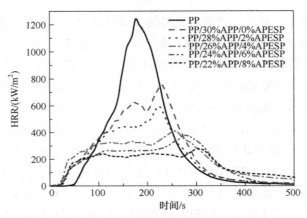

图 9-16　PP/APP/APESP 复合材料的 HRR 曲线

表 9-15　PP/APP/APESP 复合材料的锥形量热数据

样品	TTI/s	PHRR /(kW/m²)	av-COY /(kg/kg)	av-CO₂Y /(kg/kg)	THR /(MJ/m²)	TSR /(m²/s)	残炭率 /%
PP	37	1284	0.054	3.569	121	897	0.10
PP/30%APP/0%APESP	22	767	0.052	3.197	111	1074	21.9
PP/28%APP/2%APESP	18	596	0.056	3.228	114	1058	39.7
PP/26%APP/4%APESP	17	420	0.058	3.155	109	1100	51.8
PP/24%APP/6%APESP	18	382	0.063	3.018	95	914	56.7
PP/22%APP/8%APESP	17	282	0.071	3.007	95	980	60.6

　　考虑到试验误差，TTI 也表现出明显的变化。PP 对照样品的平均 TTI 为 37s，PP/APP 平均为 22s，而 PP/APP/APESP 复合材料的 TTI 平均为 17~18s。这一结果出现在 PP 的 HRR 曲线上，表明 PP 燃烧过程剧烈。当仅与 APP 结合时，HRR 降低，但 PP/30%APP/0%APESP 尖峰变得更宽，并有少量的成炭能力。对于 PP/28%APP/2%APESP，HRR 曲线的峰值进一步降低。随着 APESP 的增加，HRR 曲线变得平滑和平坦，这种行为是固态热解的聚合物的特征，其成炭能力增强。因此，APESP 的加入似乎强烈地促进了 PP 的成炭能力，这与表 9-15 中的残炭率结果一致。烧焦的保护层可以防止燃烧过程中热量的快速释放，降低发生可怕火灾的可能性。

　　图 9-17 显示了在 N₂ 中 PP/APP/APESP 复合材料的热重分析曲线。PP 和 PP/APP/APESP 复合材料都表现出一步降解过程。表 9-16 总结了 PP/APP/APESP 复合材料的特定热稳定性数据。对于 PP/APP 体系，如表 9-16 所示，5%质量损失时的温度($T_{5\%}$)为 373℃，最大质量损失速率的温度(T_{max})为 460℃。与 PP/APP 体

系相比，PP/APP/APESP 复合材料的 $T_{5\%}$ 低于 PP/APP 体系。特别是在添加 8% 的 APESP 时，$T_{5\%}$ 比 PP 降低了 27℃。该结果类似锥形量热仪测试出的 TTI。APESP 的加入促进了 APP/PP 复合材料在低温下的分解。此外，添加 APESP 在一定程度上提高了高温热稳定性，PP/APP/APESP 复合材料的残炭率也比 PP/APP 体系有明显增加。

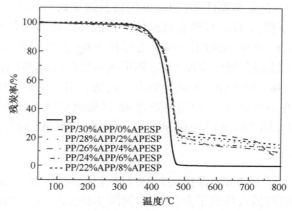

图 9-17　PP/APP/APESP 复合材料(N_2 气氛)的 TGA 曲线(10℃/min)

表 9-16　PP/APP/APESP 复合材料的 $T_{5\%}$、T_{max} 和残炭率

样品	$T_{5\%}$/℃	T_{max}/℃	残炭率/%
PP	379	450	
PP/30%APP/0%APESP	373	460	0.0
PP/28%APP/2%APESP	367	470	6.1
PP/26%APP/4%APESP	360	471	10.2
PP/24%APP/6%APESP	354	469	12.1
PP/22%APP/8%APESP	352	468	14.8

　　阻燃剂的加入通常会导致聚合物的力学性能显著降低。APESP 是一种新型有机-无机混合阻燃剂。因此，APESP 不仅可以作为阻燃剂，还可以作为相容剂来改善 PP/APP/APESP 复合材料的界面相容性。PP/APP 复合材料的力学性能急剧恶化，因为 APP 与 PP 基体的相容性差。当添加 APESP 时，复合材料获得了较好的力学性能。PP/APP/APESP 复合材料的拉伸强度比 PP/APP 复合材料有较大提高，断裂伸长率也随着 PP/APP/APESP 复合材料中 APESP 的添加量的增加而显著提高，力学性能的改善表明 APESP 是一种有效的增容剂和分散剂，改善了 APP 与 PP 基体的相容性。

9.2.2　环三磷腈桥联的周期性介孔有机硅(PMOPZ)的合成及应用

1. PMOPZ 的合成及表征

Wang 等[16]在氮气气氛中，在 50℃下，将 0.003mol 六氯环三磷腈溶解在 100mLTHF 中。在温和搅拌下，将 0.018mol 3-氨基丙基三乙氧基硅烷(APTES)溶解到 30mLTHF 中，在温和搅拌下，30min 内将其滴加到六氯环三磷腈溶液中，然后将反应在 65℃下保持 1h，得到黏性液体。将液体产物倒入含 6.4g 十六烷基三甲基氯化铵(CTAC)、0.8g NaOH、500g 乙醇和 500g 去离子水的混合溶液中。同时，在 2min 内向上述混合物中滴加 3.05g 四甲氧基硅烷(TMOS)。溶胶-凝胶在 25℃下磁力搅拌反应 24h。将 PMOPZ 杂化纳米球过滤，用去离子水和乙醇反复洗涤，并用 10mL HCl 在 100mL 乙醇中超声处理 4h 以提取 CTAC 分子。通过高速离心收集 PMOPZ 粉末，用乙醇洗涤并在 80℃真空干燥。PMOPZ 的合成路线如图 9-18 所示。

图 9-19(a)显示了 PMOPZ 保持均匀的球形，但是粒径大大增加到大约 950nm，并且环三磷腈基团的插入导致了介孔的无序[图 9-19(b)]。图 9-19(c)清楚地显示了 Si、P 和 N 元素的球形分布。整个球体中强烈的 P 和 N 信号表明环三磷腈部分成功地结合到 PMOPZ 框架中。通过图 9-19(d)中的 ^{13}C 和 ^{29}Si 的 NMR 谱图来研究 PMOPZ 的化学结构。很明显，在 PMOPZ 的 ^{13}C NMR 谱图中，三个突出的峰集中在 8.6ppm、20.4ppm 和 42.1ppm 处，被分配给烷烃部分的碳原子。在图 9-19(e)中，SiO_2 和 PMOPZ 的 N_2 吸附-解吸等温线根据国际石油化学联合会的分类显示为 I 型特征，这归因于它们在微孔和中孔之间的边界上的孔径范围，SiO_2 显示出高的比表面积($1318m^2/g$)和孔体积($0.48cm^3/g$)，窄的孔径分布集中在 2.1nm。相比之下，PMOPZ 的比表面积较低，为 $898m^3/g$，孔体积为 $0.40cm^3/g$，平均孔径为 2.2nm。

2. PMOPZ/CNF(纤维素纳米纤维)各向异性泡沫的制备

Wang 等[16]使用软木纸浆作为起始资源，通过 2,2,6,6-四甲基哌啶氧化物(TEMPO)氧化法制备纤维素纳米纤维(CNF)悬浮液，如图 9-18(a)所示。氧化后，羧基被引入纤维素分子。用氮吹走由六氯环三磷腈和 APTES 反应产生的 HCl 气体，促进环三磷腈 3-氨基丙基三乙氧基硅烷衍生物(APTESPZ)中间体的合成。然后以 TMOS 为 SiO_2 前驱体，APTESPZ 为桥联有机部分，CTAC 为结构导向剂，通过共缩聚法合成了 PMOPZ 杂化纳米球，将环三磷腈部分引入 SiO_2 骨架中[图 9-18(b)]。借助超声处理和高速搅拌，PMOPZ 和 CNF 混合形成均匀的悬浮混合物。在悬浮混合物中，PMOPZ 上的羟基与 CNF 分子的羟基和羧基形成强氢键相互作用

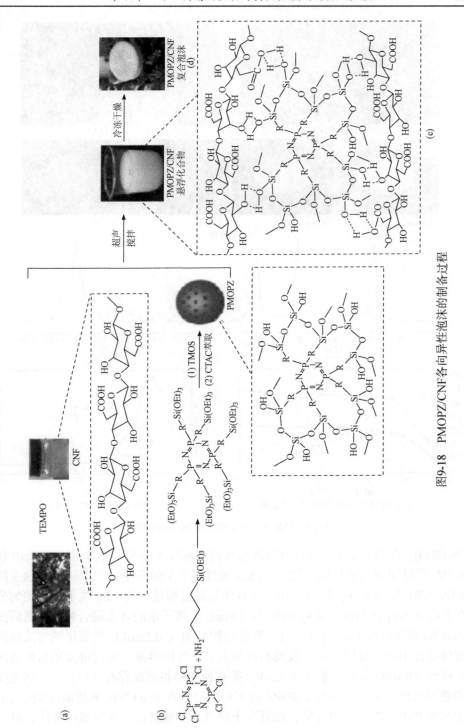

图9-18　PMOPZ/CNF各向异性泡沫的制备过程

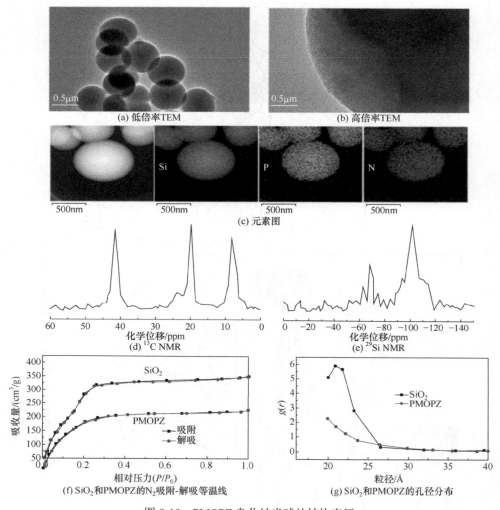

图 9-19　PMOPZ 杂化纳米球的结构表征

[图 9-18(c)]。在液氮浴中，各向异性冰晶在高温梯度下生长，并被由纳米 CNF 和 PMOPZ 微球组成的壁包围。随后，冰晶通过真空干燥升华，产生轻质且独立的 PMOPZ/CNF 复合泡沫[图 9-18(d)]。其具体制备过程是：将 1.5g 软木纸浆均匀分散在含有 0.048gTEMPO、0.3g NaBr 和 200mL 去离子水的含水混合物中。然后滴加 NaClO 溶液(10mL)以引发反应，并通过控制加入 0.5mol/L 氢氧化钠溶液将酸碱度保持在 10.0。反应结束，直到不再加入氢氧化钠溶液。通过过滤用水彻底洗涤，得到 TEMPO 氧化法制备的 CNF，并在使用前将其储存在 5℃下。在高速搅拌和超声波作用下，将 0.4g PMOPZ 粉末均匀分散在 60g CNF 悬浊液(1%)中 5h。过滤浓缩 PMOPZ/CNF 混合物，在真空下脱气，静置过夜，在液氮中冷冻，随后

冷冻干燥成 PMOPZ/CNF 复合泡沫。同样，CNF 泡沫是在没有添加任何添加剂的情况下制造的。用图 9-18(a)的路线，当 TMOS 的加入延迟 24h 时，合成了 PMOPZ-1 杂化纳米球；在没有加入六氯环三磷腈和 APTES 的反应产物时，合成 SiO₂ 纳米球。通过分别加入等量的 SiO₂ 和 PMOPZ-1 来制备 SiO₂/CNF 和 PMOPZ-1/CNF 复合泡沫。

3. PMOPZ/CNF 各向异性泡沫的性能

1）热性能和力学性能

如图 9-20(a)显示，在环境温度下，PMOPZ/CNF 复合泡沫沿径向的热导率为

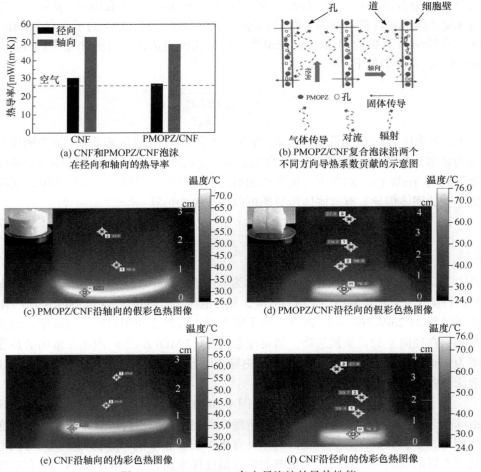

(a) CNF和PMOPZ/CNF泡沫
在径向和轴向的热导率

(b) PMOPZ/CNF复合泡沫沿两个
不同方向导热系数贡献的示意图

(c) PMOPZ/CNF沿轴向的假彩色热图像

(d) PMOPZ/CNF沿径向的假彩色热图像

(e) CNF沿轴向的伪彩色热图像

(f) CNF沿径向的伪彩色热图像

图 9-20　PMOPZ/CNF 各向异泡沫的导热性能

(c)和(d)的插图分别显示 PMOPZ/CNF 复合泡沫平行和垂直放置在热台上

27mW/(m·K)，表明其隔热性能优于 CNF 泡沫[30mW/(m·K)]。此外，各向异性 PMOPZ/CNF 复合泡沫的热导率[λ=27mW/(m·K)]低于矿物棉[(λ=30～40mW/(m·K))]、玻璃纤维[λ=33～44mW/(m·K)]和发泡聚苯乙烯泡沫[λ=30～40mW/(m·K)]等商用隔热材料的热导率，表明泡沫的隔热性能更好。图 9-20(b) 生动地展示了对流、辐射、固体和气体传导对热导率的贡献。PMOPZ/CNF 复合泡沫的氮脱附等温线显示中孔壁的孔隙率为 25.6%，平均孔径为 5.1nm。壁内的气体传导可以根据式(9-6)估算：

$$\lambda_g = \frac{\lambda_{g0} \Pi}{1 + 2\beta K_n} \tag{9-6}$$

式中，λ_{g0} 为自由空间中的气体热导率，25mW/(m·K)；Π 为孔隙率；β 为空气与泡沫壁之间能量转移效率的参数，这是 $\beta \approx 2$；K_n 为通过空气分子的平均自由程(l_m)除以孔径(δ)计算的克努森(Knudsen)数。根据式(9-7)估计复合泡沫壁中的 l_m 为 10nm[19]，式(9-7)如下：

$$l_m = \frac{1}{\dfrac{S\rho}{\Pi} + \sqrt{2}\,\dfrac{P\Pi d_{air}^2}{k_B T}} \tag{9-7}$$

式中，P 为压力；Π 为孔隙率；d_{air} 为空气分子的直径；S 为表面积；ρ 为密度；k_B 为玻尔兹曼常数；T 为温度。在自由空间，l_m 远低于 75nm，这将气体热导率显著降低至 1mW/(m·K)以下。纳米添加剂的引入可以引起明显的界面热阻，这降低了壁的固体传导。有效固体传导率可以用式(9-8)估算：

$$\lambda_{sol}^* = \frac{\lambda_{sol}}{\dfrac{\lambda_{sol}}{\dfrac{R_K}{d}}} \tag{9-8}$$

式中，λ_{sol} 为单个组分的固有热导率；R_K 为卡皮查(Kapitza)热阻；d 为基本单位或颗粒的特征尺寸。由于界面声子散射效应，复合泡沫壁的热导率从约 560mW/(m·K)降低到约 21.2mW/(m·K)。此外，由于壁上的小孔尺寸和相对较低的温度，对流和辐射在径向上的贡献被忽略。值得注意的是，PMOPZ/CNF 泡沫在轴向的热导率为 49mW/(m·K)，是径向的 1.81 倍。热导率的各向异性主要归因于 PMOPZ/CNF 泡沫的各向异性结构。

为了直观地观察泡沫的隔热性能，图 9-20(c)～(f)显示了 CNF 和 PMOPZ/CNF 泡沫在热源作用下的温度分布。可以清楚地观察到，与平行放置在加热铁上的泡沫相比，垂直放置在加热铁上的泡沫具有更小的加热体积，这表明在径向方向上具有更好的隔热性。就径向或轴向的垂直温度梯度而言，PMOPZ/CNF 复合泡沫的下降速度快于 CNF 泡沫。

2) 阻燃性能及机理

水平燃烧试验和垂直燃烧试验(UL-94)用于直观地评估所制备泡沫的燃烧行为。CNF 泡沫燃烧迅速，大量收缩成小块炭，火焰熄灭后继续闷烧。SiO_2/CNF 泡沫材料暴露在火焰中时，燃烧速度较慢，炭化程度较高，但在 10s 火焰后仍然呈现持续阴燃现象。相反，水平[图 9-21(a)]和垂直[图 9-21(b)]燃烧结果都显示出 PMOPZ/CNF 复合泡沫具有优异的阻燃和自熄性能。维持材料燃烧的 LOI 范围为 22%～25%，在这项工作中，PMOPZ/CNF 复合泡沫的 LOI 达到 31%，明显超过空气中的 O_2 水平(21%)。

使用锥形量热计评估火灾现场的燃烧行为[图 9-21(c)和(d)]。当暴露在 35kW/m^2 的热通量下时，CNF 泡沫释放出可燃挥发物，并在 2s 后点燃，产生高热释放，PHRR 为 65.9kW/m^2，THR 为 1.68MJ/m^2。与 CNF 泡沫相比，SiO_2 的加入分别导致复合泡沫的 PHRR 和 THR 降低 52.0%和 61.3%。相比之下，PMOPZ/CNF 泡沫具有最低的 PHRR 和 THR，分别为 18.2kW/m^2 和 0.5MJ/m^2，分别比 CNF 降低 72.4%和 70.2%。此外，PMOPZ/CNF 复合泡沫的 PHRR 明显低于其他泡沫，如发泡聚苯乙烯泡沫(约 600kW/m^2)、聚氨酯泡沫(300～800kW/m^2)和聚乙烯醇泡沫(约 600kW/m^2)。火灾增长指数(FGI)定义为 PHRR 与达到 PHRR 的时间之比，是评价材料阻燃性能的综合指标。PMOPZ/CNF 复合泡沫具有最低的 FGI[0.53kW/ (m^2 · s)]，表明其与 CNF 和 SiO_2/CNF 泡沫相比具有最佳的阻燃性。

锥形试验后，CNF 泡沫完全燃烧，而 PMOPZ/CNF 泡沫产生大量残炭[图 9-21(e)]。通过 SEM 进一步研究了 PMOPZ/CNF 炭渣的微观结构，揭示了致密炭渣的形成，其可以作为保护屏障来抑制火焰区和下面的泡沫基质之间的质量和热传递。相反，不规则带电粒子在燃烧后聚集在 PMOPZ/CNF 泡沫中[图 9-21(f)]。这是因为 PMOPZ 的环三磷腈部分分解成磷化合物和少量含氮气体，这促进了在 SiO_2 上形成的轻微膨胀的炭残留物。此外，利用 TG-FTIR(热红联用)技术研究了泡沫在 N_2 气氛中的热降解和热解产物。图 9-21(g)显示，与 CNF 泡沫相比，PMOPZ/CNF 泡沫具有明显小且缓慢的热解产物峰。从最大热解峰处的 FTIR 谱图[图 9-21(h)]可以明显看出，CNF 泡沫在 3400～4000cm^{-1} 处显示出 O—H 基团的强峰，这主要归因于羟基侧基脱水反应的水分子蒸发。然后断链导致产生 CO_2(663cm^{-1}、2308cm^{-1} 和 2378cm^{-1})[39]、CO(2183cm^{-1})、C≡C(2110cm^{-1})、C=O(1698cm^{-1}、1792cm^{-1} 和 1840cm^{-1})、C=C(1460cm^{-1}、1508cm^{-1}、1541cm^{-1} 和 1591cm^{-1})和 C—H (1216cm^{-1}、1260cm^{-1}、1315cm^{-1} 和 1403cm^{-1})。SiO_2/CNF 泡沫显示出与 CNF 泡沫类似的热解产物的 FTIR 谱图，但是吸收强度特别是吸收水明显降低，这可能是由于 SiO_2 和 CNF 之间强的氢键相互作用抑制了脱水反应。有趣的是，在 PMOPZ/CNF 泡沫的热解 FTIR 谱图中，有毒的 C=O 和 C≡C 特征峰消失，与

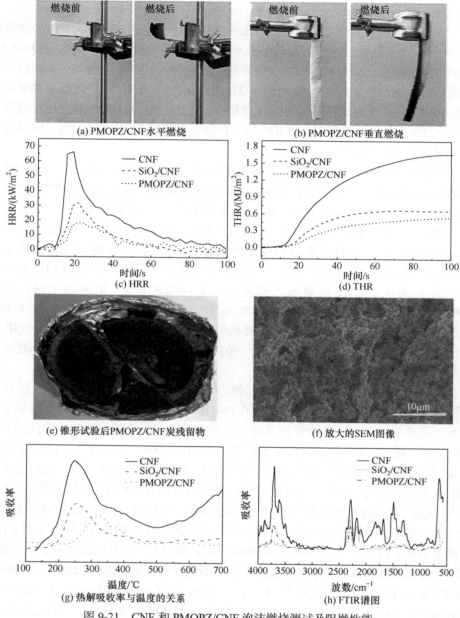

(a) PMOPZ/CNF水平燃烧

(b) PMOPZ/CNF垂直燃烧

(c) HRR

(d) THR

(e) 锥形试验后PMOPZ/CNF炭残留物

(f) 放大的SEM图像

(g) 热解吸收率与温度的关系

(h) FTIR谱图

图 9-21　CNF 和 PMOPZ/CNF 泡沫燃烧测试及阻燃性能

SiO_2/CNF 泡沫相比，可蒸发水的吸收强度增强。这可以解释为在 PMOPZ 中由于环三磷腈部分衍生的磷酸化合物的催化脱水，促进热稳定炭残留物的形成，以抑制热解产物的渗出。

9.2.3 含硅环三磷腈化合物(HSPCTP)的合成及其在聚碳酸酯中的应用

1. HSPCTP 的合成及表征

1) HSPCTP 的合成

Jiang 等[17]根据以下两个步骤制备目标产物(HSPCTP)，其合成路线如图 9-22 所示。

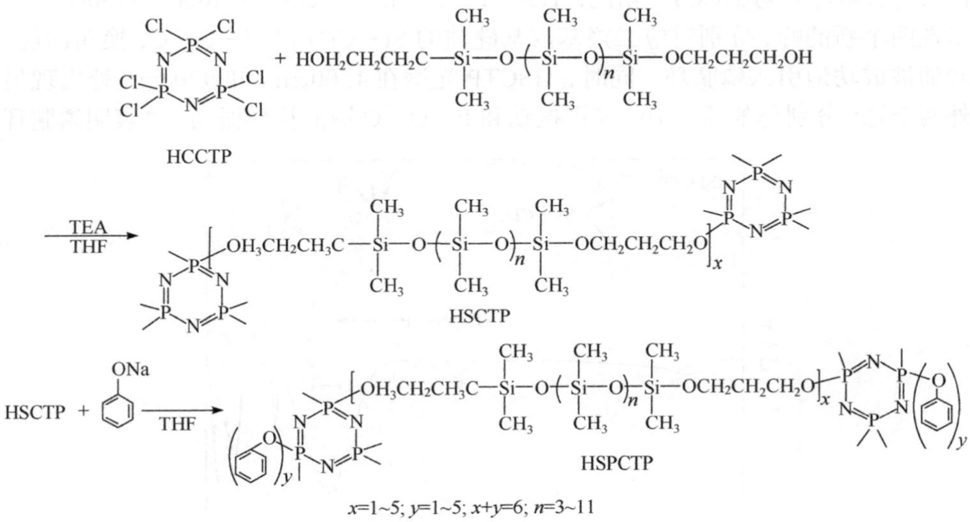

x=1~5; y=1~5; x+y=6; n=3~11

图 9-22 HSPCTP 的合成路线

第一步，首先在 25℃下将 3.0g(8.63mmol) HCCTP、16.40g(8.63mmol)双羟丙基硅油和 10mL 干燥的 THF 加入 250mL 装有机械搅拌器、回流冷凝器和氮气入口的四口烧瓶中。然后将反应温度升至 70℃，在氮气气氛下将 1.75g(17.26mmol)三乙胺缓慢滴入四口烧瓶中。滴加完成后，反应再继续 24h，得到黄色油状产物，减压过滤除去三乙胺盐。最后分离下层液体，通过旋转蒸发除去溶剂。获得了 15.93g 的 HSCPT，其产率为 84.82%。

第二步，首先将无水 THF(20mL)和 1.19g(51.7mmol)钠屑放入三口烧瓶中，在室温下缓慢加入 4.87g(51.7mmol)苯酚。反应持续 5~6h，酚钠溶液制备成功。然后将获得的中间产物 HSCPT 和 10mL 干燥的 THF 加入配有机械搅拌器、回流冷凝器和氮气入口的四口烧瓶中，将 HSCPT 完全溶解在干燥的 THF 中并搅拌。将反应温度升至 70℃，并将制备的酚钠溶液(5.00g，43.15mmol)在氮气气氛下缓慢滴入四口烧瓶中。添加完成后，反应继续 24h，得到淡黄色黏稠液体产物。通过旋转蒸发浓缩反应混合物，以除去过量的溶剂并获得黏稠液体。用适量的二氯甲烷溶解液体，用大量去离子水洗涤 3～4 次，直到水层变得透明。最后，分离下层液体，通过旋转蒸发除去溶剂。将液体产物置于 60℃ 的真空烘箱中 12h，获得 17.35g HSPCTP，其产率为 84.65%。

2) FTIR 分析

图 9-23 为 HCCTP、HSCTP 和 HSPCTP 的 FTIR 谱图。所有观察到的样品在大约 $1250cm^{-1}$ 处达到特征 P=N 吸收峰，这表明在掺入硅油和苯酚后磷腈环的结构没有被破坏。与 HCCTP 相比，HSCTP 光谱在 $2960cm^{-1}$ 和 $1000\sim1130cm^{-1}$ 处出现两个新的峰，分别对应二羟基丙基硅油的 Si—CH$_3$ 和 Si—O—C，换句话说，硅油被成功地引入磷腈环。同时，HSCTP 光谱在 $1500cm^{-1}$ 和 $970cm^{-1}$ 处出现另外两个峰，分别是苯环骨架的变形振动和 P—O—C 键的拉伸振动。这表明磷腈环

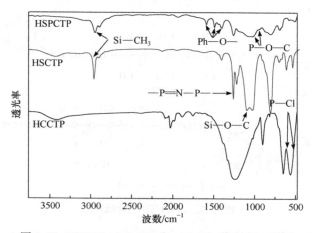

图 9-23　HCCTP、HSCTP 和 HSPCTP 的 FTIR 谱图

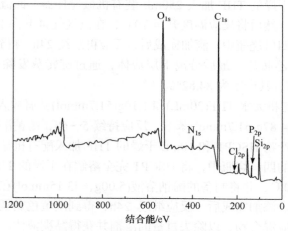

图 9-24　HSPCTP 的 XPS 谱图

中的部分氯原子被苯氧基取代。值得注意的是，在 HSCTP 光谱中，P—Cl 键的振动峰($600cm^{-1}$ 和 $520cm^{-1}$ 处)几乎消失，表明氯原子几乎被硅油和苯氧基取代。这一点通过 XPS 谱图得到了进一步证实(图 9-24)，表 9-17 中总结了该物质的元素数据。发现氯的质量分数低至 0.63%，这表明它能够满足《关于限制在电子电气设备中使用某些有害成分的指令》(RoHS)的要求。

表 9-17　HSPCTP 的元素数据

样品	光电子峰值/eV	峰面积	原子/%	质量分数/%
C_{1s}	281.95	163394.23	58.49	44.10
N_{1s}	395.35	1459.72	2.93	2.58
Cl_{2p}	197.65	179.06	0.28	0.63
Si_{2p}	99.1	3242.93	13.99	24.62
P_{2p}	131.14	1305.92	3.87	7.54
O_{1s}	529.59	16307.59	20.44	20.53
合计			100.00	100.00

3) 核磁共振表征

目标产物 HSPCTP 的化学结构通过核磁共振进一步表征，其 ^{31}P 和 ^{29}Si 的 NMR 谱图分别如图 9-25 和 9-26 所示。对于 ^{31}P NMR 谱图，在 4.90～6.40ppm 和 8.00～10.53ppm 处的峰分别对应具有两个二羟基丙基硅油基团和两个苯氧基基团的磷。在 12.30～14.35ppm 处的峰归因于具有一个苯氧基和一个二羟基丙基硅油基团的磷。换句话说，合成的 HSPCTP 是不同基团的混合物。^{29}Si NMR 谱图显示

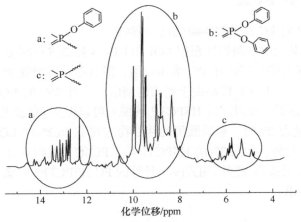

图 9-25　HSPCTP 的 ^{31}P NMR 谱图

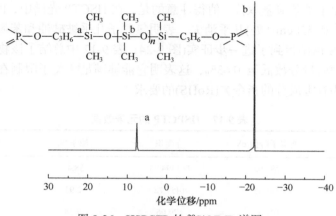

图 9-26　HSPCTP 的 ^{29}Si NMR 谱图

两个峰，对应二羟基丙基硅油中硅的两种不同环境。结果表明二羟基丙基硅油的基团成功地连接到六氯环三磷腈上。

2. HSPCTP 阻燃聚碳酸酯复合材料的制备

通过熔融共混制备了不同 HSPCTP 含量(0%～5%)的一系列 PC/HSPCTP 复合材料。首先，将聚碳酸酯(PC)、滑石粉和聚四氟乙烯(PTFE)置于真空烘箱中，在 100℃下干燥 12h 后混合。然后，将聚碳酸酯、滑石粉、聚四氟乙烯和环三磷腈衍生物加入密炼机中，并在 250℃下混合 4min。最后，将混合物倒入准备好的模具中。此后，所有样品在室温下缓慢冷却，以避免开裂，再进行性能测试。

3. PC/HSPCTP 的性能

1) HSPCTP 对 PC 及共混物阻燃性的影响

纯 PC 及其共混物的阻燃性根据 LOI 和 UL-94 测试进行测量，试验数据列于表 9-18。聚四氟乙烯可以防止 PC 熔体滴落，滑石粉可以增强 PC 的力学性能。纯 PC 和 PC/滑石粉/PTFE 样品由于严重的滴落，只有 25%的 LOI 和 UL-94 V-2 等级。值得注意的是，高阻燃性 HSPCTP 的加入可以提高 PC 及共混物的阻燃性。在 HSPCTP 含量为 2%时，聚碳酸酯的共混物达到了 26.2%的 LOI 和 UL-94 V-1 等级，无滴落。此外，加入 3%的 HSPCTP 后，PC 的共混物具有 28.4%的 LOI 和 UL-94 V-0 等级，无滴落。此外，用式(9-9)计算的 PC/HSPCTP3 的氯含量为 0.017%，低于 RoHS 的要求。

$$W = \frac{m_{\text{Cl}}}{m_{\text{PC}} + m_{\text{滑石粉}} + m_{\text{PTFE}} + m_{\text{HSPCTP}}} \times 100\% \qquad (9\text{-}9)$$

表 9-18　纯 PC 及 PC/HSPCTP 的阻燃性能

样品	PC 含量/%	滑石粉含量/%	PTFE 含量/%	HSPCTP 含量/%	UL-94(1.8mm)	滴落	LOI/%
纯 PC	100	0	0	0	V-2	有	25
PC/HSPCTP0	100	5	0.5	0	V-2	有	25
PC/HSPCTP2	100	5	0.5	2	V-1	无	26.2
PC/HSPCTP3	100	5	0.5	3	V-0	无	28.4

2) 锥形量热分析

表 9-19 给出了热通量为 50kW/m² 时锥形量热计试验获得的纯 PC 和 PC/HSPCTP3 复合材料燃烧行为的详细信息。如表 9-19 所示，PC/HSPCTP3 复合材料的 TTI 从 58s 减少到 41s。这表明 HSPCTP 的阻燃添加剂不仅提前分解，而且还促进 PC 基质在较低温度下降解，这有助于复合材料在燃烧过程中更早炭化，并改善 PC 的阻燃性。这一现象与其他报道一致。

表 9-19　纯 PC 和 PC/HSPCTP3 复合材料的锥形量热仪数据

指标	纯 PC	PC/HSPCTP3
TTI/s	58	41
PHRR/(kW/m²)	438.38	245.90
T_{PHRR}/s	110	140
THR/(MJ/m²)	71.56	59.11
PSPR/(m²/s)	0.135	0.045
T_{PSPR}/s	105	98
TSP/(m²/kg)	20.25	8.84
av-EHC/(MJ/kg)	23.82	15.90
av-HRR/(kW/m²)	170.26	131.93

HRR 和 THR 是量化火灾规模的重要参数。较低的 HRR 和 THR 显示出阻燃剂有效的阻燃性。图 9-27 给出了纯 PC 和 PC/HSPCTP3 复合物的 HRR、THR、SPR 和 TSP 曲线。结果表明，纯聚碳酸酯在点燃后迅速燃烧，HRR 峰值出现在 110s，PHRR 为 438.38kW/m²，如图 9-27(a)和表 9-19 所示。然而，PC/HSPCTP3

复合材料的 HRR 峰值出现在 140s，PHRR 为 245.90kW/m²，比纯 PC 的峰值要晚出现，也要低。这可能是因为该添加剂分解和促进了 PC 基质的降解和炭化，此外，HSPCTP 分解产生的 SiO_2 衍生物和磷酸衍生物促进了 PC 的分解。图 9-27(b) 和表 9-19 显示，PC/HSPCTP3 复合物的 THR 曲线低于 PC，THR 从 71.56MJ/m² 下降到 59.11MJ/m²。这是由于聚四氟乙烯在混合后形成了网络结构，以及含有磷腈和羟丙基硅油基团的 HSPCTP 的分解。这些结果表明，HSPCTP 与聚四氟乙烯具有协同阻燃效果，并且 HSPCTP 在阻燃性中起主要作用。

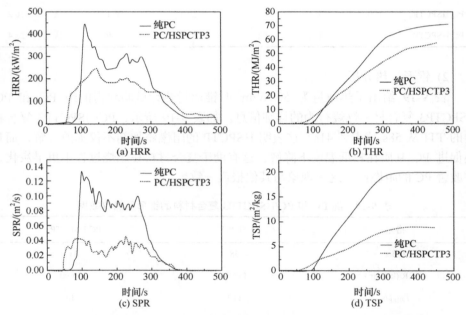

图 9-27　纯 PC 和 PC/HSPCTP3 复合材料的 HRR、THR、SPR 和 TSP 曲线

图 9-27(c)和表 9-19 显示，纯 PC 的 SPR 曲线在 105s 出现一个峰值，值为 0.135m²/s。然而，PC/HSPCTP3 复合材料的 SPR 曲线在 59s 出现峰值，比纯 PC 的峰值早出现。这一现象表明，HSPCTP 首先分解，产生二氧化碳和磷酸。此外，PC/HSPCTP3 复合材料的弹性模量曲线低于纯 PC。这也表明 HSPCTP 促进了由 PC 形成的致密炭层，这抑制了燃烧并减少了大量烟雾的释放。从图 9-27(d)和表 9-19 中可以明显看出，PC/HSPCTP3 的 TSP 为 8.84m²/kg，比纯 PC 的总烟量小。这也说明了 HSPCTP 对 PC 有很好的抑烟效果。

如表 9-19 所示，PC/HSPCTP3 的 av-EHC 为 15.90MJ/kg，低于纯 PC 的平均值；这是因为 HSPCTP 含有磷腈和二羟基丙基硅油基团，在燃烧过程中会产生不可燃气体，如 NH_3、CO_2、H_2O 和挥发性磷化物。最后，PC/HSPCTP3 的 av-HRR 为 131.93kW/m²，也低于纯 PC。如上所述，HSPCTP 表现出高阻燃性。

9.3　环三磷腈衍生物与无机粉体协效阻燃

9.3.1　环三磷腈衍生物与三聚氰胺氰尿酸酯(MCA)协效阻燃高分子材料

1. CPZ/MCA/EP 复合材料的制备

六苯氧基环三磷腈(CPZ)和 MCA 的结构如图 9-28 所示。Cheng 等[18]将环氧树脂(EP)、CPZ、MCA、酚醛清漆树脂硬化剂(PN，羟基当量：105g/Eq)和甲基乙基酮(MEK)按一定的比例混合，本书阻燃剂环氧树脂包括三种配方：MCA/EP(30/100)、CPZ/EP(30/100)和 CPZ/MCA/EP(24/6/100)，如表 9-20 所示。将混合物搅拌 1h 并涂覆在玻璃纤维织物上，然后在 155℃烘箱中加热 6min 以除

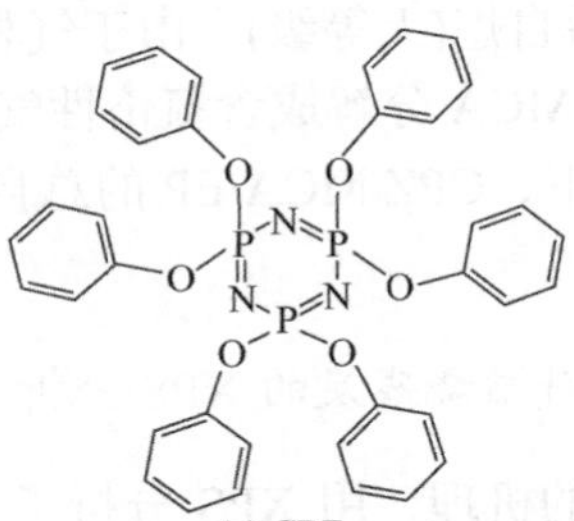

(a) CPZ

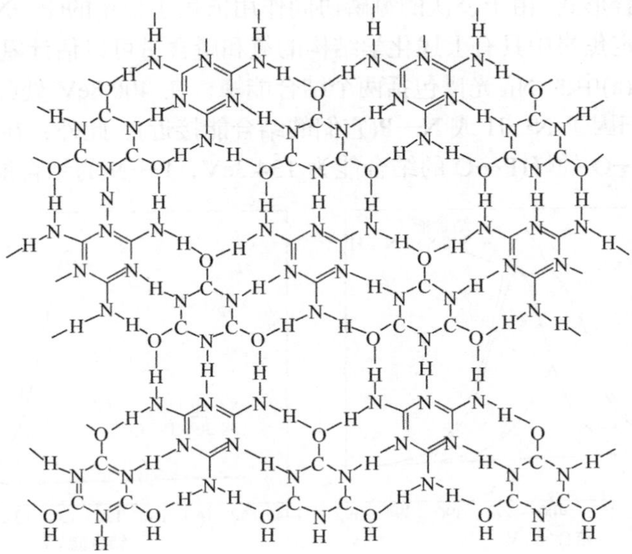

(b) MCA

图 9-28　CPZ 和 MCA 的结构

去溶剂。然后，在 190℃通过加热程序将片材层压并在硫化机中固化 90min。最后，将层压板切割成尺寸为 125mm×13mm×1.6mm 的棒材。

表 9-20　CPZ/EP、MCA/EP 和 CPZ/MCA/EP 的垂直燃烧结果

CPZ/MCA/EP(质量比)	滴落	t_1/s	t_2/s	UL-94(1.6mm)
30/0/100	无	10	不自动熄灭	无等级
0/30/100	无	14	不自动熄灭	无等级
24/6/100	无	4	5	V-0

注：t_1 和 t_2 表示第一次和第二次点火后的自熄灭时间。

表 9-20 分别列出了 CPZ/EP、MCA/EP 和 CPZ/MCA/EP 的垂直燃烧试验结果。CPZ/EP 不能在第二次点火后自熄(无等级)。由于气相的单一阻燃模式，MCA/EP 也表现出类似较差的阻燃性(MCA 分解成含氮惰性气体，包括三聚氰胺、NH₃等)。然而，在相同的阻燃剂含量下，CPZ/MCA/EP 的总自熄时间小于 10s(V-0 级)，表现出明显的协同作用。

2. CPZ/MCA/EP 复合材料燃烧残炭的 XPS 分析

为了揭示这种协同作用的机理，用 XPS 分析了 CPZ/MCA/EP 体系焦层中氮和磷的化学结合形式。由于公认的氮磷协同作用依赖于稳定的$(P—N)_x$大分子化合物的产生，测定焦炭中具有上述化学结构的氮和磷含量可以估计氮磷相互作用的程度。图 9-29(a)中的 N_{1s} 光谱包括两个结合能峰，在 400.8eV 处归因于 N—O，398.8eV 可能归因于 N—H 或 N—P(它们的结合能接近)。此外，在 134.3eV 处只有一个属于 P—O 的峰(P—O 的结合能为 134.3eV，P—N 的结合能为 132.5eV，

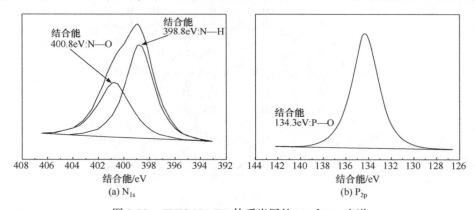

图 9-29　CPZ/MCA/EP 体系炭层的 N_{1s} 和 P_{2p} 光谱

二者是不同的，这表明随着 CPZ 分子的循环结构的破坏，释放的磷几乎与氧(产生含磷的酸)化学结合，而不是与氮结合。上述的 XPS 分析显示，在 CPZ 分子中最初的 N=P—N 循环结构在加热时被完全破坏，而且，没有产生新的$(P—N)_x$形式，这意味着存在分子内和分子间的氮磷协同作用。

3. CPZ/MCA/EP 复合材料的 MCC 测试

MCC 作为一种基于耗氧量评价材料火焰行为的便捷工具，可以提供一些关键的燃烧参数，包括 HRR、PHRR、T_{PHRR} 和 THR。从图 9-30 和表 9-21 所示的 MCC 测试结果可以看出，CPZ/MCA/EP 在三种阻燃体系具有最低的 THR，进一步证实了协同作用的存在。另一方面，CPZ/MCA/EP、MCA/EP 和 EP 的 HRR 曲线与的 PHRR 温度非常接近。相比之下，CPZ/EP 的 T_{PHRR} 接近 408.5℃比 EP 系统低 44.2℃。此外，CPZ/EP 的 PHRR 也显示出最高值(甚至比纯 EP 高得多)。上述结果反映了相应材料的燃烧和热降解特性。纯 CPZ 体系大大加速了 EP 的降解，并使降解挥发物提前释放出高浓度，从而产生最大的 PHRR 和最低的 T_{PHRR}。然而，当 CPZ 与 MCA 结合时，这种降解加速效应被有效地控制。

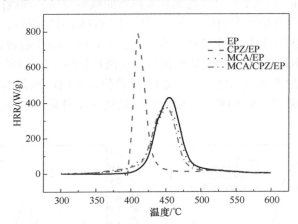

图 9-30　EP、MCA/EP、CPZ/EP 和 CPZ/MCA/EP 的 HRR 曲线

表 9-21　EP、CPZ/EP、MCA/EP 和 CPZ/MCA/EP 的 MCC 数据

样品	PHRR/(W/g)	T_{PHRR}/℃	THR/(kJ/g)
EP	436.2	452.7	20.5
CPZ/EP	830.2	408.5	19.3
MCA/EP	378.1	451.8	19.8
CPZ/MCA/EP	379.6	449.3	18.2

4. CPZ/MCA/EP 复合材料的热重分析

关于 CPZ 对 EP 加速降解的另一个证据来自上述系统的 TGA 和 DTG 曲线 (图 9-31)。可以看出，DTG 曲线与 HRR 曲线有相似之处。CPZ/EP 体系的最大失重速率出现在 376.7℃，分别比 MCA/EP、CPZ/MCA/EP 和 EP 低 45.9℃、36.4℃和 42.5℃。从 TGA 曲线来看，CPZ/EP 系统在初始阶段比其他系统显示出更多的质量损失(低于 430℃)，但在 700℃仍然有最高的残炭率，这意味着在后期阶段出现了炭化促进过程。上述热分析也证明了 CPZ 对环氧 EP 降解过程的两种不同影响。一方面，它在较低的温度范围内加速了 EP 的分解，使高浓度的降解挥发物迅速释放到气相中，不利于阻燃。另一方面，它也催化 EP 在较高的温度范围内形成炭，因此有利于凝聚相中的阻燃性。显然，催化降解和炭化作用可以在一定程度上相互抵消。这可以合理地解释为什么 CPZ 不能达到令人满意的阻燃性。

为了进一步验证这两种效应，通过比较 EP/CPZ 混合物的计算和试验 TGA 曲线，研究了 EP 和 CPZ 相互作用。图 9-32(a)分别是 CPZ 和 EP 的真实热重曲线。根据它们各自的质量比(CPZ/EP 为 30/100)获得计算曲线[图 9-32(b)]，并且通过记录具有相同比例的 EP/CPZ 混合物的真实热重曲线确定试验曲线[图 9-32(b)]。在 CPZ 和 EP 之间没有相互作用的情况下，计算的 TGA 曲线应该与试验曲线基本一致。如果它们的相互作用加速了树脂的降解，前者应该高于后者；如果促进焦炭形成，则正好相反。图 9-32(b)清楚地显示了这两种影响。在较低的温度范围内(低于 428℃)，降解加速效应明显占主导地位(计算值在上面)。两条曲线在 428℃的交替点意味着两种效果之间的平衡。随着温度的进一步升高，木炭的形成逐渐占主导地位。

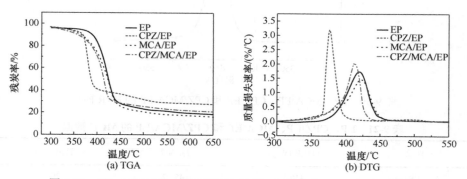

图 9-31　EP、MCA/EP、CPZ/EP 和 CPZ/MCA/EP 的 TGA 和 DTG 曲线

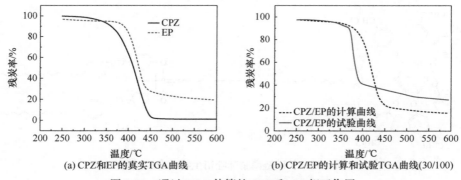

(a) CPZ和EP的真实TGA曲线　　　　　(b) CPZ/EP的计算和试验TGA曲线(30/100)

图 9-32　通过 TGA 估算的 CPZ 和 EP 相互作用

9.3.2　环三磷腈咪唑衍生物插层蒙脱土(HCCTP-in-MMT)及其在聚酯中的应用

1. 长碳链磷腈咪唑衍生物的合成

长碳链磷腈咪唑衍生物的合成过程如图 9-33 所示。Mohamed 和 Rene[19]通过 HCCTP 与 4-羟基苯甲醛反应，然后在溶剂 THF 中用硼氢化钠(NaBH₄)还原合成了六(4-羟甲基苯氧基)-环三磷腈(A-1)，其产率约为 90%。

Wang 等[20]利用文献[19]的方法首先合成了 A-1，然后将一定比例的 A-1 和二氯亚砜(SOCl₂)放入 250mL 三口烧瓶中并搅拌 24h，通过真空蒸馏除去未反应的二氯亚砜。用水洗涤得到的固体粗产物并过滤，再将滤饼在 60℃真空烘箱中干燥过夜 24h，得到白色晶体形式的六(4-二氯甲烷苯氧基)-环三磷腈(A-2)(产率为 85%)。

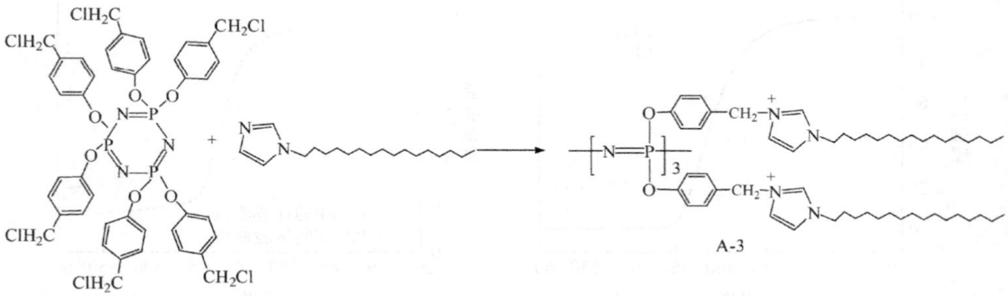

图 9-33　长碳链磷腈咪唑衍生物的合成过程

将一定量的咪唑和氢氧化钠作为缚酸剂加入 250mL 三口烧瓶中，在 40℃下搅拌 30min，然后加热至 60℃；在 30min 内将十六烷基溴滴入烧瓶中，并在回流温度下搅拌 24h。冷却至室温后，过滤反应混合物，浓缩滤液。加入大量水进行浓缩，过滤得到的白色固体在 50℃下干燥，得到长碳链磷腈咪唑衍生物(产率为 95%)。

将 A-2 和长碳链磷腈咪唑衍生物溶解在甲苯中，并在回流温度下搅拌 8h；通过旋转蒸发除去溶剂，并将缩合产物加入氯仿和石油醚中。静置 8h，获得咪唑盐，并在真空烘箱中于 50℃下干燥 24h，得到白色固体形式的 A-3(产率为 91%)。

2. HCCTP-in-MMT 的合成

将蒙脱石分散在水(600mL)中，然后剧烈搅拌 24h，使其分散并完全溶胀到溶剂中。将 A-3 溶于甲醇中，滴入前面提到的蒙脱土(MMT)分散体系中，搅拌 48h。所得产物用甲醇洗涤并过滤；滤饼在真空烘箱中于 70℃干燥过夜，得到白色固体形式的 HCCTP-in-MMT。

3. PET/HCCTP-in-MMT 复合材料的制备

使用前，将聚酯切片和 HCCTP 及 MMT 粉末在 120℃真空中干燥过夜。在扭矩流变仪(HAAKE Rheocord 90，德国 HAAKE 公司)上，以 80r/min 的转速，在 280℃下，将不同含量(1%、3% 和 5%)HCCTP-in-MMT 的聚酯切片分别混合 8min。然后将混合的材料用微型注射成型机(SZ-5-Q，德弘橡塑机械有限公司)在 275℃下注射成型，以生产各种尺寸的片材，记录为 PET/HCCTP-in-MMT，将其用于标准试验。

4. 六(4-羟甲基苯氧基)-环三磷腈(A-1)的结构表征

A-1 的 FTIR 谱图如图 9-34 所示。其中，羟基的拉伸振动在 3100cm^{-1} 处；苯环上 C—H 的拉伸振动位于 3072cm^{-1} 和 3041cm^{-1} 处；苯环骨架振动在 1605cm^{-1} 和 1506cm^{-1} 处明显；光谱中 2924cm^{-1} 和 2876cm^{-1} 处的两个峰对应—CH$_2$—不对

称拉伸振动和对称拉伸振动。同时，清楚地观察到 1260cm⁻¹、1201cm⁻¹ 和 846cm⁻¹ 处磷腈环的骨架振动，以及 1170cm⁻¹、1018cm⁻¹ 和 968cm⁻¹ 处 P—O—C 的振动；P—Cl 振动峰应该在 603cm⁻¹ 和 522cm⁻¹ 处，但几乎消失，表明磷腈环中的氯原子完全被取代。

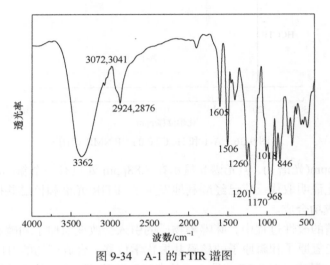

图 9-34　A-1 的 FTIR 谱图

图 9-35 和图 9-36 分别显示了 A-1 的 ¹H NMR 谱图和 ³¹P NMR 谱图。对于 ¹H NMR 谱图，在 $\delta=7.20$ppm 和 $\delta=6.80$ppm 处的峰分别属于苯环上的两组对称氢原子。$\delta=5.25$ppm 处的三峰属于羟基，$\delta=4.47$ppm 处的双峰属于亚甲基。类似地，根据 ³¹P NMR 谱图，也可以判断 A-1 成功合成(图 9-36)。HCCTP 磷元素的化学

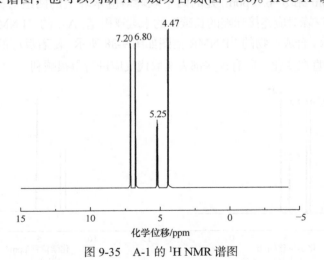

图 9-35　A-1 的 ¹H NMR 谱图

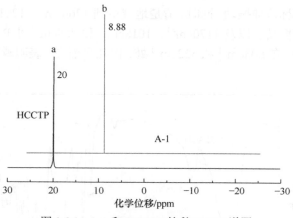

图 9-36　A-1 和 HCCTP 的 ^{31}P NMR 谱图

位移接近 20ppm(光谱 a)，但光谱 b 显示在 8.88ppm 处只有一个新的峰；磷元素化学位移的变化证明取代反应已经顺利地发生了。FTIR 光谱和核磁共振谱清楚地证明了 A-1 的成功合成。

　　在聚磷腈的改性过程中，咪唑等物质的引入会改变氢原子和磷原子的化学环境，从而改变氢原子和磷原子的核磁共振化学位移。合成产物的 ^{1}H NMR 谱图如图 9-37 所示。其中，图 9-37(a) 是 A-1 的 ^{1}H NMR 谱图。A-1 的末端羟基被氯原子取代后形成六(4-二氯甲烷苯氧基)-环三磷腈(A-2)，其对应羟基的 δ= 5.25ppm 处的三峰消失，对应亚甲基的 δ= 4.47ppm 处的双峰变为单峰，并移动到 δ=4.77ppm。同样，在引入长碳链咪唑衍生物后，A-3 的 ^{1}H NMR 谱图发生了很大的变化[图 9-37(c)]。其中，δ=7.56ppm 和 δ=6.77ppm 处的两个双峰对应苯环上的两组对称氢原子；δ=4.20ppm 处的三峰对应连接咪唑的长碳链的末端亚甲基。A-3 的 ^{1}H NMR 的详细属性如表 9-22 所示。合成产物的 ^{31}P NMR 谱图如图 9-38 所示。随着反应的发生，磷元素的化学位移一直在变化。所有这些都表明取代反应进行得很顺利。

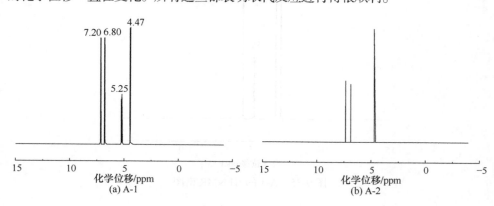

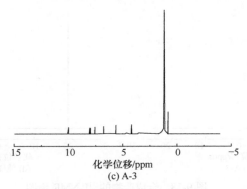

图 9-37　合成产物的 ^{1}H NMR 谱图

表 9-22　A-3 的 ^{1}H NMR 谱峰归属

样品		
归属/ppm	1	9.99
	2	8.05
	3	7.89
	4	7.56
	5	6.77
	6	5.63
	7	4.20
	8	1.22
	9	0.83

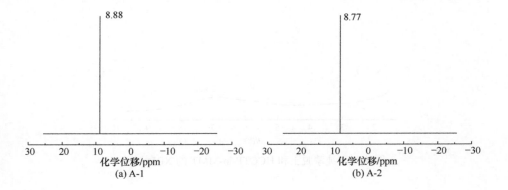

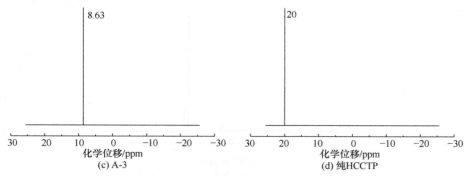

图 9-38　合成产物的 ^{31}P NMR 谱图

5. HCCTP-in-MMT 的表征

蒙脱土因其特殊的层状结构而成为人们感兴趣的复合阻燃剂。它的主要结构单元包含两层硅氧四面体和一层铝氧八面体。四面体和八面体中普遍存在同构的元素替换，这将导致层间距的变化。用 XRD 记录了它的变化。图 9-39 显示了蒙脱土和 HCCTP-in-MMT 的层间距的 XRD 谱图。蒙脱土的基底间距 d(001) 为 1.26nm，这是蒙脱石的特征性 d(001)值，但是对于 HCCTP-in-MMT，d(001) 的基底间距从 1.26nm 增加到 2.45nm，这表明长碳磷腈衍生物也插入夹层空间中。位于 1.26nm 的 HCCTP-in-MMT 样品也发现了一个相对较弱的峰，但结晶度很低；改性蒙脱土的结晶度高于纯蒙脱土。层间距的增加是下一步配料的有利条件。

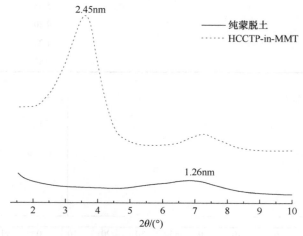

图 9-39　纯蒙脱土和 HCCTP-in-MMT 的 XRD 谱图

6. PET/HCCTP-in-MMT 的性能及表征

一般来说，复合材料的内部结构、空间分布和缺陷都可以用 TEM 来表征。图 9-40 显示了 PET 基质中不同含量的 HCCTP-in-MMT 的典型分散状态的 TEM 图像。浅灰色区域是聚酯基质，而暗纤维状物体由分散的 HCCTP-in-MMT 层组成。随着蒙脱土中 HCCTP 含量的增加，蒙脱土层结构越来越明显。高倍镜下可以清晰地观察到蒙脱土的平行层状结构，PET 的浅灰色夹杂在层状结构中。这种聚合物基体和蒙脱土层的交替结构表明聚酯分子链已经插入层状硅酸盐中。

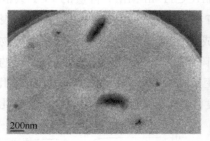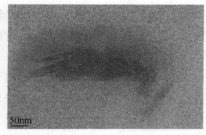

(a) PET/1% HCCTP-in-MMT

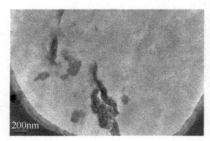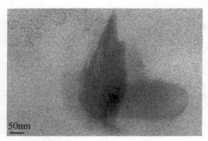

(b) PET/3% HCCTP-in-MMT

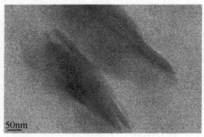

(c) PET/5% HCCTP-in-MMT

图 9-40 复合材料不同放大水平的 TEM 图像

PET/HCCTP-in-MMT 复合材料的热行为: 图 9-41 和图 9-42 分别显示了在

氮气和空气气氛中,不同 HCCTP 含量的 PET、HCCTP-in-MMT 和 PET/HCCTP-in-MMT 复合材料的 TGA 曲线和 DTG 曲线。可以看出在氮气气氛中只有一个分解阶段,而在空气气氛中有两个分解阶段。这是早期降解过程中形成的焦炭的结果,焦炭不稳定并再次氧化。表 9-23 和表 9-24 分别列出了 TGA 和 DTG 数据,包括初始分解温度(T_{onset})、失重 50%($T_{50\%}$)的温度、最大质量损失速率时的温度(T_{max})以及材料在 450℃、600℃和 800℃下的残炭率。根据图 9-41 和表 9-23,PET 和 PET 共混物热降解的主要阶段基本相同,约为 380~430℃,但共混物的 T_{onset}、$T_{50\%}$和 T_{max} 与 PET 相比都有提高。这表明蒙脱土中 HCCTP 的引入可以延缓热降解。残炭率从纯 PET 的 6.2% 增加到仅 1%HCCTP-in-MMT 含量的 PET 共混物的 9.7%,并且残炭率随着 HCCTP-in-MMT 含量的增加而增加。这一现象表明,HCCTP-in-MMT 的加入可以改善聚酯的成炭性能。空气环境中 PET 共混物的第一降解阶段(图 9-42)与氮气环境中的第一降解阶段(图 9-41)相似。复合材料的热行为表明,HCCTP-in-MMT 的加入没有改变聚酯的初始热降解过程,但随着阻燃剂的加入,第二阶段的分解速率和分解程度降低。同时,PET 在 600℃以上几乎没

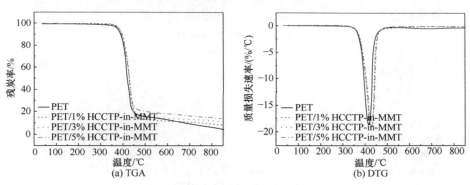

图 9-41　PET 和 PET/HCCTP-in-MMT 复合材料在氮气中的 TGA 和 DTG 曲线

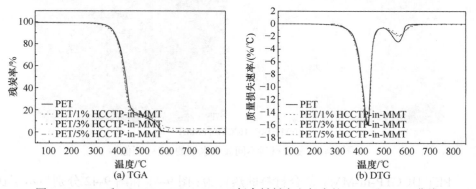

图 9-42　PET 和 PET/HCCTP-in-MMT 复合材料在空气中的 TGA 和 DTG 曲线

有残炭,而 PET/HCCTP-in-MMT 共混物随着 HCCTP-in-MMT 含量的增加而增加。从数据和光谱图可以看出,HCCTP-in-MMT 的加入可以降低二次氧化过程的降解程度,改善聚酯的成炭性能。

表 9-23　PET 和 PET/HCCTP-in-MMT 复合材料在氮气中的热重数据

样品	温度/℃			残炭率/%		
	T_{onset}	$T_{50\%}$	T_{max}	450℃	600℃	800℃
PET	390.0	416.0	414.4	18.8	13.1	6.2
PET/1%HCCTP-in-MMT	397.8	424.8	425.2	16.9	12.0	9.7
PET/3%HCCTP-in-MMT	397.5	424.7	427.6	19.9	14.5	12.1
PET/5%HCCTP-in-MMT	395.2	419.3	426.9	23.0	18.5	14.5

表 9-24　PET 和 PET/HCCTP-in-MMT 复合材料在空气中的热重数据

样品	温度/℃			残炭率/%		
	T_{onset}	$T_{50\%}$	T_{max}	450℃	600℃	800℃
PET	393.8	422.7	426.3	20.26	0.24	—
PET/1%HCCTP-in-MMT	385.9	418.7	422.8	16.9	1.3	1.0
PET/3%HCCTP-in-MMT	387.7	418.6	423.8	17.0	2.1	1.2
PET/5%HCCTP-in-MMT	387.4	419.5	421.0	19.9	4.1	3.6

表 9-25 分别给出了纯 PET 和不同阻燃剂含量的 PET 的 LOI 和 UL-94 数据。PET 是一种阻燃性差的热塑性树脂,其 LOI 约为 24%。可见,HCCTP-in-MMT 的加入有利于提高聚酯材料的 LOI;少量的 HCCTP-in-MMT 可以将 LOI 提高到 27%以上。随着 HCCTP-in-MMT 含量的增加,熔滴减少,在试验过程中只有少量的熔滴能够点燃棉花。当添加剂的用量仅为 5%时,PET 共混物的 UL-94 水平可达到 V-1 水平。同时,第一次施加火焰后,火焰燃烧时间不超过 5s,第二次施加火焰后燃烧时间几乎为 0。这一现象表明,添加剂 HCCTP-in-MMT 的引入大大提高了 PET 的自熄性。良好的自熄能力有效提高了材料的阻燃性能。

表 9-25　PET 和 PET/HCCTP-in-MMT 复合材料的阻燃性

样品	LOI/%	t_1/s	五个样本的总余火时间/s	棉花引燃	t_2/s	UL-94 等级
PET	24.0	—		是	—	—
PET/1%HCCTP-in-MMT	27.8	< 5s	25	是	0	V-2
PET/3%HCCTP-in-MMT	27.5	< 4s	20	是	0	V-2
PET/5%HCCTP-in-MMT	28.3	< 3s	15	否	0	V-1

9.3.3 六(对烯丙氧基苯氧基)环三磷腈(PACP)与 T-POSS 协效阻燃聚酯

1. 聚酯/PACP/T-POSS 复合材料的制备

聚酯/六(对烯丙氧基苯氧基)环三磷腈(PACP)复合材料具有优异的热稳定性和高阻燃效率。然而，由于 PACP 放热的克莱森(Claisen)重排产物作用，PACP 对聚酯基体的拉伸强度有负面影响[21]。PACP 的合成如图 9-43(a)所示。Li 等[22]根据文献[21]首先合成了 PACP。通过两步合成方法制备了叔丁基氧化硅(T-POSS)的合成，如图 9-43(b)所示。首先，将苯基三氯硅烷(100g)溶解在 500mL 苯和 40mL 水中并搅拌 12h。室温下静置 48h 后，加入 30%苄基三甲基氢氧化铵(2mL)甲醇溶液作为催化剂。混合物回流 12h，合成了八苯基多面体低聚倍半硅氧烷[$(C_6H_5)T_8$, OPS]。然后，取所得 OPS(5g)，加入 35%四甲基氢氧化铵(TMOH)溶液(2mL)，以 THF(125mL)为溶剂，回流 4h。得到的产物是$(C_6H_5)_7T_7(OH)_3$，或称 T-POSS。

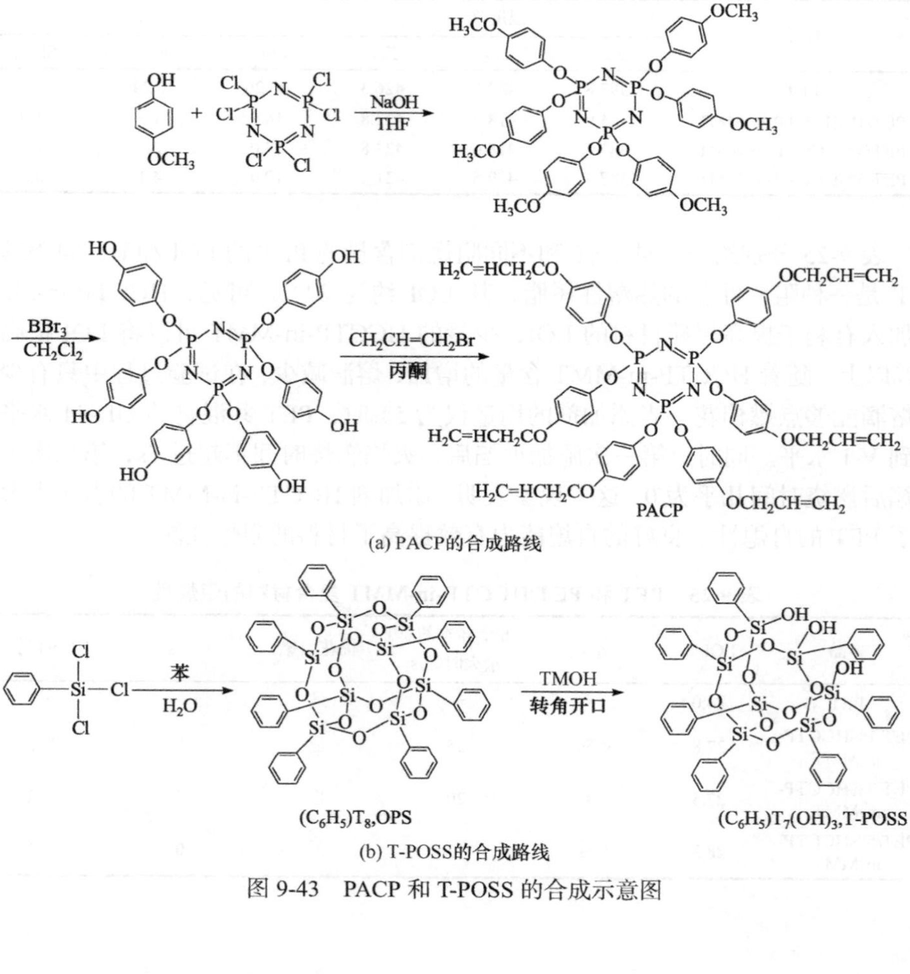

(a) PACP的合成路线

$(C_6H_5)T_8$,OPS

$(C_6H_5)T_7(OH)_3$,T-POSS

(b) T-POSS的合成路线

图 9-43　PACP 和 T-POSS 的合成示意图

聚酯在 120℃真空干燥 12h。在熔融共混前，以 PACP 为黏合剂，对干燥的聚酯颗粒用 T-POSS 包覆。作为一个典型的例子，4g PACP 和 1g T-POSS 在 50℃溶解在 10mL 丙酮中。然后向溶液中加入 20g 干燥的聚酯颗粒。在 50℃真空下除去丙酮 24h 后，获得包覆的聚酯颗粒，并计算涂覆率。将干燥的聚酯和涂覆的聚酯颗粒以特定的比例混合，保持总量为 100g 聚酯树脂中有 5g。在锥形双螺杆挤出机(SJZS-10A，瑞鸣塑料机械有限公司，武汉)上，以转速为 40r/min，温度为 250℃，熔融共混 5min。最后，在微型注射机上注塑成标准样条以供测试。共混配方如表 9-26 所示。

表 9-26　聚酯纳米复合材料的配方

样品	PET/g	PACP/g	T-POSS/g	P 含量 [a]/%
纯 PET	100	0	0	0
PET/5%PACP	100	5	0	0.37
PET/1%T-POSS	100	0	1	0
PET/4.5%PACP/0.5%T-POSS	100	4.5	0.5	0.33
PET/4%PACP/1%T-POSS	100	4.0	1.0	0.30
PET/3.5%PACP/1.5%T-POSS	100	3.5	1.5	0.26

a P 含量根据聚酯中的磷含量以及 5%PACP(0.37%，在文献[21]中通过电感耦合等离子体原子发射光谱法测试)和 PACP 在聚酯中的含量计算得到。

2. T-POSS 在 PET/PACP 体系中的分散

通过熔融共混将不同比例的 T-POSS 和 PACP 引入 PET 基体中，并保持总量为 5phr。用 ESEM(环境扫描电子显微镜)和 TEM 评价了聚酯复合材料的分散质量，分析了 T-POSS 的分散性。图 9-44 显示了聚酯复合材料的形态。如图 9-44(b)所示，PET/4%PACP/1%T-POSS 的 ESEM 照片表明，T-POSS 颗粒以亚微米级(100nm～1.0μm级)分散在整个 PET 基质中[与图 9-44(a)中 PET/5%PACP 相比]。同时，在图 9-44(c)、

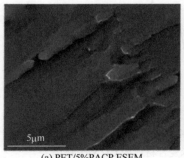

(a) PET/5%PACP ESEM

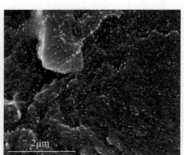

(b) PET/4%PACP/1%T-POSS ESEM

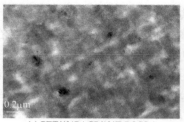
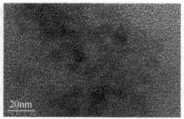

(c) PET/4%PACP/1%T-POSS 1　　　　　　(d) PET/4%PACP/1%T-POSS 2

图 9-44　PET/5%PACP 和 PET/4%PACP/1%T-POSS 的 ESEM 图像以及 PET/4%PACP/1%T-POSS 的 TEM 图像

(d)中观察到大量暗粒子,这归因于 POSS 笼的高电子密度。考虑到 T-POSS 在 PET/PACP 体系中的分散性,最终选择 PET/4% PACP/1%T-POSS 样品进行进一步研究。

3. PET、PACP 和 T-POSS 的界面相互作用

为了进一步研究 PET、PACP 和 T-POSS 的相互作用,对 PET 复合材料进行了 XPS 测试。图 9-45 是纯 PET、PET/5%PACP、PET/1%T-POSS 和 PET/4% PACP/1%T-POSS 的 C_{1s} XPS 谱图。图 9-45 中的三个峰代表来自对苯二甲酸环的 C—C/C—H 基团(284.7eV)和来自酯基的 C—O(286.4eV)和 C=O(288.6eV)。PET/5%PACP 和 PET/1%T-POSS 中酯峰的强度更高,表明这些复合材料中存在更多酯基。这是由于 PACP 和 T-POSS 中存在羟基,在熔融共混过程中,这些羟基与聚酯的—COOH 端基发生酯化反应,形成酯键。此外,纯 PET 和 PET/4% PACP/1%T-POSS 的 C_{1s} XPS 曲线在图 9-45 中完全重叠。这意味着在熔融共混过程中,接枝共聚物阻止了 PET/PACP 复合材料的酯化反应。

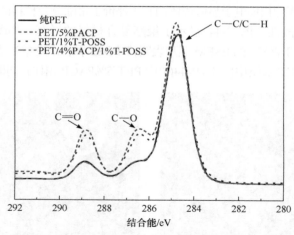

图 9-45　纯 PET 和 PET 纳米复合材料的 C_{1s} XPS 谱图

4. PET/PACP/T-POSS 复合材料的流变行为

纯 PET 和 PET 复合材料熔体黏度的频率依赖性如图 9-46 所示。纯 PET 和 PET 复合材料的黏度随着频率的增加而降低，这是由于剪切变稀行为。对于 PET/5% PACP 复合材料，黏度在所有频率区域都高于纯 PET。这归因于 PACP 的不稳定羟基，它们在加工过程中起到交联催化剂的作用，导致支化并因此导致聚合物链缠结的增加。同时，聚合物的动态黏度在加入 T-POSS 后也增加；在 1r/s 的频率下，PET/1%T-POSS 的复合黏度(11.9Pa · s)比纯 PET(8.4Pa · s)高，这是因为 T-POSS 的硅羟基也起交联催化剂的作用。

低频时的流变性质可以被认为反映了整个聚合物链的松弛和运动，高频时可以被认为是聚合物链段的运动。图 9-46 显示，PET/4%PACP/1%T-POSS 的黏度在低频时低于 PET/5%PACP，而在高频时高于 PET/5%PACP。这一结果表明，4%PACP 和 1%T-POSS 组合的填料与 PET 之间可能发生相对较弱的反应，导致整个聚合物链的松弛和运动增强。同时，T-POSS 可以防止 PACP 的塑化，限制聚合物链段的运动。因此，这种现象可以解释如下：当添加剂是 PACP 和 T-POSS 的组合时，T-POSS 在加工过程中与 PACP 发生反应，削弱了 PACP 或 T-POSS 中的活性羟基。

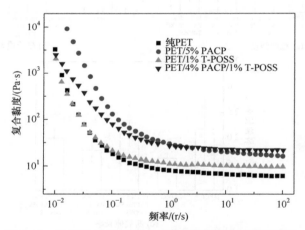

图 9-46　纯 PET 及 PET 复合材料熔体黏度的频率依赖性

5. PET/PACP/T-POSS 复合材料的力学性能

纯 PET 和 PET 复合材料的力学性能如图 9-47 所示。如图 9-47(a)~(c)所示，PET/4%PACP/1%T-POSS 的断裂拉伸强度、杨氏模量和断裂伸长率分别为 34.8MPa、1.97GPa 和 1.78%。这些结果表明，与 PET/5%PACP 复合材料(29.67MPa 和 1.91GPa)相比，其拉伸强度和杨氏模量分别提高了 17.3%和 3.1%。如图 9-47

所示,在 PET 复合材料中,与 3.5%的 PACP 和 1.5%的 T-POSS 组合或 4.5%的 PACP 和 0.5%的 T-POSS 组合相比,PET/4%PACP/1%T-POSS 复合材料显示出更好的拉伸性能。这些结果可归因于固结效应,基于以下因素:①当 T-POSS/PACP 填料中的 T-POSS 含量低时,PACP 放热的克莱森重排产物导致的聚酯基体中的结构缺陷,随着 T-POSS 含量的增加而被 T-POSS 限制;②用 ESEM 和 TEM 观察到的 T-POSS 颗粒的良好分散导致了从基体到颗粒的有效应力转移;③与 PET/5% PACP 相比,PET/PACP/T-POSS 复合材料中加入 T-POSS 和 PACP,提高了相对结晶度;④当 T-POSS 含量在 PACP/T-POSS 填料中较高时,填料在熔融共混过程中形成微米级聚集体,导致 PACP/T-POSS 填料与聚酯基体之间出现微观相分离现象,拉伸强度趋于下降。

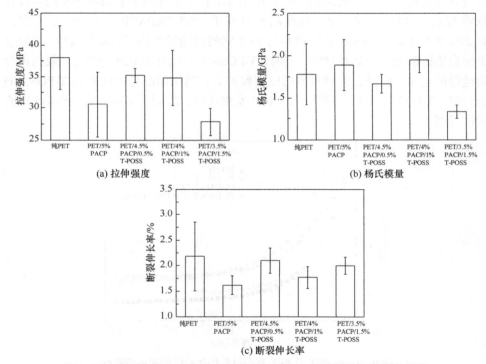

图 9-47　纯 PET 和 PET 复合材料的拉伸强度、杨氏模量和断裂伸长率

　　纯 PET 和 PET 复合材料的储能模量和 $\tan\delta$ 如图 9-48 所示。PET 复合材料的储能模量高于纯 PET。这归因于 PACP、T-POSS 和 PACP/T-POSS 的加入,它们在聚合物熔体中充当了一种非均相成核剂,并增强了复合材料的结晶行为。玻璃化转变温度(T_g)通过 $\tan\delta$ 曲线的峰值来确定。可以注意到,PET/4%PACP/1%T-POSS 纳米复合材料(85.8℃)的玻璃化转变温度高于 PET/5%PACP(81.7℃),并且与 PET(85.7℃)基本一致。然而,在 PET/5%PACP 的情况下,PACP 作为增塑

剂导致玻璃化转变温度降低。T-POSS 颗粒是玻璃化转变温度升高的原因，其中 T-POSS 的刚性笼状结构阻止了 PET 基质中 PACP 的增塑作用。

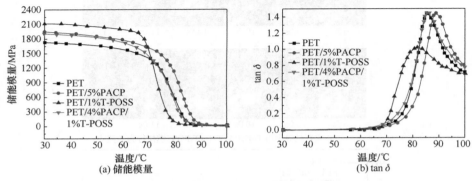

图 9-48　纯聚 PET 和 PET 复合材料的储能模量和 tan δ

6. PET/PACP/T-POSS 复合材料的可燃性

UL-94 和 MCC 测试用于评估纳米复合材料的可燃性，结果总结在表 9-27 中。PET/4% PACP/1%T-POSS 样品达到了 V-0 级，燃烧行为的照片在图 9-49(a)的垂直试验中进行了描述。结果表明，PET/4%PACP/1%T-POSS 复合材料表现出高效的自熄性，在第二次火焰点燃中仅观察到一个不熔化的熔滴。流变观察中提到的 PET/4%PACP/1%T-POSS 在低频下的黏弹性弛豫对 PET 的阻燃和抗撕裂性能有积极的影响。图 9-49(b)显示了纯 PET 及其复合材料的 HRR 与温度的关系曲线。放热能力(HRC，单位质量单位温度释放的最大热量)是聚合物易燃性的可靠指标，表 9-27 中 PET/1%T-POSS[495.7J/(g·K)]的放热能力高于纯 PET[427.3J/ (g·K)]。其原因是 T-POSS 的分解迅速释放出小分子，并促进了 PET 的热解，导致更多燃料的燃烧和更多热量的释放。然而，在 PET/4%PACP/1%T-POSS 复合材料中，HRC 降低到 308J/(g·K)，比纯 PET 降低了 27.9%。这意味着在 PET 基体中引入 4%PACP/1%T-POSS 可以降低聚酯的火灾危险性。

表 9-27　纯 PET 和处理过的 PET 的 UL-94 和 MCC 试验

样品	UL-94			MCC		
	滴落	引燃棉花	等级	PHRR/(W/g)	THR/(kJ/g)	HRC/[J/(g·K)]
纯 PET	有	是	V-2	428.2	18.7	427.3
PET/5%PACP	有	否	V-0	318.0	14.7	311.7
PET/1%T-POSS	有	是	V-2	498.2	19.2	495.7
PET/4%PACP/ 1%T-POSS	有	否	V-0	310.0	15.1	308.0

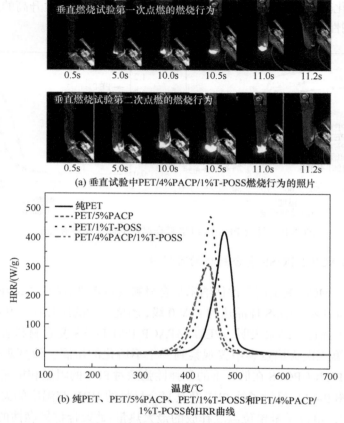

(a) 垂直试验中PET/4%PACP/1%T-POSS燃烧行为的照片

(b) 纯PET、PET/5%PACP、PET/1%T-POSS和PET/4%PACP/
1%T-POSS的HRR曲线

图 9-49　聚酯复合材料的燃烧性能

9.3.4　双功能化氧化石墨烯的制备及其在聚硅氧烷泡沫中的应用

1. GO、HCCTP-GO、APTS(3-氨基丙基三乙氧基硅烷)-HCCTP-GO 的制备及表征

Xu 等[23]通过改进 Ma 等的方法[24]从天然石墨粉中化学剥离出氧化石墨烯(GO)。为了制造功能化氧化石墨烯，在超声波作用下，将 2.0g 制备的氧化石墨烯粉末均匀分散在 400mL THF 溶液中。然后，将悬浮液和 21.6g TEA(缚酸剂)倒入 1000mL 三口烧瓶中，并机械搅拌 30min。接下来，在 1h 内将由 6.0g HCCTP 和 60mL THF 组成的溶液滴加到混合物中。此后，在连续机械搅拌下，使反应在 40℃进行 12h。混合物颜色从浅棕色变为棕色表明反应已经终止。最后，将混合物过滤，用二氯甲烷和 THF 反复洗涤，以除去盐酸三乙胺和过量的反应物。所得产品在 70℃的真空烘箱中储存 12h。HCCTP-GO 被命名为FGO1。

　　为了进一步官能化，将制备的 FGO1 分散在 400mL DMF 中并超声处理 1h。然后，在机械搅拌下将 7.0g APTS(硅烷偶联剂)逐滴加入悬浮液中。悬浮液在 70℃反应 4h。在反应前，FGO1 的 DMF 悬浮液为深棕色，在反应后变成黑色。为了获得纯产物，将混合物过滤并用丙酮和二氯甲烷交替洗涤几次。最后，产品在 70℃的真空烘箱中干燥 12h。APTS-HCCTP-GO 被指定为 FGO2。官能化氧化石墨烯的合成路线如图 9-50 所示。

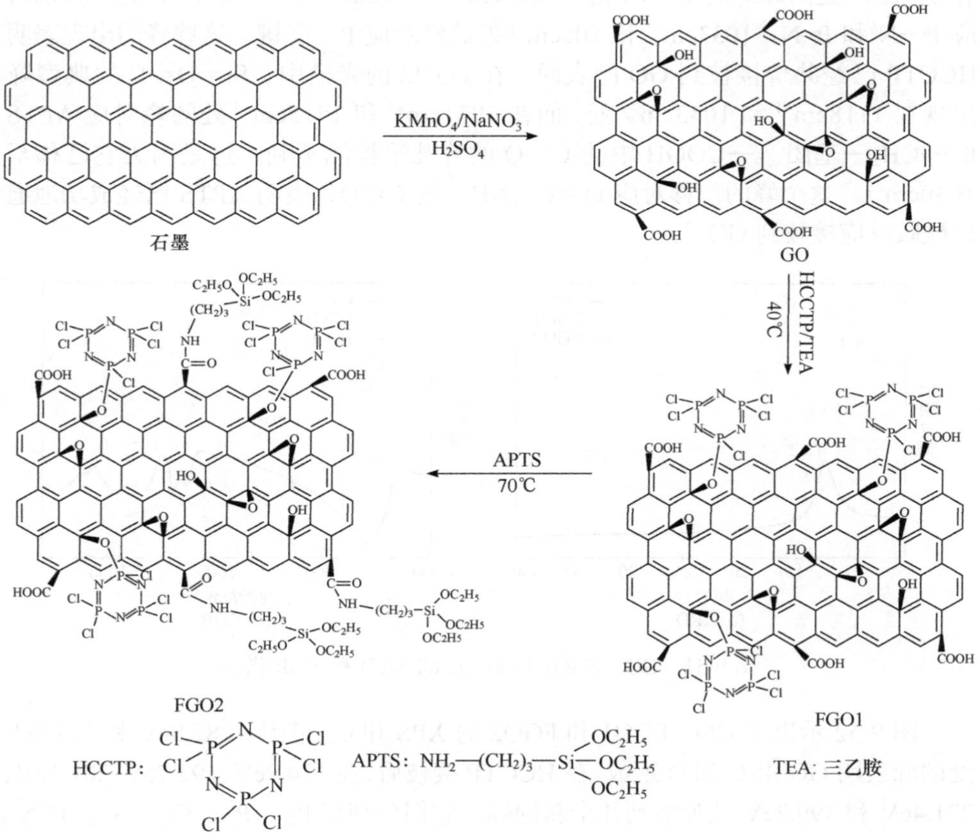

图 9-50　GO、FGO1 和 FGO2 的合成路线示意图

　　GO、FGO1 和 FGO2 的 XRD 结果示于图 9-51(a)。在 HCCTP 接枝后，在 12.2°处的(001)衍射峰已经移动到 10.8°。这一变化表明，由于 HCCTP 环结构的占据和扩大，氧化石墨烯的层间距从 0.72nm 增加到了 0.82nm。衍射峰的强度降低了，因为 HCCTP 接枝降低了氧化石墨烯的结晶度。在进一步功能化后，(001)衍射峰已经移动到 8.9°。这种偏移对应于 1.09nm 的层间距，并且表明 APTS 的引入进一

步扩大了 GO 的层间距。在 8.9°处的峰已经变成了宽而平的带，这是因为在两个官能化步骤中，GO 已经完全脱落，并且几乎失去其晶体结构。

图 9-51(b)显示了 GO、FGO1 和 FGO2 的 FTIR 谱图。GO 光谱中 3414cm⁻¹ 和 1636cm⁻¹ 处的吸收峰归因于 GO 中 O—H 和水的拉伸及弯曲振动。1738cm⁻¹、1225cm⁻¹、1082cm⁻¹ 和 1382cm⁻¹ 处的峰值分别对应 C=O、烷氧基、环氧基和氧的 C—C 骨架的振动。HCCTP 接枝后，FGO1 的光谱中出现了几个新的峰。589cm⁻¹ 和 511cm⁻¹ 处的峰对应 C—Cl 键，1243cm⁻¹、837cm⁻¹ 和 1172cm⁻¹ 处的峰分别对应 P—N 和 P=N。1033cm⁻¹ 和 805cm⁻¹ 处的峰对应 P—O 键。这些峰的出现表明 HCCTP 已经共价接枝到 GO 的表面。在 FGO2 的光谱中，Si=O=C 的典型峰出现在 1118cm⁻¹ 和 1033cm⁻¹ 处，而在 2931cm⁻¹ 和 1515cm⁻¹ 处的峰对应 APTS 的—CH₂—基团。—COOH 中的 C=O 的峰几乎检测不到，这是因为它已移至 1630cm⁻¹。这个峰的位移对应 O=C—NH—的 C=O，表明 APTS 已经成功地通过酰胺反应接枝到 GO 上。

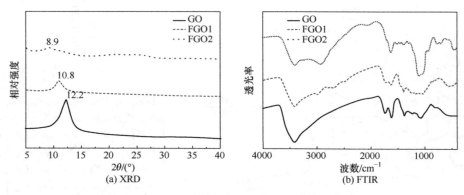

图 9-51　GO、FGO1 和 FGO2 的 XRD 和 FTIR 谱图

图 9-52 示出了 GO、FGO1 和 FGO2 的 XPS 和 C₁ₛ谱图。285.8eV 和 533.5eV 处的峰表明 GO 由 C 和 O 组成。在 HCCTP 接枝后，在 134.9eV、192.7eV、201.1eV、271.4eV 和 399.2eV 处观察到几个新的峰，它们分别与 P₂ₚ、P₂ₛ、Cl₂ₚ、Cl₂ₛ 和 N₁ₛ 的结合能一致。在 APTS 接枝之后，在 101.8eV 和 153.6eV 处出现两个峰，它们分别对应于 Si₂ₚ 和 Si₂ₛ 的结合能。此外，C/O 增加是因为接枝的 APTS 含有大量的—CH₂—和—CH₃ 基团。如图 9-53(b)~(d)所示，在不同条件下，GO、FGO1 和 FGO2 的 C₁ₛ光谱解卷积为 C 峰。GO 碳元素的条件包括 C—C(284.6eV)、C—O—C(286.7eV)、C—OH(287.0eV)和 O—C=O(288.6eV)。在 FGO1 的光谱中，C—OH 峰(287.0eV)已经消失，新的 C—O—P 峰(285.6eV)已经出现。这些变化表明 HCCTP 已经成功地嫁接到 GO 上。在 FGO2 的光谱中，由于 APTS 的—CH₂—和—CH₃ 基

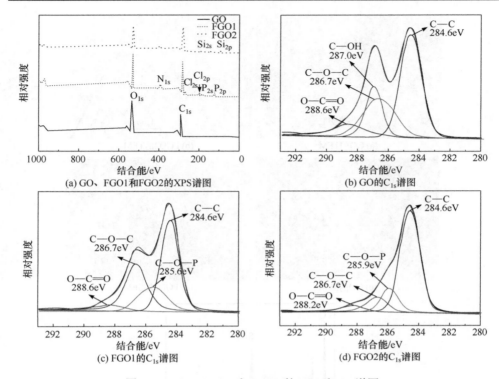

(a) GO、FGO1和FGO2的XPS谱图

(b) GO的C_{1s}谱图

(c) FGO1的C_{1s}谱图

(d) FGO2的C_{1s}谱图

图 9-52　GO、FGO1 和 FGO2 的 XPS 和 C_{1s} 谱图

团的存在，C—C(284.6eV)的峰强度显著增加，并且在 288.6eV 处的峰已经转移到 288.2eV，这是因为羧基在 APTS 和 FGO2 之间的酰胺反应后已经转变成酰胺键。可以看出，P 的峰几乎消失了。一方面，由于 APTS 的接枝，磷的相对含量下降。另一方面，受电子逃逸深度的限制，XPS 的探测深度通常为 1～3nm，接枝的 APTS 阻碍了 P 的检测。然而，可以检测到包裹 P 的 Cl。这些结果证实了 HCCTP 和 APTS 已经成功地接枝到 GO 的表面。

　　TEM 和 SEM 图像如图 9-53 所示。图 9-53(a)和(c)显示，GO 具有层状结构，类似于干树叶的堆叠，石墨颗粒的直径为 40～50μm。透射电镜图像显示 GO 表面主要是细小而致密的褶皱。这种形态特征可归因于含氧基团的存在，特别是环氧基团。图 9-53(b)和(d)显示，在 HCCTP 和 APTS 接枝后，FGO2 的表面起皱加剧。透射电镜图像显示，FGO2 太皱，不能完全平放在基底上，而是形成三维结构。在增加的表面载荷下，GO 倾向于折叠以降低表面能。能量色散 X 射线分析 (EDX)是基于(d)中所示的区域进行的。图 9-53(e)中的元素组成表明主要成分与原料一致，FGO2 的主要成分包括 C、O、Si、P、N 和 Cl。EDX 光谱的结果进一步证明了 HCCTP 和 APTS 已经成功地接枝到 GO 上。

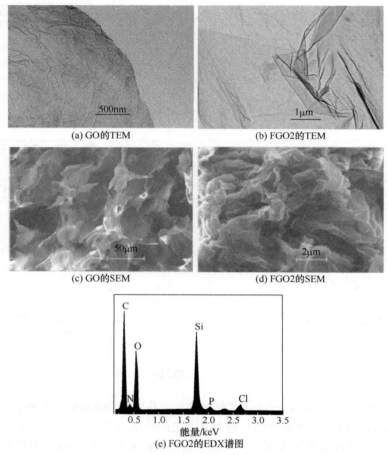

(a) GO的TEM　　　　　　　　　(b) FGO2的TEM

(c) GO的SEM　　　　　　　　　(d) FGO2的SEM

(e) FGO2的EDX谱图

图 9-53　GO 和 FGO2 的 TEM 和 SEM 图像以及 FGO2 的 EDX 谱图

2. PSF/FGO2 纳米复合材料的制备

PSF/FGO2 复合材料通过将 FGO2 与聚硅氧烷泡沫(PSF)的原料，包括羟基封端的聚二甲基硅氧烷(PDMS-OH)、含氢聚二甲基硅氧烷(PDMS-H)、乙烯基封端的聚二甲基硅氧烷(PDMS-V)混合来制备。PDMS-OH、PDMS-H、PDMS-V、发泡剂和催化剂的质量比为 200：40：20：5：2。首先，将适量的 PDMS-OH、PDMS-V、催化剂和发泡剂混合。接下来，将一系列 FGO2(0%～5.0%)分别加入混合物中。然后，将混合物超声处理 1h，并以 600r/min 的速度机械搅拌 1h。搅拌后，将 PDMS-H 加入混合物中。将混合物快速搅拌，倒入模具中，并在 105℃发泡 12h。

3. PSF/FGO2 纳米复合材料的性能表征

图 9-54 显示了 PSF 泡孔壁中 FGO2 的分布。纯 PSF 呈现出平坦的泡孔表面，

其上有未能形成气泡的小孔。FGO2 均匀分布在所有光合 PSF 泡孔壁中。SEM 分析证实了 FGO2 对 PSF 泡孔结构的影响。图 9-54(a)～(e)显示了纯的 PSF 和填充的 PSF 聚砜具有封闭的孔结构。图 9-55 给出了 PSF 和 PSF 复合材料的泡孔尺寸分布的柱状图及样品泡沫密度。图 9-54 和图 9-55 表明，复合材料的泡孔尺寸最初随着 FGO2 添加量从 0%增加到 3.0%而增加，随后当 FGO2 含量达到 5.0%时

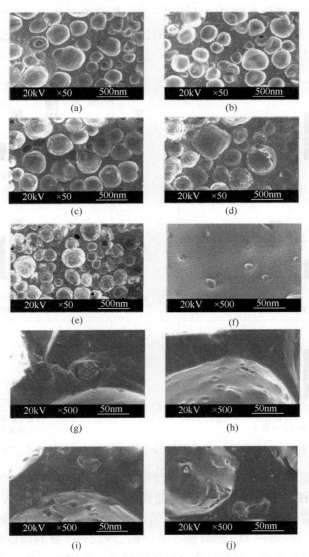

图 9-54　PSF 微观结构和 PSF 中 FGO2 分布的 SEM 图像

(a)～(e)和(f)～(j)分别表示低倍率和高倍率下，FGO2 添加量 0%、0.5%、1.0%、3.0%和 5.0%的 SEM 图

减小。泡孔尺寸从 0μm 增加剂到 600μm。引入的固体 FGO2 在发泡过程中充当成核点，并且气泡倾向于在填料的位置形成。气泡的形成会降低复合体系的临界成核能量。当填料的加入量小于 3.0%时，成核作用占主导地位。当 FGO2 的添加量增加时，系统黏度急剧增加，气泡必须承受发泡过程中增加的压力。填料提供了促进气泡形成的附加成核点。在这种情况下，系统倾向于产生小尺寸和高密度的气泡。泡沫密度的变化趋势与这些结果一致：随着 FGO2 含量的增加，泡沫密度从 0.4865g/cm³ 下降到 0.4042g/cm³。然而，当添加的 FGO2 的量达到 3.0%时，这种下降趋于平稳。

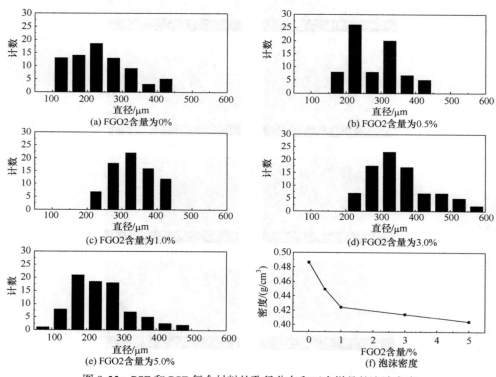

图 9-55　PSF 和 PSF 复合材料的孔径分布和五个样品的泡沫密度

　　图 9-56(a)是采用热重分析方法研究 PSF 及其复合材料在氮气气氛下的热降解行为，纯 PSF 和 PSF 复合材料的降解曲线呈现两个主要阶段。表 9-28 显示了材料降解的详细信息。纯 PSF 降解的第一阶段与主链连接的甲基和剩余的不能完全反应的≡Si—H 和≡Si—OH 的降解有关。第二阶段是主要的质量损失期，对应于 PSF 主链的断裂和重排。PSF 复合材料降解的第一阶段比纯 PSF 降解更早开始。随着 FGO2 含量的增加，5.0%损失的温度最初从 220.1℃开始略微降低，随后升

高至 275.9℃。对应于第一阶段最大分解速率的温度显示出与 5.0%相似的趋势，并从 212.9℃变化至 200.5℃，因为 FGO2 的 HCCTP、APTS 和含氧基团已经提前降解。对热稳定性至关重要的第二阶段表现出不同的变化趋势。随着 FGO2 量的增加，对应于该阶段最大分解速率的温度从 585.9℃增加到 668.8℃。这一行为表明 FGO2 的引入大大延迟了降解过程，可归因于 GO 的屏障效应。层状 GO 起到隔热层的作用，保护聚合物基体。850℃下的残炭率从 23.18%(纯 PSF)增加到 43.04%(1.0%FGO2)，又减少到 38.09%(5.0%FGO2)。当含量约为 1.0%时，FGO2 可有效保护 PSF 基质，并与降解的基质形成稳定的残留物。然而，超过 1.0%的填料含量不会显著增强 GO 的阻隔效果。相比之下，不稳定的 HCCTP、APTS 和含氧基团的数量也随着 FGO2 的增加而增加。这种行为加剧了降解过程中的质量损失。

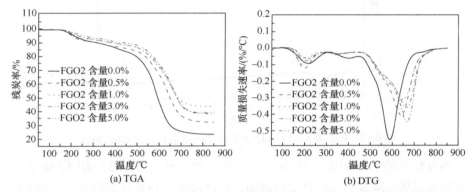

图 9-56　PSF 和不同 FGO2 含量的 PSF 复合材料在 N_2 中的 TGA 和 DTG 曲线

表 9-28　PSF 和不同 FGO2 含量的 PSF 复合材料的 TGA 数据

样品	$T_{5\%}/℃$	$T_{max}/℃$		850℃时残炭率/%	LOI/%
		1	2		
纯 PSF	220.1	212.9	585.9	23.18	22.0
PSF/0.5%FGO2	207.3	195.8	644.3	32.01	23.4
PSF/1.0%FGO2	215.2	189.2	651.8	43.04	24.4
PSF/3.0%FGO2	238.2	202.5	667.1	38.37	25.4
PSF/5.0%FGO2	275.9	200.5	668.8	38.09	27.6

图 9-57 是 PSF 和不同 FGO2 含量的 PSF 复合材料的 DSC 曲线。如图所示，复合材料的五个柔性主链具有相对低的 T_g，该温度用作聚合物松弛行为的宏观指标。低的 T_g 与宽的使用温度范围相关。PSF 主链由交替的硅和氧元素组成，并具有良好的柔韧性，从而形成最终复合材料的柔软结构。纯 PSF 和含 0.5%FGO2、1.0%FGO2 的 PSF 显示出相同的 T_g(-41.1℃)。这一特性意味着引入 FGO2 不会改

变 PSF 骨架的结构。然而，含 3.0% 和 5.0% FGO2 的 PSF 的 T_g 略有增加(–41.6℃)。尽管用 APTS 官能化来促进反应相容，但是 FGO2 和聚合物基质保持不良的相容性，并且只有一部分 FGO2 可以与聚硅氧烷反应。因此，在 FGO2 含量低时，T_g 几乎保持不变，但在 FGO2 含量高时，T_g 增加了 0.5℃，这是因为 PSF 主链的结构发生了不可察觉的变化。

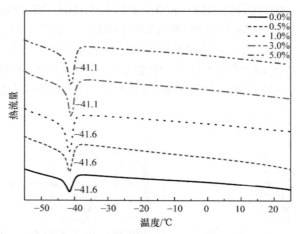

图 9-57　PSF 和不同 FGO2 含量的 PSF 复合材料的 DSC 曲线

　　所有样品的 LOI 如表 9-28 所示。纯 PSF 的 LOI 为 22.0%，表明 PSF 在空气中很容易点燃。随着 FGO2 含量的增加，复合材料的 LOI 逐渐增大，当 FGO2 添加量为 5.0% 时，复合材料的 LOI 达到 27.6%。一般来说，LOI 超过 27.0% 的材料被归类为不可燃材料。尽管许多填充有阻燃剂的材料具有超过 27.0% 的 LOI，但是添加剂的量通常远远高于 5.0%。

9.4　小　　结

　　本章主要介绍了有机硅化合物对六氯环三磷腈的改性及其应用、环三磷腈衍生物与含氮化合物 MCA 协效阻燃环氧树脂和环三磷腈衍生物与蒙脱土、石墨烯、POSS 等无机粉体的协效阻燃作用。六氯环三磷腈用有机硅改性，可以增加环三磷腈衍生物与聚合物基体的相容性，同时具有较好的协效阻燃效果，使环三磷腈衍生物在达到阻燃聚合物材料的同时，其力学性能也不会受到影响。而 MCA 由于含有大量的氮元素，可以大幅度提高阻燃效果。蒙脱土、石墨烯、POSS 等无机粉体在用环三磷腈衍生物改性后，也起到既对高分子化合物增强，又有协效阻燃的效果。由于单一阻燃剂具有阻燃效果不佳、有损力学性能等缺点，因此本章讨论的协效阻燃高分子材料应该会成为今后研究的热点。

参 考 文 献

[1] He L L, Zhang Y, Qin Z L, et al. Study on synthesis of cyclotriphosphazene containing aminopropylsilicone functional group as flame retardant[J]. Advanced Materials Research, 2013, 68: 25-29.

[2] Wang S, Sui X F, Li Y Z, et al. Durable flame retardant finishing of cotton fabrics with organosilicon functionalized cyclotriphosphazene[J]. Polymer Degradation and Stability, 2016, 128: 22-28.

[3] Li Y Z, Wang B J, Sui X F, et al. Durable flame retardant and antibacterial finishing on cotton fabrics with cyclotriphosphazene/polydopamine/silver nanoparticles hybrid coatings[J]. Applied Surface Science , 2018, 435: 1337-1343.

[4] Lan Y, Li D, Yang R, et al. Computer simulation study on the compatibility of cyclotriphosphazene containing aminopropylsilicone functional group in flame retarded polypropylene/ammonium polyphosphate composites[J]. Composites Science and Technology, 2013, 88: 9-15.

[5] Bunte S W, Sun H. Molecular modeling of energetic materials: The parameterization and validation of nitrate esters in the compass force field[J]. The Journal of Physical Chemistry B, 2000, 104(11): 2477-2489.

[6] Fried J. The compass force field: Parameterization and validation for phosphazenes[J]. Computational and Theoretical Polymer Science, 1998, 8(1-2): 229-246.

[7] Ray S S, Maiti P, Okamoto M, et al. New polylactide/layered silicate nanocomposites. 1. Preparation, characterization, and properties[J]. Macromolecules, 2002, 35(8): 3104-3110.

[8] Akten E D, Mattice W L. Monte Carlo simulation of head-to-head, tail-to-tail polypropylene and its mixing with polyethylene in the melt[J]. Macromolecules, 2001, 34(10): 3389-3395.

[9] Liao R J, Zhu M Z, Zhou X. Molecular dynamics study of the disruption of hbonds by water molecules and its diffusion behavior in amorphous cellulose[J]. Modern Physics Letters B, 2012, 26(14): 1250088-1-14.

[10] Li M, Li F, Shen R, et al. Molecular dynamics study of the structures and properties of RDX/GAP propellant[J]. Journal of Hazardous Materials, 2011, 186(2-3): 2031-2036.

[11] Ray S S, Okamoto K, Okamoto M. Structureproperty relationship in biodegradable poly(butylene succinate)/layered silicate nanocomposites[J]. Macromolecules, 2003, 36(7): 2355-2367.

[12] Zhang W C, Yang R J. Synthesis of phosphorus-containing polyhedral oligomeric silsesquioxanes via hydrolytic condensation of a modified silane[J]. Journal of Applied Polymer Science, 2011, 122(5): 3383-3389.

[13] Levchik S, Levchik G, Camino G, et al. Mechanism of action of phosphorusbased flame retardants in nylon 6. Ⅱ. Ammonium polyphosphate/talc[J]. Journal of Fire Sciences, 1995, 13(1): 43-58.

[14] Chen X, Jiao C. Synergistic effects of hydroxy silicone oil on intumescent flame retardant polypropylene system[J]. Fire Safety Journal, 2009, 44(8): 1010-1014.

[15] Qin Z, Li D, Lan Y, et al. Ammonium polyphosphate and silicon-containing cyclotriphosphazene: Synergistic effect in flame-retarded polypropylene[J]. Industrial and

Engineering Chemistry Research, 2015, 54: 10707-10713.

[16] Wang D, Feng X M, Zhang L P, et al. Cyclotriphosphazene-bridged periodic mesoporous organosilica-integrated cellulose nanofiber anisotropic foam with highly flame-retardant and thermally insulating properties[J]. Chemical Engineering Journal, 2019, 375: 121933.

[17] Jiang J C, Wang Y B, Luo Z L, et al. Design and application of highly ecient flame retardants for polycarbonate combining the advantages of cyclotriphosphazene and silicone oil[J]. Polymers, 2019, 11(7): 1155.

[18] Cheng Y B, Li J, He Y S, et al. Acidic buffer mechanism of cyclotriphosphazene and melamine cyanurate synergism system flame retardant epoxy resin[J]. Polymer Engineering and Science, 2015, 55(5): 1046-1051.

[19] Mohamed T, Rene R. First synthesis of "majoral-type" glycodendrimers bearing covalently bound α-D-mannopyranoside residues onto a hexachlocyclotriphosphazene core[J]. The Journal of Organic Chemistry, 2008, 73(23): 9292-9302.

[20] Wang J N, Chen G Y, Su X Y, et al. Intercalated montmorillonite by cyclotriphosphazene imidazole derivative and its thermal properties used in polyester[J]. Fire and Materials, 2017, 41(4): 323-338.

[21] Li J, Pan F, Zeng X, et al. The flame-retardant properties and mechanisms of poly(ethylene terephthalate)/hexakis(para-allyloxyphenoxy) cyclotriphosphazene systems[J]. Journal of Applied Polymer Science, 2015, 132(44): 42711.

[22] Li J W, Yan X J, Zeng X D, et al. Effect of trisilanolphenyl-POSS on rheological, mechanical, and flame-retardant properties of poly(ethylene terephthalate)/cyclotriphosphazene systems[J]. Journal of Applied Polymer Science, 2018, 135(8): 45912.

[23] Xu T L, Zhang C L, Li P H, et al. Preparation of dual-functionalized graphene oxide for the improvement of the thermal stability and flame-retardant property of polysiloxane foam[J]. New Journal of Chemistry, 2018, 42(16): 13873-13883.

[24] Ma P C, Kim J K, Tang B Z. Effects of silane functionalization on the properties of carbon nanotube/epoxy nanocomposites[J]. Composites Science and Technology, 2007, 67(14): 2965-2972.